富爸爸

为什么A等生为C等生工作

〔美〕罗伯特·清崎 著　黄延峰 译

四川人民出版社

readers-club

北京读书人文化艺术有限公司
www.readers.com.cn
出　品

致中国读者的一封信

亲爱的中国读者：

你们好！

今年是《富爸爸穷爸爸》在美国出版20周年，其在中国上市也已经整整17年了。我非常高兴地从我的中国伙伴——北京读书人文化艺术有限公司（他们在这些年里收到了很多读者来信）那里了解到，你们中的很多人因为读了这本书而认识到财商的重要性，从而努力提高自己的财商，最终同我一样获得了财务自由。

我很骄傲我的书能够让你们获益。20年后的今天，世界又处在变革的十字路口。全球经济形势日益复杂，不断涌现的"黑天鹅事件"加剧了世界发展的不确定性，人们对未来充满迷茫，悲观主义情绪正在蔓延。

而对于你们，富爸爸广大的中国读者来说，除了受世界经济的影响，还要面对国内经济转型的阵痛，这个过程艰苦而漫长。当然，为了成就这种时代的美好，你必须坚持正确的选择，拥有前进的智慧和勇气。这就需要你努力学习。此次修订除了对原来内容的更新，还增加了许多全新的小版块。这些小版块贯穿全书，可以看作是穿越时光的透视镜，它们从今天回望

1997年这本书诞生的时候，用今天的形势来印证富爸爸当初的理念。

最后，我还是要说，任何人都能成功，只要你选择这么做！

罗伯特·清崎

2017年6月

出版人的话

转眼间,"富爸爸"问世已20年,与中国读者相伴也已17余年。在中国经济和社会蓬勃发展的17余年间,"富爸爸"系列丛书的出版影响了千千万万的中国读者,有超过1000万的读者认识了富爸爸、了解了财商。在"富爸爸"的忠实读者中,既有在餐厅打工的服务员,也有执教讲堂的大学教授;既有满怀创业梦想的年轻人,也有安享晚年的退休人士。"富爸爸"的读者群体之广、之大,是我们不曾预料到的。

作为一套在中国风靡大江南北、引领国人创业创富的财商智慧丛书,"富爸爸"系列伴随和见证了千万读者的创富经历和成长历程,他们通过学习财商,已然成为中国的"富爸爸",这也是我们修订此书的动力。十几年来,"富爸爸"系列也在不断地增加新的"家族成员",新书的内容也越来越贴合当下经济的快速发展以及国内风起云涌的经济大潮,我们也在十几年的财商教育过程中摸索出了一套适合国内大众群体的"MBW"财商理论体系,即从创富动机、创富行为习惯、创富路径三方面培养学员的财商,增强大家和财富打交道的积极意识,提高抗风险的能力。

曾有一位来自深圳的学员告诉我,他当年就是因为读了《富爸爸穷爸爸》一书,并通过系统的财商训练,才在事业上取得了巨大的成功。难能可贵的是,成功后的他并没有独享财富,而是将自己致富的秘诀——"富爸爸"财商理念分享给了更多想要创业、想要致富、想要成功的人。

在"富爸爸"的忠实读者群中，类似的成功故事还有很多很多。在"富爸爸"的影响下，每一位创富的读者都非常乐意向更多的朋友传授自己从财商训练中获得的成功经验。

值此"富爸爸"20周年之际，作者的最新修订版再次契合了时代的发展、读者的需要。在经济金融全球化的发展与危机中，作者总结过去、现在和未来财富的变化与趋势，并重温了富爸爸那些简洁有力的财商智慧，在中华民族伟大复兴的新时代，"富爸爸"系列丛书将结合财商教育培训，为读者带来提高财商的具体办法，以及在中国具体环境下的MBW创富实践理论。丛书的出版公司北京读书人文化艺术有限公司将和相关的财商教育培训机构一起，从图书、财商游戏、财商培训、财商俱乐部等多角度多方面，打造出一个立体的"富爸爸"，不仅要从财商理念上引导中国读者，更要在实践中帮助中国读者真正实现财务自由。读者和创业者可以通过登录官方网站：www.readers.com.cn及www.fubaba.com，或关注读书人俱乐部微信，来了解更多有关"富爸爸"系列丛书和财商培训的信息。

正如富爸爸在书中所说，世界变了，金钱游戏的规则也变了。对于读者和创富者来说，也要应时而变，理解金钱的语言、学会金钱的游戏。只有这样，你才能玩转金钱游戏，实现财务自由。

汤小明

2017年4月

读书人俱乐部

富爸爸为家长教育子女而量身打造的财商教育指南。
如何做到"不给孩子钱,却能让他们在理财上抢占先机?"

目录

前　言　唤醒孩子的理财天赋 ………………………………………… 3

第一部分　学校为你的孩子迎接现实世界做好准备了吗 ……… 13

　　引　言 ………………………………………………………… 13

　　第一章　教育正面临危机 …………………………………… 17

　　第二章　童话已经结束 ……………………………………… 31

　　第三章　让你的孩子做好最坏的打算 ……………………… 47

　　第四章　开启学习之窗 ……………………………………… 73

　　第五章　为什么 A 等生没能成功 ………………………… 101

　　第六章　为什么富人会破产 ………………………………… 109

　　第七章　为什么天才们都是慷慨的 ………………………… 135

　　第八章　应得权益心态 ……………………………………… 155

第二部分　换个角度看问题 …………………………………… 179

　　引　言 ………………………………………………………… 179

　　第九章　换个角度看智慧 …………………………………… 187

　　第十章　换个角度看成绩单 ………………………………… 193

　　第十一章　换个角度看贪婪 ………………………………… 207

　　第十二章　换个角度看负债 ………………………………… 225

　　第十三章　换个角度看税收 ………………………………… 237

CONTENTS

　　　　第十四章　换个角度看语言 ················· 249
　　　　第十五章　换个角度看上帝和金钱 ············ 269

第三部分　确立你孩子的压倒性竞争优势 ············ 281
　　　　引　言 ································ 281
　　　　第十六章　财商教育造就的10个压倒性竞争优势 ······ 287

第四部分　资本家的研究生院 ···················· 305
　　　　引　言 ································ 305
　　　　第十七章　成为美联储 ···················· 311
　　　　第十八章　我如何为自己印钞票 ·············· 317

最后的思考 ································· 331
尾　声　奥巴马会见乔布斯：A等生与C等生的会面 ····· 339
词汇表　富爸爸的定义 ························ 341

"每个人都是天才。但是,如果你用爬树的本领来评价鱼儿的能力,它终其一生都会觉得自己是条蠢鱼。"
——阿尔伯特·爱因斯坦(Albert Einstein)

前　言
唤醒孩子的理财天赋

每当我要写本新书时，我就会问自己：为什么我要写这本书？

在我看来，答案很简单，也总是如出一辙。我始终想知道为什么"赚钱"没有成为学校的必修课。日复一日，老师不断地向我们脑子里灌输的是这样的东西：

"上学才能找到工作。如果你不上学，你就别想找到好工作。"

为什么要上学

这让我忍不住要问老师："找到工作的动机难道不是为了赚钱吗？既然找到工作的目的是赚钱，那为什么不开门见山，直接教我们如何赚钱呢？"

从来没有人回答过我这个问题。

皇帝没穿衣服

1837年，丹麦人汉斯·克里斯蒂安·安徒生（Hans Christian Andersen）发表了童话《皇帝的新衣》（The Emperor's New Clothes）。

故事情节大致如下：

从前，有一个皇帝，他只关心自己的衣服，并穿着它们到处炫耀。一天，城里来了两个骗子，自称能够用最漂亮的布为他制作最精美的服装。不过，据他们说，这种布非常特殊，那就是愚蠢的人或出身低微的人是看不到的。

皇帝对于自己能否看到布略感紧张，于是先派了两个他信任的宰相去看看这种特殊的布料。实际上，根本就没有布。但是，他俩都不承认自己看不见，反而满口夸赞。

随着有关这种特殊布的消息越传越远，城里所有的人都对获知他们的邻居有多么愚蠢产生了兴趣。

之后，皇帝同意两个骗子用这种特殊的布为他制作衣服，他还要穿上新衣游行穿越整个城市。尽管他知道自己赤身露体，却从来不敢承认，担心自己愚蠢，以至于看不到自己身上穿的衣服。

他也害怕城里的人认为他是愚蠢的。

当然，城里所有的人都狂赞皇帝的新衣是何等的华丽，因为他们也不敢承认看不到衣服。直到有一个小孩说道："他确实什么也没穿啊！"

小孩的父母吓得喘不过气来，试图堵住他的嘴，却无法让小孩沉默。他扭动着身子，推开父母捂他嘴的手，继续说道："皇帝光着身子呢！"很快，他的几个同班同学也一起咯咯地笑着说起来。

过了一会儿，大人也加入了孩子们的行列，开始交头接耳："孩子是对的！这老家伙的确没穿衣服。他是个傻瓜，希望我们受他的愚弄。"

美国人到底在想什么

弗兰克·伦茨（Frank Luntz）博士是一位受尊重的民意测验者，是号脉美国民意的人。2009年，他在自己出版的著作《美国人到底在想什么》（*What Americans Really Want…Really*）中提出了这样一个调查问题：

如果你必须选择，你是喜欢当一名企业老板还是财富500强公司的首席执行官？

调查结果如下：

80%　　　雇用100人或以上的企业老板。

14%　　　雇用超过1万人的财富500强公司的首席执行官。

6%　　　　不知道或拒绝回答。

换句话说，今天的美国人想当企业家。问题是，我们的教育系统正在训练我们的孩子当雇员。

这就是为什么很多教师和家长会不断地说"上学就是为了找到一个高工资的好工作"。很少有父母或教师说"上学就是为了将来为社会创造N多高工资的就业机会"。

雇员所需的技能和企业家所需的技能之间有着天壤之别，大多数学校不讲授成为企业家所要掌握的技能。

伦茨博士发现：全职的公司员工中，有超过70%的人正在考虑或已经考虑过要创办自己的企业。许多人梦想成为创业家，但很少有人能自信地跨出这一步。财商教育的缺失是大多数人仍然为别人打工的主要原因。因为没有接受过财商教育，大多数雇员害怕失去工作，害怕失去稳定的工资，说白了就是害怕失败。

财商教育及其所带来的转变是创业家所必需的。

别再提 MBA 了

伦茨博士继续指出：

"那么，如何让一代美国人为创业成功做好准备呢？别再提什么 MBA 了。大多数商学院只教你如何在一个大公司中取得成功，而不教你如何创办自己的公司。但是，从零开始创立企业，并且随其生长不断地培育，从而使得我们国家成为世界上最强大和最具创新精神的国家。"

扼杀美国人的梦想

美国人总是想当企业家。

移民美国的人都是被美国梦带给他们的希望所吸引，有些人为此忍受了无法想象的艰难困苦。无数逃离欧洲国王和王后及其他专制政权独裁者统治的人只是为了寻求美国梦——他们的美国梦。

正如伦茨博士描述的那样，美国梦是："从零开始创立企业，并且随其生长不断地培育，从而使得我们国家成为世界上最强大和最具创新精神的国家。"

我们的学校似乎已经不记得"美国梦"了。问题在于我们的教育体系将学生培训成A等生（未来的学者）或B等生（未来的官僚），而不把我们的年轻人培养成C等生，即未来的资本家（Capitalists）。此外，恰恰是这些C等生常常会走上创业之路，高举资本主义的火炬，创造出新的就业岗位。

如果问一下当今的企业家，很多人会告诉你官僚主义正在积极地摧残资本主义的创业精神。

他们还会说许多年轻的大学毕业生不具备当今职场所需要的技能。事实上，许多人对资本家持有一种"恶意的看法"。

仇视资本家

2008年，美国主要的创业思想库——考夫曼（Kaufman）基金会委托伦茨博士设法搞清楚美国人是如何看待资本主义的。通过调查，他发现：

"国民是尊重创业家，还是仇视首席执行官？很难区分哪一种情绪更强烈。"

美国传统烘焙食品生产商女主人品牌（Hostess Brands）旗下包括夹馅面包（Twinkies）和神奇面包（Wonder Bread）等知名面包品牌。2012年11月，女主人品牌关闭工厂，申请破产保护，其首席执行官声称：由于工会提出了较高的工资和福利要求，公司被迫关闭。

更糟糕的是，公司关闭不仅会影响到1.8万多名员工，1.8万个家庭同样会受到影响。如果平均每家有4口人的话，影响人数就会猛增到7.2万人。这种涟漪效应会从每个家庭扩散出去，涉及学校和企业，比如牙科诊所、杂货店、干洗店、零售店、汽车修理店，甚至是教堂，并最终影响到社区的其他部分。

此后披露的事实表明，女主人品牌公司的首席执行官及其团队成员为他们自己列支了几百万美元的遣散补偿费。

难怪现在美国人痛恨首席执行官，他们中的很多人毕业于顶级的商学院，这不免让人产生一个疑问：我们的商学院就教给了他们这些？

很遗憾，还真就是这么教的。

很多最聪明的学生继续去商学院深造，以求获得MBA学位，之后作为雇员而不是创业家开始沿着公司的管理阶梯向上攀爬，他们的最大抱负就是成为大公司的首席执行官或高级管理人员。

首席执行官不是资本家

在本书后面的章节中，我将写到大多数首席执行官不是资本家，这是事实。大多数首席执行官和公司高管属于"职业经理人"，是为真正的创业家如史蒂夫·乔布斯、托马斯·爱迪生、沃尔特·迪士尼和马克·扎克伯格等打工的人，他们在公司中没有个人的股份或投资。

有趣的是，爱迪生和迪士尼没有上完中学，而乔布斯和扎克伯格则是大学没有毕业。

A等生大多数毕业于顶级的商学院，因为受雇于人，他们变成了"职业经理人"，而没有成为"真正的资本家"。正是这些学习成绩优秀又领着高薪的"职业经理人"败坏了资本主义的名声。

可怕的"职业经理人"

在《美国人到底在想什么》一书中，伦茨博士指出：

> "在当今的世界，'资本家'很吓人，'资本主义'对于大笔一挥让上万人失业且同一天还能领取上千万美元补偿的首席执行官束手无策。"

可悲的是，许多人不理解"职业经理人"和"真正的资本家"的区别。

试想一下那些首席执行官，他们薪酬丰厚，而无数的人却要失去工作、家庭及他们的退休金。这就是我们的学校向出类拔萃的年轻人所传授的东西吗？

答案还是"YES"。我们的学校在为资本主义抹黑，因为他们讲授的不是真正的资本主义。

令人可叹的是，当小强尼或小苏西以优异的成绩毕业，受雇于一家财富500强公司，26岁时收入达到了6位数，并开始攀爬管理阶梯时，多数父母会因为他们的孩子已经被培训成了"职业经理人"而自豪，而对自己的孩子未被培训成像史蒂夫·乔布斯或托马斯·爱迪生那样的真正资本家漠不关心。如今，我们面临着一个全球性危机，因为：

- 学校更加关注贪婪而不是慷慨。
- 学校讲授"我能赚多少钱"，而不是"通过向别人提供服务我能赚多少钱"。
- 学校讲授"如何找到一个高薪工作"，而不是讲授"如何创造众多的高薪工作岗位"。
- 学校讲授"如何在公司中出人头地"，而不是讲授"如何创立公司并设定其管理阶梯"。
- 学校讲授"工作保障"，而不是"财务自由"，这就是为什么大多数雇员生活在对"失去工作"的恐惧之中。
- 学校很少或不讲授金钱，所以，现在很多美国人相信应得权益计划（entitlement programs），如社会保障和联邦医疗保险（Medicare）①等。无数的人选择在政府工作或在军队服役，他们的目的不是为国家服务，而是退休金和医疗福利。

新的经济大萧条

2007年，世界又领教了新的经济大萧条。产生这种现代经济萧条的原因有很多，其中一些如下所述：

1. 政府超印钞票。
2. 个人借款和政府借款高达数万亿美元。
3. 美国应得权益计划（如社会保障和联邦医疗保险）的资金不足，但应得权益心态在世界范围内逐渐增强。

---

① 联邦医疗保险（Medicare）是联邦政府为65岁以上老人或任何年龄的残疾人，以及肾脏病晚期患者提供的医疗保险计划。——译者注

4. 较高的年轻人失业率和学生助学贷款降低了学生的诚信度。

5. 经济全球化（由于新兴国家的劳动力成本较低，造成劳务输出）导致本国工资降低。

你的孩子将要面临的就是这些问题。

皇帝没穿衣服

因此，父母应当问的问题是：学校让我的孩子做好进入现实世界的准备了吗？

答案是"NO"。

那么，情节就复杂了……因为安徒生在其1837年的童话故事《皇帝的新衣》中警告过我们：

> 很快，"皇帝没穿衣服"的说法就一传十、十传百地在人群中散播开来。每一个人都在喊："皇帝没穿衣服！"
>
> 当然，皇帝听得一清二楚，虽然他也知道他们是正确的，自己的确是一丝不挂地走在全体镇民面前，但他还是昂着头完成了巡游。

在我看来，教育体系不可能承认他们没有让孩子们做好迎接现实世界的准备，那就等于是承认失败。而我们都知道，失败对于教育体系意味着什么。

它意味着学校认为你的孩子不够聪明，但它确实只能意味着你的孩子没有按学校的要求去做。

缺乏财商教育，你的孩子犹如光着屁股离开学校。他或她可能是一位考试成绩优秀的学生……但他们就会像那位皇帝一样度过一生。童话在继续：

> "虽然皇帝知道自己赤身露体，但从来不敢承认这一点。因为一旦承认，就说明他太过愚蠢且不适合当皇帝。他害怕城里的人认为他愚蠢。"

我们的学校永远不会承认他们没有让你的孩子为进入现实世界做好准备。那就该由父母负责给他们的孩子传授进入现实世界所需的财商教育。父母是孩子的第一个老师，也是最重要的老师。

家长们要让孩子们知道：现实世界是靠金钱来运转的。

现代版的《汤姆·索亚历险记》(The Adventures of Tom Sawyer)

——马克·吐温(Mark Twain)

第一部分

学校为你的孩子迎接现实世界做好准备了吗

引 言

对某些孩子来说,上学是非常愉快的经历;而对其他学生而言,上学则是他们人生之中一段最为糟糕透顶的经历。

每一个孩子都有天赋。不幸的是,他们的天赋可能不被教育系统所认可,甚至会被扼杀。

托马斯·爱迪生是现代最伟大的天才人物之一,他的第一个老师却认为他"脑子发浑"。他不曾完成学业,却成为一名发明家和企业家。现在知名的通用电器(GE)即是他创建的公司,该公司生产的产品改变了世界。爱迪生早期的发明有老式留声机、电影摄影机和电灯泡。

阿尔伯特·爱因斯坦也没有给他的老师们留下什么好印象。从小学到大学,他的老师们都认为他不仅懒惰、邋遢,而且还不听话。多数老师都曾说过:"他将一事无成。"然而,爱因斯坦却成为有史以来最具影响力的科学家之一。

英语中,天才这个单词"genius"可以理解成"geni-in-us"的首字母缩写词,即"我们每一个人都拥有的精灵或魔法师"。

所有的父母都曾发现过他们孩子的天赋。大多数父母懂得:孩子会在实现梦想的过程中充分发挥他们真正的天赋。从他们小的时候我们就能看出点苗头，家长们可以尝试观察都是哪些想法或事情让孩子们感到兴奋、迷恋和产生挑战欲望的。

父母最重要的职责就是呵护和培育孩子的天赋。

本部分就是为了帮助你开发孩子的理财天赋而写。

问：C等生如何战胜A等生？

答：学习A等生不学的那些东西。

第一章
教育正面临危机

2012年，美国上任总统巴拉克·奥巴马（Barack Obama）和前马萨诸塞州州长米特·罗姆尼（Mitt Romney）之间展开的总统竞选，显示出他俩在财商教育水平上的差异。

虽然两人都受过高等教育，其中一个候选人在理财上富有经验，而另一个候选人则略逊一筹。

奥巴马和罗姆尼

竞选期间，奥巴马透露他的年收入约为300万美元，税率为20.5%；而米特·罗姆尼的年收入为2 100万美元，税率则是14%。

收入和税收之间的差距激怒了许多选民，特别是穷人、中产阶级和年轻人。很多选民只是感到愤怒，而不关心罗姆尼为何能够挣得更多反而缴税较少。大多数人没有问：罗姆尼是如何做到这一点的？他如何赚2 100万美元却只缴14%的税？法律是如何规定的？在钱的问题上，奥巴马和罗姆尼谁更聪明？

在第二个总统任期内，奥巴马先生坚决要提高富人的税率，他的确那样做了。可他却没有给孩子们讲清楚什么是金钱和资本主义，即富人是如何致富并保持富有的，以及为什么富人常常缴纳很少的税收。奥巴马总统似乎更喜欢给孩子们鱼，而不是授之以渔。

我们的目的就是要教会孩子们如何"捕鱼"。

如何致富

许多人认为富人都是为富不仁的，有些富人的确如此。但很多富人则是诚实和努力工作的人，他们用老式的方法实现了美国梦，比如通过接受良好的教育、努力工作、聪明地做预算、创办企业、提供就业岗位和缴纳税收（当然是在法律许可范围内尽可能少缴）。他们还通过学习传统教育体制内所不教授的课程来获得财富。

这种教育上的差别明显地反映在了奥巴马总统和米特·罗姆尼身上。

两个人都是名牌大学毕业生。奥巴马总统先后就读于哥伦比亚大学和哈佛法学院，米特·罗姆尼则先后就读于哈佛商学院和哈佛法学院。

两人之间的主要差异是：奥巴马总统家境贫寒，罗姆尼则出身于富裕之家。

他们的故事与《富爸爸穷爸爸》一书所讲内容类似。我们从两个人的经历可取得出如下结论：财商教育课程是在家中学习的，而不是学校教授的。

本书就是写给那些想让孩子在家中提前接受财商教育的父母们看的，这些孩子要在家中学习那些大多数学生甚至是 A 等生都从来不学习的课程。

理由陈述

教育是世界上最大的产业之一，它以这样或那样的方式几乎影响着每一个人的生活。美国的公立小学和公立中学共雇用了 330 万名全职教师，仅在 2012～2013 学年就将花费 5 710 亿美元。仅仅在美国，2010～2011 学年就有大约 500 万名小学生升入中学。在全球范围内，这一人数将呈指数式地增长。我常常自问：这些孩子有多少会上完中学，有多少会中途辍学，有多少人会进入学院或大学就读，而最终又有多少会真正毕业呢？与此同时，学生所负担的助学贷款数量惊人，这一统计数字将成为全球报纸的头条新闻。有多少学生会不惜付出更大的代价——通过进一步深造获得更高的学位，以期在激烈的全球人才竞争市场上获得更高的薪水呢？

不仅从小学到大学要花费数千亿美元的教育费用，军队也在花费数千亿美元用来训练年轻人为他们的国家服役。公司的员工培训是另外一个以10亿美元计算的产业，它们就像是一所所培训学校，正在培养未来的技师，以便修理和维护我们的汽车、冰箱、家用电器和计算机。

但是，至少在已经确立的、正式的教学体系和课程中，财商教育被大大地忽视了。我一再地问自己：为什么会这样？

- 财商教育的缺乏难道不是造成金融危机的原因之一吗？
- 次贷危机在多大程度上是因为缺乏财商教育而引起的？
- 有多少失去住宅的家庭在某种程度上是由于缺乏财商教育而造成的？
- 缺乏财商教育会是很多人依赖社会保障、联邦医疗保险、军队和公共服务养老金等政府计划的原因吗？而这些养老金正在让城市、州甚至整个国家破产。
- 就像世界上其他国家一样，美国会因为无数美国人需要政府在社会、医疗和养老等方面提供救助而走向破产吗？
- 日益增长的国债是不是反映出我们的公司和政治领导人缺乏财商教育呢？
- 美国已经衰落到与希腊、意大利、法国、日本、英国和西班牙等国家所面临的相同的经济问题了吗？

富人的福利

我们都知道政府对穷人提供的福利计划，但对富人的福利又是怎么回事呢？

- 在依赖政府救助的家庭数量不断增加的情况下，为什么我们的总统、国会议员和其他政治官僚还要提议巨大的养老金和慷慨的福利计划？我们的领导人和那些依靠政府救济才能满足基本生活需求的人一样理财知识贫乏吗？
- 如果我们让领导人知道如何创造财富而不是只知道如何花光其他人（纳税人）的钱，那会怎么样呢？
- 为什么首席执行官会接受自己大幅提高薪酬、股票期权和津贴待遇同时又解雇工人呢？首席执行官的贪婪是因为缺乏财商教育还是上学时学会了如何做一个贪婪之人呢？
- 损失数十亿美元的银行家接受过足够多的财商教育吗？
- 为什么一方面造成金融危机的银行家得到数百万美元的红利，另一方面却有数百万雇员失业、数千家小企业倒闭呢？
- 为什么是教师工会和政府官僚决定我们的孩子学习什么内容？征求孩子和家长的意见，看看他们需要学习什么又当如何？
- 为什么很多美国薪酬最高的工人不再出现在私营企业？为什么当今美国有那么多的收入丰厚的职员，即所谓的公务员，他们反而成为一部分收入最高的雇员？为什么消防员和警察退休之后会在有生之年领到数百万美元的福利？政府服务这是怎么了？
- 是谁造成了今天的金融危机？

当今的金融危机不是由穷人或未受教育的人造成的。混乱背后的推手是那些受过世界上最好教育的人，比如美联储主席本·伯南克（Ben Bernanke），他曾是斯坦福大学和普林斯顿大学的教授，是研究经济大萧条的学者。但是，很不幸的是，他们中的一些人没有接受过多少财商教育，也没有多少现实生活的商业体验。

本书所讲述的教育绝不是学校教授的那种教育。

教育危机

现在我们面临的最大危机不是金融危机，而是财商教育危机。这一危机从我们的孩子步入校门的那天就开始了。他们求学数年，有时是十几年，竟然没有学过一点有关金钱的知识，而教他们的人也对金钱知之甚少。

出于某种原因，我们的学校对金钱的认识带有一种类似宗教性的观点。

学校似乎相信：

"贪财是万恶之根。"

——《提摩太前书》

学校忽视了这一段：

"我的民因无知识而灭亡。"

——《何西阿书》

由于我们目前的教育体系中缺乏财商教育方面的课程，人们正在从经济意义上走向灭亡。

公元前5世纪，中国道教的创始人老子说过：

"授人以鱼只救一时之急，授人以渔则可解一生之需。"

很遗憾的是，我们没有教人们如何捕鱼，而是教给我们的孩子侠盗"罗宾汉"（Robin Hood）式的经济哲学：

"劫富济贫。"

它也叫作"社会主义"。

最终，这种慷慨行为所造成的结果就是产生更多的穷人。

2012年11月2日，《旗帜周刊》（*The Weekly Standard*）声称：

"食品券的增长速度是就业岗位的75倍。"

不出所料，共和党人借此危机说事，指责奥巴马总统，而民主党人则说受指责的应该是共和党人。

本书不谈政治。它论述的是教育及财商教育的缺乏如何成为金融危机产生的真正原因。

时　滞

大多数教师都是很优秀的人。问题在于，大部分教师和父母都是在同一个教育体系下教出来的学生。

许多教师感到沮丧，正在着手推动变革。不幸的是，教育产业似乎是变化速度最慢的产业之一。

不同的产业有着不一样的时滞。时滞是指：一个新概念从提出到被人们接受之间的时间差。

据说技术领域的时滞大约是18个月，即从一个新创意的提出到使之变成一个具体的新产品所需的时间跨度。这就是将一种新产品推向市场时竞争非常激烈的原因，这也是新公司很快发现自己被挤出市场的原因，因为另外有人可以更快、更好且更便宜地推出新产品或新技术。

农耕时代的时滞是以几百年为计量单位的，工业时代的时滞则只有50年，而信息时代的时滞只有半年。

据我所知，汽车工业的时滞为25年。这意味着你今天看到的汽车其创意在25年前就已经开始孕育了，比如使用电池和汽油的双动力汽车。政府事务的时滞大约为35年。

在所有的行业中，教育行业的时滞为50年，长度排名第二。许多教师和父母感到灰心丧气的原因就在于此。

只有建筑行业比它慢，时滞为60年。

注意：汽车、建筑和教育行业及政府全都有势力强大的工会，而工会则是工业时代的产物。

教育的未来

教育的时滞意味着在教育系统采纳本书提倡的改变之前，今天开始上学的儿童已经变成祖父母了。

将本书的知识教给你的孩子们，你就是在给他们提前进行财商教育。如果时滞不变的话，本书的想法要到2065年才会走进大多数课堂。我认为我们等不起。

本书是写给父母看的，这些父母知道应该由他们而不是由教育体系来为他们的孩子进入现实世界做好准备。这个世界是节奏很快、不断变化的信息时代，不同于我们已经经历过的任何一个时代。

本书也是写给那些知道他们的孩子还面临较大财务挑战的父母看的，压在前代人身上的金融垃圾会留给下一代的。

本书是写给这样的父母看的，他们想搞懂为什么奥巴马总统年收入300万美元交税20.5%，而米特·罗姆尼每年赚2 100万美元却交税14%的道理何在。

一旦父母知道并掌握了这两个人在理财知识上的差别所在，就可以将那些知识传授给他们的孩子了。

我的经历

1973年，我从越南战场返回位于夏威夷的家，发现我爸爸失业了。这个被我称之为"穷爸爸"的人曾担任夏威夷州教育系统的总负责人，当他以共和党人的身份与他民主党的上级竞争副州长职位时，麻烦就来了。最终，"穷爸爸"竞选失败，他也因此失去了工作。

"穷爸爸"因为竞选副州长而招致职业自杀。由于他是一个原则性很强的人，所以他这次要拿自己的"工作稳定性"冒一次险。作为教育部门的负责人，他的职位已经达到了教育系统的顶点，他痛恨夏威夷州政府的腐败。《福布斯》杂志曾经发表文章称这个政府为"夏威夷共和国"。文章同时还指出："该州对出售的任何东西都要征税。古巴领导人菲德尔·卡斯特罗（Fidel Castro）对此应该不会感到陌生。"

奥巴马总统在夏威夷州长大，他是来自夏威夷的第一个美国总统。《福布斯》杂志的文章或许解释了总统为什么会对政府、企业和税收持有如此的观点。

英帝国的终结

我既不是共和党也不是民主党，不是为我们所面临的危机而责备奥巴马总统。这种危机已经酝酿了几十年，并且历史上也曾经发生过类似的危机。对金融的无知和政治腐败已经让英帝国垮台了几个世纪。同样，它也构成了击败美国的威胁。

战争经济学

当英帝国在遥远的国度开战太多之时，它也就走到了尽头。美国正在用同样的作为证明这一点，那就是我们未能从历史中吸取教训。

听到艾森豪威尔总统向全国发出军工复合体[①]所造成的威胁警告时，我还在上初中。当时我只有十几岁，对他的这一警告理解尚浅。直到1973年从越

[①] 军工复合体，是指由军事部门、军工企业、部分国会议员和国防研究机构组成的庞大利益集团。由于军工复合体不仅涉及军方，还涉及国防企业，更牵涉到国会，因而它的影响是极其深远的。——编者注

南战场返回之后，我才真正理解了总统的警告。我们不是在为越南人的自由而战，而是在为钱而战。我们是被美国的精英分子愚弄了，这才会去打这场战争。在越南，我们没有商业战争，战争本身就是最大的生意。当我从越南回国后，我知道不再盲目服从命令的时候到了，我知道是时候该为自己考虑了。

我并非批评我那些水手兄弟和士兵。我在服役时碰到的大多数年轻男女都是为国家做出奉献的了不起的人。问题在于，我们正在为了使军工复合体更富有而战斗。什么时候军工复合体需要更多钱了，他们就会直接挑起另外一场战争。

在我看来，当我们想印刷更多的钞票时，我们也就犯了同样的错误。

当罗马人开始毁坏稳定的货币体系，在遥远的领土上作战，并且提高其劳动者的税收时，罗马帝国也就崩溃了。

美国正在重复着过去的错误，证明着这句古老格言的正确性：

"不吸取历史教训的人注定会重蹈覆辙。"

A等生不学的课程

1973年，我告诉父亲我要离开军队。他感到失望，因为他希望我能为了退休金和医疗福利留在军队。算上我在军校的时间，我还有10年才能退休，但我的人生要比10年长得多。

当我拒绝父亲的这一想法后，我的穷爸爸建议我去航空公司开客机，就像我的许多海军飞行员兄弟做的那样。当我告诉他我对飞行失去了耐心时，他最终建议我重返校园，争取拿到硕士学位，有可能的话拿到博士学位，然后再沿着公司管理层的阶梯一步一步往上爬。

我深深地爱着我的父亲，但他所建议的是他曾经做过的，他是在让我步他的后尘。事实再次证明，如果我们不从他们上一代人身上吸取教训，就会重犯同样的错误。

虽然我爱我的爸爸，但我不想犯他犯过的错误。

如果我听从了穷爸爸的建议，我可能会跟今天的他一样——受过良好的教育却在 60 岁以后过穷日子，并且指望自己的储蓄、养老金、社会保障和联邦医疗保险能养活自己。

1973 年，我决心追随富爸爸的脚步，开始研究穷爸爸从来没有研究过的课程。

本书讲的就是大多数人不研究而我却研究过的课程，其中就连 A 等生都不曾研究过。因为研究 A 等生不研究的课程会获得巨大的回报。

1997 年，《富爸爸穷爸爸》一书由我自费出版，因为每一个我们向其提交申请的出版商都把我们拒之门外。正如你预料的那样，大多数出版商都属于 A 等生，就像我的穷爸爸一样。他们在给我的退稿信中是这样说的："此时我们对你的书不感兴趣。"几位较诚实的出版商则说"你连你自己在写什么都不知道"或者说"你的想法很荒谬"。

"你的住宅不是资产"

由于我在《富爸爸穷爸爸》一书中声称"你的房子并不是资产"，此书也因此受到了严厉的批评。十年过去了，到了 2007 年，全世界无数的房主们痛苦地发现他们的住宅不是资产。随着全世界的财产价值骤然跌落，无数人被迫破产，他们第一次发现住房也会是一笔巨大的负债。

"储蓄者就是赔钱的人"

我也因为说"储蓄者就是赔钱的人"而受到了严厉的批评。今天，数以万计的人知道了世界上如美国联邦储备银行这样的中央银行都在大量印刷美元，这对人们存款的购买力造成了极大的破坏。

2007 年房地产市场崩盘之后，银行降低了存款利率。在崩盘之前，许多储蓄者靠他们的存款利息过日子；今天，无数的储蓄者靠他们的存款生活。

2000 年，金价低于 300 美元/盎司。目前的金价超过了 1 500 美元/盎司，这是美元购买力下降的另外一个反映。同时，银行支付的存款利率低于 2%，虽然政府声称不存在通货膨胀，但通货膨胀率已经冲向了 5%。这就是为什么说"储蓄者就是输家"的道理，这是一个简单的算术：每盎司 1 500 美元大于每盎司 300 美元，5% 的通货膨胀率大于 2% 的储蓄利率。你不需要借用代数或微积分知识就能得出"存钱就是赔钱"这一结论。

"负债是好事"

许多理财权威建议人们"不要负债"。在我看来，这恰恰反映了财商教育的缺乏。

事实在于，负债既有有利的一面，也有有害的一面。简单说来，"有利的负债让你更富有，而有害的负债让你更贫穷"。遗憾的是，大多数人只知道有害的欠债，即他们借来的那部分钱增加了他们的债务而不是资产。

税收让富人更富

有利的负债不仅会让你更加富有，而且还会减少你应缴纳的税款。学会利用有利的负债并理解其拥有降低个人纳税额的能力充分说明了财商教育的重要性。

因为税收是大多数人最大的开支，但大多数学校里却不开设税收方面的课程。难道你不觉得这很奇怪吗？本书会让你了解谁缴纳的税款最少及其原因。这也从另外一个方面说明了为什么奥巴马总统要为 300 万美元的收入纳税 20.5%，而米特·罗姆尼为 2 100 万美元的收入才缴税 14%。

奥普拉效应

2000 年，《富爸爸穷爸爸》登上了《纽约时报》畅销书榜，它是当时唯一一本自费出版的书。奥普拉·温弗瑞（Oprah Winfrey）邀请我参加她的电视脱口秀节目，从此"奥普拉效应"开始发挥作用。

《富爸爸穷爸爸》变成了有史以来头号个人理财书籍，在六年多的时间内一直名列《纽约时报》畅销书榜。迄今为止，它已经在世界范围内卖出了 3 500 万册，被翻译成 53 种语言，并在 109 个国家和地区出版。

具有讽刺意味的是，上中学时，我有两次英语不及格，因为我不会写作，不会拼写，而且老师也不认可我写的东西。

我提及这些并不是为了自我吹嘘。世界各地的人已经告诉我：《富爸爸穷爸爸》在向他们倾诉，与他们产生共鸣，并打动他们的心弦，让他们知道了自己教育中的空缺，尤其是财商教育的匮乏。这等于人们在说我具有将复杂的思想和概念简而化之的天赋。我在《富爸爸穷爸爸》一书中是这样做的，这也是我为父母们写这本书所要达到的目标。

在本书的重要模块"父母行动指南"部分，你可以在每章结尾处看到这一内容。设置这一模块的目的是向你们提供教授孩子理财知识所要用到的窍门、工具和资源。

结论

奥巴马总统和前州长米特·罗姆尼都是非常聪明的人，他们都接受了最好的正规教育。然而，一个人挣 300 万美元要缴 20.5% 的税，另一个人赚 2 100 万美元却只缴 14% 的税。

差别似乎不是他们在学校受到的教育，而是他们在家中学到的内容。奥巴马和罗姆尼的故事在很多方面与穷爸爸和富爸爸的故事相类似。

本书是写给这样的父母看的：他们希望自己的孩子学习大多数孩子没有接受过的那种教育，甚至是 A 等生都没有学过的知识。

父母行动指南

将你的家变成主动学习的场所。

小孩子可以通过动手学到大部分的知识。不幸的是，大部分学校希望小孩子们老老实实地坐在课桌前听课，然后回家（再次）坐在书桌前完成家庭作业。

在家里设立一个"财商教育之夜"，一周或一个月抽出一个晚上作为主动学习财商知识的时间，并将其固定下来，同时也要搞得有趣一点儿。

可以在闲暇时间愉快地玩玩《大富翁》和《富爸爸现金流游戏》（儿童版）。在此过程中，会有不同的机会呈现给他们，促使他们讨论适合自身年龄段的、与游戏相关的、发生在现实生活中的金钱行为、挑战和问题。

每周或每月的这样一个夜晚会为你的孩子承诺做一个终生学习者、并获得更好的生活打下良好的基础，你的家庭也将更加融洽和睦。

富爸爸公司还有一本称得上是"工作手册"或"学习指南"的参考书，书名为《富爸爸唤醒你孩子的理财天赋》。书中提供了更多有针对性的知识、游戏、活动和练习。说到金钱方面，好在外面的世界已经为我们提供了大量信息，一个人或一个家庭所需要做的就是拿出时间去吸收它们，并学会辨别"教育"和"推销说辞"的不同。

儿时，富爸爸每周都与他的儿子和我至少玩一次《大富翁》，并坚持了很多年。他利用游戏中的有趣内容给我们讲授可以用于现实财务自由的知识，而我的穷爸爸只会问："你的作业写完了吗？"

提前让你的孩子接受财商教育,而不是给他们钱。

第二章
童话已经结束

父母在孩子们的生活中发挥着尤为关键的作用,这是一个不争的事实。谁也不会否认:这一事实已随着时代的变迁而发生改变,而且大家都承认如今变化已成为我们生活的常态。在我看来,在大多数情况下,我们中的大多数人没有与时俱进。因为我们还在沿用从父母那里获得的陈旧过时的理财建议。

理由陈述

童话已经结束

曾几何时,一个人必须做的事情无非就是好好上学、努力工作直至年老退休。直到几年前,你为之效力的公司还有能力在你退休时养活你,你还会收到生活所需的退休工资和医疗福利。但在今天,这已经成为一个童话。

曾几何时,一个人必须要做的事情就是购买一套住宅,而房价注定会上涨,房主在睡梦之中就会致富。许多人会卖掉他们的住宅,有些人甚至会因此发一笔小财。这足以维持这些人退休后的晚年生活,然后他们再搬到较小的房子里居住,从此以后快乐地生活。但在今天,这也已经成为一个童话。

曾几何时,美国是世界上最富有的国家。但在今天,这也已经成为一个童话。

曾几何时,美元等同于黄金。但在今天,这是一个童话。

曾几何时,一个人必须做的事情就是读大学,实际上这是他们与那些没有上大学的人相比可以获得更多收入的保证。但在今天，这也已经成为一个童话。

2007年，次贷市场崩溃，从而引爆了历史上最大的金融灾难。过去的童话变成了现在的噩梦，而噩梦还远没有结束。

出于恐惧，无数的父母们继续劝告他们的孩子："好好上学，获得大学文凭，那样你就能找到工资高的工作。"不顾年轻人甚至是有大学文凭的年轻人失业率居高不下的事实，惊慌失措的父母们仍然奉此为圭臬。许多大学毕业生因为找不到工作，会进入研究生院继续深造。当他们再次毕业离校时，会欠下更多的助学贷款，仍旧要寻找难以得到的高薪工作。

教育需要更大的投入

尽管世界范围内的众多物价在暴跌，为什么教育的成本反而只升不降呢？

- 2006年，美国一所住宅的均价为23万美元。2011年，这一价格下降至17万美元，同比下跌了26%。

虽然住宅价格在持续下降，但大学教育的费用却在2006年至2007年间同比上升了4.6%，平均费用达到2.2218万美元。

- 2007年10月9日，道琼斯工业平均指数达到了空前的14 164点。而到了2009年3月，道指下跌了50%，回落到了6 469点。

虽然2007年至2008年股市暴跌，但大学的学费却上涨了5.9%，新的平均费用为2.3712万美元。

- 2008年7月，国际石油价格每桶涨至147美元，之后猛跌到每桶大约40美元，直到再次涨价。

虽然石油价格在2008年至2009年出现下跌，但大学学费却上涨了6.2%，均价达到2.5177万美元。

2011年，助学贷款额第一次超过了信用卡负债额。单单在美国，其所超出额度就达10多亿美元。

无法免除的借款

今天，成千上万受过高等教育的学生背负着助学贷款离开了学校，这种贷款可能是所有欠债中最糟糕的一种，因为它永远都不能被免除。大部分其他类型的贷款，比如住房抵押贷款或信用卡欠款，可以通过宣布破产来清除债务，而助学贷款却不行。即便学生死亡，如果他们的父母是这一贷款的担保人的话，父母还要承担连带责任，继续偿付贷款。事实上，很多父母正是担保人。

时间在流逝

学生一旦毕业，其贷款就会开始计息，利息就会自然增加。离开校园之后，无数的学生并没有因获得一纸文凭变得更富，反而变得更穷。随着最初助学贷款利息的累积，他们背上了更大的债务包袱。

助学贷款会给学生的生活带来消极的影响。助学贷款会影响到这个学生购买的住宅（如果他们有能力购买住房的话），影响到他们小家庭的生活质量（如果他们能够组建家庭的话），影响到他们对退休保障的希望（如果他们能退休的话）。

对于很多人来说，助学贷款将会是套在他们脖子上的沉重的生活负担。

大学教育价值几何

有史以来，人们第一次开始质疑大学教育的价值。甚至不少人还说大学教育的投资回报率太低，他们觉得不值得花这么多钱上大学。

2006年至2007年之间，美国大学毕业生的中等年薪是3万美元。到了2009年至2011年，这一数字则下降到了2.7万美元。

失业危机

青年人的失业问题已成为国际性的危机，这一问题引发了"阿拉伯之春"①"占领华尔街"②和其他失业青年人的集会。

2012年,随着总统竞选活动的升温,两个政党的候选人都承诺要给美国人民创造更多的就业机会。倘若将福利考虑进去的话,当美国工厂的工人日薪处于125美元至200美元之间时,这个目标如何实现呢?许多低工资国家的工人日薪只有2美元。

> **未来的冲击**
>
> 许多人认为他们的孩子在理财上不会比父母做得更好,这在美国还是头一回。

即便是低工资的中国也出现了类似问题,估计还有几十个国家的劳动力成本比中国的还要低。工厂一直在追逐低工资的工人。显然,2美元的日薪要远远低于200美元的日薪,你不必是一个数学教授也能明白其中的道理。

2012年11月5日,《时代》杂志发表了彼得·冈贝尔(Peter Gumbel)撰写的文章:

为什么美国青年的就业形势比欧洲更为严峻

本周公布的美欧最新失业数据显示,欧洲失业人数继续增加,失业率远超美国;25岁以下年轻人的就业前景尤其惨淡。从27个欧盟成员国的整体情况来看,9月份的青年失业率从上一年的21.7%上升至22.8%,希腊和西班牙的青年失业率均已超过50%。同时,根据美国劳工统计局11月2日发布的数据,美国10月份的失业率为7.9%,与上月基本持平,而25岁以下青年的失业率为16%。

但是,由于这些统计数据并不全面,因此很容易被误读。由于正在继续深造或参与培训项目而未加入求职大军的数百万年轻人并未包括在统计数据之内。如果将这部分年轻人考虑在内,那么各地的就业前景仍然严酷。但实际上,美国青年的就业问题较欧洲更加严重。

---

① "阿拉伯之春"(The Arab Spring),又称"阿拉伯的觉醒""阿拉伯起义",是指自2010年年底在北非与西亚的阿拉伯国家和其他地区的一些国家发生的一系列以"民主"和"经济"等为主题的反政府运动。——编者注

② "占领华尔街"(Occupy Wall Street)是加拿大反消费主义组织"广告克星媒体基金会"借2011年的"阿拉伯之春"在纽约华尔街点燃的、由另类领袖参与的、用共识主动性社区来取代政商合一政府的全球社会变革运动。——编者注

教育变得比以往更加重要。我们的学校提供的一项重要功能是培训技工以支撑经济发展。例如，学校培训了医生、会计、律师、工程师、教师、机工、建筑工人、厨师、警察和军人，他们全都是文明社会所必需的。

然而，随着经济的萎缩，不管是受过教育的还是未受教育的人，又有多少能找到工作呢？2012年4月，真正能够找到有意义的工作的美国毕业生还不到总人数的一半。其中，有很多人确实找到了工作，却是与专业不对口的。

问题是，什么样的教育才是重要的教育？

当工作岗位不断地转移到工资更低的国家时，为什么我们还要继续对孩子们说"上学就能找到高薪的工作"呢？当技术发展到可以在工资更低的国家雇用到会计师和律师时，为什么还要学做会计师或律师呢？当技术进步使得某些工作被淘汰时，为什么还要谈论工作稳定性呢？况且，同样重要的是，为什么我们的学校不教授财商教育呢？即便有，也是很少。

食物链的顶端

许多父母希望他们的孩子接受良好的教育，以此来确保获得一个有保障的未来。其实，他们是希望自己的孩子占据食物链的顶端。大多数父母一想到他们的孩子辛苦地干着与专业不对口的卑微工作，工资不高，却还要缴纳越来越高的税收，并且一辈子都在跟通货膨胀相抗争，他们的心中就会产生惴惴不安的感觉。

许多父母希望通过在学校接受良好的教育把他们的孩子送上高级阶层或领导岗位，有可能是医生、律师或首席执行官。

推销说辞

学校的推销说辞是：

"你必须完成学业。"

"你必须获得大学文凭。"

"如果你不能完成学业，你就不会在生活中取得成功。"

以下50人并没有完成学业，但这并没有阻止他们前进的脚步，他们成功地登上了人生的顶峰。

1. 乔治·华盛顿，美国总统

2. 亚伯拉罕·林肯，美国总统

3. 哈里·杜鲁门，美国总统

4. 格罗弗·克利夫兰，美国总统

5. 扎卡里·泰勒，美国总统

6. 安德鲁·约翰逊，美国总统

7. 约翰·格伦，美国宇航员和参议员

8. 贝利·高华德，美国参议员

9. 本杰明·富兰克林，美国大使

10. 温斯顿·丘吉尔，英国首相

11. 约翰·梅杰，英国首相

12. 罗伯特·弗罗斯特，美国诗人

13. 弗洛伦斯·南丁格尔，英国护士

14. 巴克明斯特·富勒，美国未来学家和发明家

15. 乔治·伊士曼，伊士曼·柯达公司创办人

16. 雷·克洛克，麦当劳创办人

17. 戴夫·托马斯，温迪汉堡的创办人

18. 拉夫·劳伦，时装设计师和创业家

19. 多丽丝·莱辛，诺贝尔文学奖获得者

20. 乔治·萧伯纳，剧作家

21. 彼得·詹宁斯，美国广播公司（ABC）新闻主播

22. 克里斯多弗·哥伦布，意大利探险家

23. TD 杰克斯，牧师

24. 约尔·欧斯汀，牧师

25. 约翰·洛克菲勒，标准石油公司创办人

26. 卡尔·罗夫，美国总统顾问

27. 泰德·特纳，美国有线电视新闻网（CNN）创办人

28. 昆汀·塔伦蒂诺，美国电影导演

29. 彼得·杰克逊，新西兰电影导演

30. 马克·吐温，美国作家

31. 里昂·尤里斯，美国作家

32. 卡尔·伯恩斯坦，《华盛顿邮报》记者

33. 卡莉·费奥瑞纳，惠普公司首席执行官

34. 查尔斯·狄更斯，英国作家

35. 安德鲁·卡内基，美国实业家

36. 威廉·福克纳，诺贝尔奖和普利策奖获得者

37. 李嘉诚，亚洲首富

38. 理查德·布兰森，维珍航空公司和维京唱片公司创办人

39. 恩佐·法拉利，法拉利汽车公司创办人

40. 亨利·福特，福特汽车公司创办人

41. 保罗·格蒂，格蒂石油公司创办人

42. 杰克·伦敦，美国作家

43. 拉里·埃里森，甲骨文公司创办人

44. 汤姆·安德森，聚友网（MySpace）创办人

45. 马克·扎克伯格，脸谱网（Facebook）创办人

46. 史蒂夫·乔布斯，苹果公司创办人

47. 史蒂夫·沃兹尼亚克，苹果公司创办人

48. 比尔·盖茨，微软公司创办人

49. 保罗·艾伦，微软公司创办人

50. 林戈·斯塔尔，甲壳虫乐队

留在学校

我并非建议孩子们辍学或者说学校教育不重要，教育很重要。问题在于，它是什么样的教育？你孩子所接受的教育会把他们带到何处？你孩子所接受的教育会为他们的未来做好准备吗？良好的教育有助于你的孩子在安全性越

来越差的世界里确保财务安全吗?

本书讲述的是学校所不教的内容。它讲的是如何引导你的孩子走上一条不需要工作或政府养老金也能感觉安全的道路。它讲的是如何让你的孩子达到食物链的顶端,而不是为那些处在顶端的人打工。

本书讲的是资本主义。在我们这个时代,为什么有些伟大的企业领袖从来没有完成学业,著名的例子有史蒂夫·乔布斯、比尔·盖茨和马克·扎克伯格,本书会对此做出解释。阅读本书,你会发现这些创业家了解什么,以及他们为什么要离开学校。

教育的未来

曾几何时,一个孩子不得不学的不外乎就是以下两种教育:

1. **学识教育**:这种教育可以让学生学会通用的技能,即如何读、写和解决数学问题。这是一种极其重要的教育。

2. **职业教育**:这种教育向学生提供更专业的谋生技能。A等生变成了医生、会计师、工程师、律师或企业的执行官。在这一层面上还有一些职业院校,学生学成之后可以做机械工、建筑工人、厨师、护士、秘书或计算机程序员。

你是否发现缺少一些什么东西吗?

3. **财商教育**:在我们的教育系统中不存在这一层面的教育。这是一种面向未来的教育。我们建议孩子们为了找到工作而上学,并努力工作赚钱,但学校却只教很少或几乎不教财商知识。

统计数字反映出一个令人伤心却发人深省的事实:90%的学生希望学习更多的财商知识;然而,80%的老师感觉教授这样的课程十分不舒服。终有一天,财商教育会列入所有学校的课程表中,但却不是在不久的将来。

我的经历

我9岁时就开始接受财商教育了,师从我的富爸爸,他不是我的亲爹,而是我最好朋友的父亲。他把《大富翁》游戏当成教育工具,我和好朋友每天放学后都会玩上几个小时。

当我回家之后，我称之为穷爸爸的亲爹会问道："你这一整天都在干什么？"

当我回答说"玩《大富翁》"时，他会说："别再浪费时间玩那愚蠢的游戏了。你应该在家学习，做作业。如果你不做作业，就不会取得好成绩，也就进不了好大学，最终找不到好工作。"我永远是一个 C 等生，因为我得不到好的学习成绩，我的穷爸爸就会和我在这一问题上时不时地进行探讨。

我最好的朋友叫迈克，他是富爸爸的儿子。我们上的是贵族学校。好消息是我们是穷人家的孩子。（我的富爸爸当时还不富，我的穷爸爸是成功的，但从来没有富有过。）这使得富爸爸得以利用定期与我们玩《大富翁》游戏来逐步提高我们的财商水平。他希望我们比富人家的孩子更聪明和更富有。

一天，他带着迈克和我做了一次"实地考察旅行"。他没有带我们去参观博物馆或艺术画廊，而是带我们去看他的"绿房子"，这是他用来出租的房产。当时我就意识到富爸爸正在现实生活中玩《大富翁》。"总有一天，"他说道，"这些绿房子会变成我的红色大旅馆。"

> **富爸爸的教诲**
>
> "游戏是比老师还要好的老师。"

当我回家告诉穷爸爸说富爸爸正在现实生活中玩《大富翁》时，穷爸爸笑了。他认为这种想法太荒谬了，他的建议是立刻停止我在玩游戏上浪费时间，做好我的作业。

当时，穷爸爸是夏威夷的教育局长，几年之后，他升任该州教育系统的最高领导人，成为总督学。

我的穷爸爸是 A 等生，是在毕业典礼上代表班级致辞的人，同时也是班长。他毕业于夏威夷大学，只用两年的时间就拿到了一般人通常要用 4 年才能拿到的学位。他还上过美国的斯坦福大学、芝加哥大学和西北大学。

因为父亲去世而要接手家庭生意，我的富爸爸甚至都没有上完 8 年级。虽然他只受过有限的正规教育，最终却成为夏威夷的首富。在我 19 岁时，富爸爸就在威基基海滩（Waikiki Beach）买下了他的"红色旅馆"，10 年之内，他的"绿色小房子"变成了"红色大旅馆"。

当时，我还没有意识到《大富翁》游戏和富爸爸带给我的教育所带来的影响有多么深远，以至于后来会改变我的人生方向。富爸爸用《大富翁》游戏将我训练得具有了资本家的思维方式。

穷爸爸和富爸爸是两种截然不同的人，他们都是非常可敬的人，但他们的看法向来都是南辕北辙。在我10岁左右时，他们之间的差异终于爆发了。当我告诉穷爸爸我要陪富爸爸从其"绿房子"的租户那里收租金时，我的穷爸爸并不高兴，他不喜欢我替别人收租金。为此，穷爸爸感到很是心烦意乱，我的妈妈也是一样。他们认为这对于一个10岁的孩子来说不免残酷，但在我看来，它却让我对现实世界大开眼界。

后来我才了解为什么我爸妈会感到非常沮丧了，因为我们就是租房子住的人，定期会有一个房东来敲门收租。几年之后，也就是当我读初中时，父母终于攒够了钱购买了一处属于自己的住宅。

我的压倒性竞争优势

两个爸爸都十分看重正规教育，他们都期望自己的儿子能上大学，我们也的确上了大学。富爸爸的儿子毕业于夏威夷大学，利用课余时间经营着他父亲的生意。

我的父亲没有钱供我接受大学教育。高中一毕业，我就知道接下来要靠自己了。这促使我申请了军事院校。虽然我中学的成绩很差，但我的大学入学水平考试（SAT）成绩很好，而且我还踢得一脚好球。因此，我获得了两个机会：一个是去马里兰州安纳波利斯的美国海军学院，另一个则是去纽约金斯波因特（Kings Point）的美国商船学院。我选择去了金斯波因特，并于1969年毕业，获得理学学士学位。

回顾往事，我能领悟到我与富爸爸待在一起的时间让我获得了一种得以谋生的压倒性竞争优势，尤其表现在赚钱这件事上。在9岁至18岁我离开夏威夷去纽约上学之前，我在放学后每周会有1至2天，并且每月有两个星期六的时间免费为富爸爸干活。如果你读过《富爸爸穷爸爸》，你就会知道这如何让我的穷爸爸生气了。穷爸爸认为富爸爸在剥削我，因为他不给我开工钱。因为我的穷爸爸是教师工会的成员，所以当我听到他嘀咕什么"童工法"的时候我一点也不感到吃惊。

因为富爸爸在培训我们如何当资本家，所以他从来不给他的儿子或者我任何报酬。他不给我们开工资是因为他不想把我们培训成做一个为工资而工作的雇员。他正在培训我们当一个如何利用别人的智慧（OPT）和别人的钱（OPM）为自己工作的雇主、创业家和资本家。

很明显，富爸爸关于"工作为求知而不是赚钱"的理念激怒了穷爸爸，穷爸爸更像是一个社会主义者而不是资本主义者。

下图是1969年由教育学教授埃德加·戴尔（Edgar Dale）博士开发的"学习金字塔"模型。戴尔博士（1900～1985）在芝加哥大学获得博士学位，并在俄亥俄州立大学执教多年。

学习金字塔		
两周后我们还能记住多少		参与程度
说过和做过的还能记住90%	实战	← 富爸爸的教育方法
	模拟	
	做一次令人印象深刻的报告	主动
说过的还能记住70%	发表一次演讲	
	参与讨论	
听过和看过的还能记住50%	现场观摩	
	观看演示	
	看展览、观看演示	
	看视频	被动
看过的还能记住30%	看图片	
听过的还能记住20%	听演讲	← 穷爸爸的教育方法
读过的还能记住10%	阅读	

资源来源：改编自戴尔的学习金字塔（1969）
已经许可转载，并对原图作出修改。

根据戴尔博士的观点，富爸爸将《大富翁》用作教学工具，然后带领我们收取租金，实际上这是教育他的儿子和我如何赚钱的一种非常有效的方式。

问：这是否意味着阅读和讲课不重要？

答：不是的，至少对我是重要的。《大富翁》游戏激励我学习更多的内容。因为这样的游戏是对现实生活的模拟实验，它激励我想要了解更多的知识。因此，今天我会多读，多研究，多参加课程。

虽然我的阅读能力不强而且速度很慢，但我选择很少有人阅读的复杂的财经和商业书籍刻苦钻研。这要归功于《大富翁》游戏，正是它给我打下了在现实世界中不断学习的坚实基础。

更重要的是，我学得越多记住的就越多，就越想从玩《大富翁》的经验中学到更多，并将我学到的知识应用到为富爸爸收取租金上。这些课程牢牢地记在我的大脑中，当我在一所名校获得理学学士时，我在那4年里学习的东西反而大部分都已经忘记了。例如，我记得学习了3年微积分，但时至今日，我无法用微积分解决一个数学问题。常言道："要不要随你。"如果我是一名火箭科学家，我可能需要微积分，但致富却用不到微积分，小学水平的加减乘除运算即可。

> **创业家精神**
>
> 弗兰克·伦兹博士在其著作《美国人到底在想什么》中公布了以下调查结果：
> - 81%的人称大学和中学应当积极培养学生们的创业技能。
> - 77%的人称州和联邦政府应当鼓励人们创业。
> - 70%的人称我们经济的成功和健康依赖于创业。

1984年，我的妻子金和我创办了一家财商教育公司，并在美国、澳大利亚、新西兰、新加坡、加拿大和马来西亚设立了办事处。我们用游戏和模拟实验现场讲授投资和创业家精神。我们的课程有趣而且令人兴奋。

1994年，基于从投资中获得的被动收入和现金流，我们退休了。那一年金37岁，而我47岁。和富爸爸一样，我们在现实生活中玩《大富翁》，直到今天我们还在玩。2007年房地产市场崩盘之后，我们的收入（现金流）随着资产价格的下跌而升值。知道如何在市场暴跌或动荡的市场中独善其身这才是财商教育的本质内容。

1996年，金和我创办了富爸爸公司，生产了一批财商教育产品，如桌上游戏《现金流游戏101》《现金流游戏202》和《富爸爸现金流游戏》。桌上游戏是与家人共同学习的极好方式。

1956年，迈克和我只有9岁，富爸爸开始用游戏、模拟和实践教我们理财和创业的技能。富爸爸超前于他的时代，使得我们具有了超越同班同学的压倒性竞争优势。

父母行动指南

花时间讨论金钱及其在生活中扮演的角色。

遗憾的是，很多家庭很少讨论或交流对金钱的看法，即使有，也常常是争论。

在我还是小孩子时，父母之间在金钱上的争吵不休给我留下了痛苦的回忆。不管我爸爸挣多少钱回来，我们家的日子就从来没有宽裕过。爸爸和妈妈是我最爱的两个人，但他们在金钱的问题上没有讨论，只有因钱而吵架。相反，我的穷爸爸会用几个小时的时间讨论现实的收入问题。今天，我将富爸爸的这种讨论带到了我的婚姻当中。金和我坦诚地讨论我们的收入问题，而不是为钱而争论。

一旦你将自家的"财商教育之夜"定成惯例，就要用它来讨论日常生活中现实的收入问题。谈论这些问题和挑战是什么原因造成的，你将如何解决它们。

花些时间将你家变成一个讨论金钱的地方，而非因金钱而发生争执的场所。

为什么父母很重要?

第三章
让你的孩子做好最坏的打算

作为孩子第一个也是最重要的老师,父母称得上是为孩子的教育打基础的人。当孩子说出第一个单词时,父母会表扬他们,还会教他们新的单词,教他们数数、走路、读书和骑自行车。随着孩子的成长,许多父母变成了他们试探意见的对象、向导、顾问和角色楷模。父母每天都与孩子进行互动,自觉或不自觉地对孩子们的生活产生强有力的影响。当孩子们看到父母积极接受新观念、新思想(比如终生学习的理念),父母的这种表率作用就会深深地印在孩子的头脑中。作为孩子老师的父母们,当他们对孩子提出的问题给予耐心讲解,直至孩子们搞清楚问题的答案,并对孩子提出的其他观点给予肯定,还鼓励孩子追求富足且有意义的人生时,孩子的生活将发生改变。

我经常看到很多父母在庇护他们的孩子免受严酷现实折磨方面如履薄冰,他们会预先给孩子的未来做好准备。而在今天看来,那个未来很可能还是一个不确定的未来。明天的世界属于那些能够有效处理信息、理清事物内在联系、预测事物发展趋势并灵活应对世界变化的人。正如当今的世界与我们父母成长的世界已经大为不同了一样,你的孩子也将面临一个完全不同的世界。不难预料,他们将会遇到全新的挑战,但也会有全新的机遇。

理由陈述

大多数美国人都听得懂"房间里有只800磅重的大猩猩"指的是什么。如果你没有听说过这个比喻,那我告诉你,它的意思仅仅是说每个人都知道存在着某个极具影响力或急需引起重视的话题或想法，却没有人想谈论它。

你孩子未来要面对的 4 只大猩猩

依我看，你的孩子未来要面对 4 只大猩猩。很少有人谈论它们，但它们确实就在那里。即便很少有人向你的孩子提及它们，但在以后的人生中遇到它们之前，你的孩子需要做好准备。

第 1 只 800 磅的大猩猩

社会老龄化程度逐步提高

老龄化问题

老龄化问题是近些年刚出现的一种新现象。

1935 年，富兰克林·罗斯福总统签署了《社会保障法案》，并使之成为法律。那个时候，65 岁就可以被认定步入了老龄阶段。今天，"65 岁仅相当于 45 岁"，至少婴儿潮时期出生的一代人愿意这样认为。在美国，与死亡相比，人们更害怕逐渐变老和失去独立性。随着医学和技术的进步，你的孩子可能会在 90 岁甚至是 120 岁时才被称为"老年人"。换句话说，老龄化问题是一个逐步显现的新问题。

2012 年，美国政府最终承认到 2033 年政府将无力支付老年人的社会保障资金。到 2033 年时，你的孩子是多大？大多数婴儿潮时期出生的一代人刚刚踏进80岁的门槛。问题是：政府如何让众多的老龄化人口有房住、有饭吃，并为他们提供适当医疗保健支出呢？

2012年，美国社会保障总署在其报告中声称：目前有1 080万美国人正在享受残障福利。与过去的10年相比，这个数字增长了53%。自2007年开始的经济危机以来，有超过500万的美国人申请了残障福利。随着失业率的上升，美国将会有更多的人领取残障救济金。如果像许多人预测的那样，在接下来的20年里美国经济持续不景气，那结局将会怎样呢？

> **年龄是资产还是负债？**
>
> 在农耕时代和工业时代，年长是资产，因为年龄大意味着广闻博识。而在信息时代，年长则是负债。

今天，许多地方政府即将破产，他们没有能力为其公务人员的养老金计划提供资金。加利福尼亚州的养老金制度就是一个灾难。

政府如何负担得起未来老龄化人口的基本生活支出呢？800磅重的大猩猩将成为你孩子不得不面对的问题。

年老的父母和归巢的孩子

多年以来，美国梦就是能拥有一处属于自己的住宅。今天，住宅已经变成几代同堂，两代、三代甚至四代将生活在同一屋檐下。这就是许多地产商正在将一套住宅楼设计成多个独立居住空间的原因。

今天，许多美国家庭都有归巢族（Boomerang Kids），他们离家上学，却是失业而归，无法在现实世界中生存。

除此之外，许多成年人归巢是因为年老的父母需要他们照顾。在美国，长期和陪住型保姆每月的最低工资为8 000美元，这比许多企业正式员工每月的工资还要多。

几代人的生存将成为你孩子的问题。你的孩子会搬来与你同住，或者你搬去与你的孩子及他们的孩子同住吗？如果你有幸长寿，你的孩子能够负担得起你晚年以后长达几十年的医疗费吗？

最大的大猩猩

初露端倪且最昂贵的麻烦不是刚刚提到的社会保障或几代人的住房问题。静静地坐在房间里的那只最大的大猩猩则是老年保健医疗计划。联邦医疗保险于1965年开始实行，今天这一方面的资金缺口估计已经超过了1 000亿美元。这意味着全世界的钱都无法弥补这一缺口。不管用哪种方式，你的孩子要与这个1 000亿美元的大猩猩展开角力。

最近几年，当乔治·布什总统签署"联邦医疗保险处方药福利计划"并使之成为法律时，他就制造出了这个最昂贵的社会问题。从此美国的医疗福利制度成了最大的负债。

奥巴马总统的医改计划则为另一个重大问题搭好了舞台，你的孩子无论如何都是要为此埋单的。我认为奥巴马医改（Obamacare）比布什联邦医疗保险带来的问题还要多。

今天，美国婴儿潮时期第一波出生的一代人中，已经有近8 000万人开始领取社会保障和联邦医疗保险。用简单的数学表示的话，如果这8 000万人每人每月从政府领取1 000美元，那就意味着每月将花费800亿美元的税款，你和你孩子要为此纳税。

婴儿潮时期出生的一代人会比他们的父母更长寿，需要更昂贵的医疗护理来维持生命。这就需要有人（你的孩子及其同龄人）愿意为他们退休后的黄金岁月提供资金。这就引出了下一个大猩猩。

第2只800磅的大猩猩

激增的国债

激增的国债

我们大多数人都听说过复利的力量。它是"宇宙中最强大的力量",人们常常认为这是阿尔伯特·爱因斯坦说过的话。

与复利相对应的一个概念就是"复债"的惊人力量。你的孩子将面临"复债"及其复利的双重暴虐。

2000年,美国的国债超过了50亿美元。到2012年,它已经增加到160多亿美元。

2011年,当希腊政府宣布破产时,希腊发生了暴乱。美国、英国和日本很快也会步其后尘。

由此也引出了下一只大猩猩,它也在等着你的孩子。

第3只800磅的大猩猩

新一轮的经济萧条

新一轮的经济萧条

本·伯南克主席目前正在管理着美国联邦储备银行。他大概是世界上最有权力的银行家,仅仅是因为他有权力通知美国国库局印制美元。

他的第一份工作是在普林斯顿大学当教授,重点研究"经济大萧条"。他认为最近一次的经济萧条之所以如此严重,乃是因为美联储没有印刷更多的钞票,从而造成了经济崩溃。因此,他认为当新一轮的经济萧条发生时,最好的拯救经济的方式就是"量化宽松",说白了就是"印钱",这就是他获得"直升机本"这个绰号的原因。据说它的含义是说：如果经济出现停滞，他会坐着直升机从空中往下撒钱。

历史记录下了两种类型的经济萧条：

1. 1929 年美国发生的大萧条；
2. 20 世纪 20 年代德国的恶性通货膨胀。

简单扼要地讲，美国的经济萧条是由于没有印刷足够多的钞票引发的，而德国的恶性通货膨胀却是因为印刷了太多的货币造成的。

> **问与答**
>
> **问**：最近一次的美国经济萧条持续了多长时间？
>
> **答**：持续了 25 年。1929 年，在股市崩盘之前，道琼斯指数高达 381 点。直到 1954 年道指才再次回到 381 点。
>
> 如果以 1929 年那次大萧条所持续的 25 年来计算，那么，新一轮的经济萧条则要从 2007 年持续到 2032 年。

从美联储主席本·伯南克这个 A 等生嘴里说出了一些令人不安的评论，如下所述：

- "美国政府拥有一项叫作'印刷机'的技术（或与其相当的电子设备），使得它不用付出任何代价就能想要多少美元就印多少美元。"（2002 年）
- "过去两年多房价上涨了近 25%。虽然投机行为在某些地区有所增加，但从全国范围来看，房价的上涨主要还是反映出我们的经济基础很坚实。"（2005 年）

2007 年，住房价格开始崩溃。

- "联储目前并没有预测出现经济衰退。"（2008 年）
- "外界有一个荒诞的说法，说我们正在印钞票。事实上，我们没印。"（2010 年）

伯南克主席是一位知名的大学教授。遗憾的是，他不是一位商人。在我看来，他的言论表明他对现实世界并不了解。

2007 年，我已经看得很清楚了，伯南克主席对德国式的经济萧条有好感，一旦这种应对金融危机的方法成功，它将会导致恶性通货膨胀。他认为可以用加印钞票来解决所印钞票不足的问题，这就好比喝更多的酒精来治疗他的酒瘾。

恶性通货膨胀是在一段时期内急速发展的通货膨胀，实际上它会让一个国家的货币一文不值。对于工薪族和相信储蓄的人来说，恶性通货膨胀会让他们倾家荡产。这一点值得注意，因为在美国最近一次的经济萧条期间，有工作的人和有存款的人成了赢家。

在20世纪20年代德国经济萧条期间，那些生产生活必需品（比如住房、债务和燃料）的人活得很好。因为这些产品能够提价，所以也就只有少数人过得非常好。

在新一轮的经济萧条期间，储蓄者、退休者和收入固定的工人将是最大的输家。债务人和食物与燃料的生产者以及房地产开发商（还有持有金银珠宝而不是现金的人）将会是最大的赢家。

要点在于，让你的孩子为有可能发生的这两种类型经济萧条做好准备非常重要。

英国政治家埃德蒙·伯克（Edmund Burke）爵士（1729～1797年）说过："不吸取历史教训的人注定会重蹈覆辙。"

全球金融危机是一种全球性的谴责，因为我们的学校不教金融史，这可是财商教育的基本内容。

经济学家的警告

今天，许多人声称用"印钞票"刺激经济是凯恩斯经济学。胡说八道，这都是对那些不了解凯恩斯经济学的大众所说的谎话。

这是英国经济学家约翰·梅纳德·凯恩斯就货币贬值所说的话：

> **富爸爸的教诲**
>
> 财商教育必须包括金融史。他说过："如果你想为未来做好准备，就必须了解过去。"

"据说，列宁曾经宣称毁坏资本主义制度的最好方法就是搞垮货币……欲颠覆现存的社会基础，没有比放任货币泛滥更巧妙和更可靠的手段了……借助持续的通货膨胀，政府可以将其公民的大部分财富在无人觉察的情况下悄悄地收归己有……这一过程使隐藏在经济法则背后的所有力量都参与到破坏之中,其做法之隐蔽,使得在一百万人中也难有一人看出其门道。"

第 4 只 800 磅的大猩猩

纳税更多

纳税更多

每次中央银行印制钞票,就会有两件事情发生:

1. 缴纳更多的税收;
2. 更高的通货膨胀率(通货膨胀是另一种税收)。

税收无关爱国

许多人认为纳税是他们爱国的表现,也是公民应尽的义务。再次强调,他们是对金融历史无知的受害者。

1943 年,为了给第二次世界大战筹集资金,美国国会通过了《现期纳税法案》。美国政府开始在工人领取报酬之前从工人的薪金中征收税收,这在美国历史上是第一次。在为自由和解放而战的名义下,工人们同意政府这样做。这就是为什么许多美国人认为纳税是爱国的原因所在。问题在于:第二次世界大战结束了,但美国却没有停止收税。

正如你所知道的那样,管理着政府的官僚知道如何花钱,却不知道如何挣钱。他们只知道如何增加税收。

失控的开支和增加税收并不是富人或穷人的问题。富人与穷人有一样多的福利计划。富人有公司福利计划，而穷人有社会福利计划。不管你如何称呼它们，这都是由纳税人自掏腰包。

富人的福利计划常常被人称为"政治分肥"。这样靠资金支持的计划好比是"在不需要桥的地方建桥"和"制造军队不需要的武器"。政治分肥是富人的福利，因为它是向不必要的计划所提供的资金，只会为富裕的企业主带来利润。

今天，如果政府将富人和穷人的福利统统减掉，它将是比2007年的次贷危机还要大的崩溃。姑且承认，有些政府制定的福利计划还是让很多人受益的。问题是你的孩子要通过缴纳越来越高的税收来为这些福利计划埋单。

有关税收的问题，父母应该尽早地跟孩子进行探讨，向他们解释清楚谁缴纳的税收最多及其原因所在。

为了解释税收问题，富爸爸为我画出了现金流象限图。

四个象限中的字母分别代表：

E 雇员（Employee）。

S 小企业主或自雇主(Small business or self-employed)。

B 大企业主（雇员500人或以上）(Big business)。

I 投资者(Investor)。

我们每一个人至少是这四种人之一，或者说至少位于其中一个象限。我们处于哪个象限取决于我们的现金流来自何方，因此它才被取名为"现金流象限"。一个人还可能有多种的现金流流入，也就是他可能置身于多个象限。

E 象限中的雇员是有稳定工作并依赖其工资收入生活的人。

S 象限中的人是自雇主，他们的工作以小时计，或者收取佣金等费用。许多 A 等生处于 S 象限，比如医生和律师。

B 象限中挤满了创立大企业的企业家，比如史蒂夫·乔布斯和比尔·盖茨。

I 象限中的人是像沃伦·巴菲特那样积极主动的职业投资者。

大多数人投资养老金、个人退休账户和 401（k）计划，他们是消极被动的投资者，不是职业投资者。因此，他们的投资要被征收较高的税率。

大多数首席执行官处于 E 象限。他们被称为"职业经理人"，是为创业家打工的高级雇员。真正的资本家是像史蒂夫·乔布斯、比尔·盖茨和马克·扎克伯格这样的创业家，他们的公司所雇用的员工超过了 500 人，从而使自己从 S 象限跃迁到 B 象限和 I 象限。

我们的教育体系可以将人打造成位于现金流象限左侧的人，即为将来成为 E 象限和 S 象限的人做好准备。这就是为什么大多数父母劝告他们的孩子"为了找到工作而上学"（E 象限）或"当医生或律师"（S 象限）。

不同的人和不同象限之间在税收上的差异是巨大的。

一个人置身于现金流象限的位置表明了他们的收入来源，从而也决定了其收入所得如何缴纳税负。下图注明了不同象限的不同类型的收入，以及何者在今天缴纳的税率最高。

各象限的纳税比例

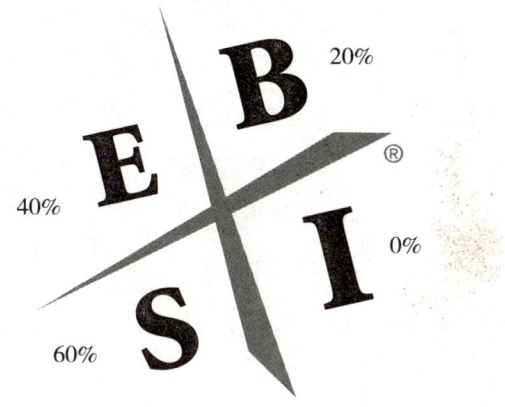

现在你知道为什么奥巴马总统纳税20.5%，而米特·罗姆尼却纳税14%的道理了吧。差别在于不同象限所获收入的缴税比例上。奥巴马总统是从E象限和S象限看世界，而米特·罗姆尼是从B象限和I象限看世界。

大多数社会主义者生活在E象限和S象限，而真正的资本家生活在B象限和I象限。

正如你看到的那样，劝告和鼓励你的孩子"上学并找到E象限的工作"，或者"上学并成为S象限的医生或律师"是在劝告他们为"要缴纳最高税率的收入"而工作。处于S象限的医生和律师都是A等生，他们的纳税率是所有象限中最高的。

每当民众大喊"向富人征税"时，政府就会提高处于E象限和S象限的高薪者的税率，比如首席执行官、医生和律师。真正的富人是处在B象限和I象限的那些真正的资本家，他们反而纳税很少。对于像奥巴马总统这样的人来说，这听起来是不诚实和不公平的。在本书后面的章节中，我们会讲清楚为什么给予B象限和I象限的人减税优惠不仅是公平的，而且对于维持经济的运转也是很重要的。

如果在年轻时就理解了税收政策，你的孩子就有时间做出更好的决定，学自己想学的东西，并选择最适合他们的象限。一个人应当不会永远只选择一个缴税很少的象限，但理解它们的根本差异是财商教育的一部分内容。理解象限、收入的不同类型和相应的税收政策会为你的孩子做出事关金钱、企业和投资的明智选择打下良好基础。

为你的孩子做好加入 B 象限和 I 象限的准备需要花费时间。史蒂夫·乔布斯、比尔·盖茨和马克·扎克伯格在十几岁时就开始向 B 象限和 I 象限迈进了。这三人全都从哈佛大学和里德学院这样的著名大学退学，因为学校首要的任务是为学生进入 E 象限和 S 象限做准备，而不是培养他们进入 B 象限和 I 象限。

> **工资：年薪 1 美元**
>
> 问：为什么史蒂夫·乔布斯年薪只有 1 美元？
>
> 答：他是一个真正的资本家。他的收入不是来自 E 象限或 S 象限。

为了让你的孩子做好准备，迎接即将来临的"大猩猩"并"与之摔跤"，重要的是你的孩子要知道有不同的选择在等待着他们，不是只有"上学，就业，努力工作并且支付越来越高的税收"这一种选择。

我将在本书后面探究不同的象限承担不同税率的原因。到时候你也就弄清楚为什么当民众高喊"向富人征税"时，税务机构倾向于不碰 B 象限和 I 象限了。不管奥巴马总统如何努力地推动，处于 B 象限和 I 象限的人总能找到合法的途径少缴税。

资本主义的课程在《富爸爸穷爸爸》第一章就开始了，那一课的名字是"富人不为钱工作"。简而言之，为钱工作的人是那些处于 E 象限和 S 象限的人，他们的纳税率是最高的。而处在 B 象限和 I 象限的人是资本家，而资本家做了政府想做的事，比如创造就业岗位和提供可以买得起的住房。因此，他们的税率最低。这在所有的西方经济社会都是真实的。

因为税收知识是一个人财商教育的重要内容，所以，这种税收上的差异会在后面的章节中进一步加以阐述。

改变象限不会太晚了吧

问：一个人需要在年轻时就实现从 E 象限或 S 象限到 B 象限或 I 象限的转变吗？

答：不用。肯德基（KFC）的创始人哈兰德·桑德斯（Harlan Sanders）上校直到退休之后才开始他的创业之旅。65岁那年,一条新的高速公路穿过他卖鸡肉的小店,他的企业无奈关门。此时正是他离开S象限,进入B象限和I象限,创立肯德基炸鸡快餐连锁店的时候。上校的优势在于当他朝着B象限和I象限开始迈进时,他在S象限时非常擅长烹调鸡肉。

由于进入B象限和I象限的门槛较高,因此,接受财商教育并且要趁早开始显得十分重要。很多人开始了创业之旅,但很少有人成功。不过,对于那些取得成功的人来说,回报是丰厚的。在B象限和I象限取得成功好比是攀登珠穆朗玛峰,抵达世界之巅,占据了食物链的顶端。如果你的孩子很早就着手准备的话,他们登顶的机会就会更大。

好消息是,要想在B象限和I象限取得成功,你不必是最聪明的人。你不必是A等生或B等生,这一点在E象限特别是在S象限更为重要。有一个最恰当的比喻,那就是在B象限和I象限取得成功好比是团体运动。你所需要做的就是让聪明的、值得信任的人围绕在你周围。这给人的感觉似乎很简单,但它常常是B象限和I象限中面对的最艰难的挑战。

我的经历

1969年,我从位于纽约的美国商船学院毕业。因为越南战争开始了,我志愿为国家服役,而不是作为一名商船的高级船员开始我的职业生涯,这可是我花了4年的时间准备要干的职业。我有一个令人满意的工作在等着我,就是在标准石油公司的油轮上当高级船员,但我知道我必须为国家服役。

因此,我在1969年志愿参加海军服役,并进入飞行学院学习,而不是为标准石油公司扬帆远航。

开车穿过位于佛罗里达州彭萨科拉的美国海军飞行学院的大门,这意味着我从此要冒着巨大的危险开始学习了。

对我来说,中学的学习经历很可怕。大学则需要忍耐极具竞争性的生活。但飞行学院是我乐意学习的地方。不管飞行学院的挑战如何强大,我总是学习劲头十足。在我的人生中,这是我头一回喜欢当学生。

因为学习是一个过程,所以,学会热爱学习很重要。

教育过程

我在海军飞行学院确实经历了毛毛虫变成蝴蝶的过程。

飞行学院提供的不仅是教育,它还在促进蜕变。飞行学院对我的心理、情感、生理和意志提出了挑战,但我喜欢这种挑战。这正是教育应当做的事情,激励一个学生学习更多的知识,并且获得更多的收益。

我认为父母的一项重要工作是寻找能够挖掘孩子的天赋并激励他们热爱学习的教育方法,它可能体现在音乐、园艺、医药、艺术或法律等方面。对我来说,它就是飞行学院。如我所言,学习飞行重新点燃了我对学习的热爱,正如《大富翁》的游戏激励我要致富一样。

遗憾的是,如果你的动力来自于外部,而不是源自内心的话,动机就变成了操纵。

最重要的是,教育过程要对孩子们起到激励作用,并能发挥出上天赐予他们的才能,而不是因为考试成绩不好而处罚他们,让他们感觉自己是个笨蛋。

如果一个孩子在家中获得了良好的财商教育,他们就可以做他们喜欢的事情,并且还能从中赚到很多钱。拿我自己当例子,现在我当了一名教师。而对于大多数教师而言,他们的收入来自于 E 象限。当他们抱怨挣的钱不够花时,我却没有此等抱怨。为什么?因为我是处于 B 象限的教

> **激励与动机**
>
> **激励:** 该词源自拉丁语的"ispiratio",意思是"在内心"或"受到神的启示"。
>
> **动机:** 该词源自拉丁语"motere",意思是"移动"。

师。同时，我还处于I象限，所以，我不需要工资。我的收入大部分来自于I象限，而且这一象限的法定税率很低，常常是免税的。

利用象限来激励

父母要学习的课程是"象限比职业更重要"。

本书大部分讲述的是：想要在B象限和I象限有良好表现，对进入这两个象限的人在教育、技能和经验要有哪些不同之处。问题是哪个象限对你的孩子最具有激励作用。

E象限和S象限对我的学习没有激励作用，有作用的是B象限和I象限。

孩子选择的职业没有多大的不同。我是一名教师，但不是在E象限的教师，而是在B象限和I象限的教师。

我从没想过长大后要当一名教师，只是想知道哪个象限能实现我的梦想。

史蒂夫·乔布斯也是这样想的。如果你阅读他的自传，你会知道他的愿望不是当一名雇员或自雇的小企业主，他的梦想要比这些大得多。

做最坏的打算

人们之所以难以跳出自己所在的象限（E象限或S象限），是因为大多数人做出选择时常常是出于恐惧而不是源于激励。例如，因为害怕没钱吃饭，多数人选择E象限，这种财务上的恐惧导致他们要寻求一份稳定、有保障、福利好的工作。

由于缺乏信任，许多人倾向于选择S象限。根据我的经验来看，大多数S象限中的人对大多数人没有信任感。他们想做自己的事情，自己当自己的老板，他们常说："如果你想把事

富爸爸的教诲

"决定一个人挣钱本事大小的不是他的职业，而是取决于他所在的象限。"

我的爹妈处于E象限，这是属于雇员的象限。他们常说："富人缴税少是因为他们采用了不正当的手段。"虽然他们受过良好的教育，但他们接受的教育却不包括对象限、不同的收入类型和税收政策的研究。

情干好，那就自己做"，这就是原因所在。

S象限的问题在于你并非真正拥有一家自己的企业，你拥有的只是一份自己给自己打工的工作。如果你停止工作，你的收入常常也会中断。这说明你拥有一个"忙差"（busy-ness），而不是一家企业。

相反，不管你工作与否，拥有B象限的一家企业（business）会源源不断地带给你收入。

为生活而训练

金和我之所以能在37岁和47岁退休，是因为我们的收入来自于B象限和I象限，而不是来自E象限和S象限。

我非常喜欢飞行学院的原因是我们每天都会在激励下去迎接各种恐惧。尽管我知道很多飞行学员是为了稳定的工资或提前退休的福利，但我的目的不是这个。海军只是美国政府的雇员而已。

我当海军及去飞行学院是为了获取激励。我们的教官强制我们在每一次飞行中练习"应急操控"，而不是寻求安全。教官会用某种方式故意损坏飞机，有时甚至熄灭飞机引擎，而不是希望并祈求事情一切顺利。他们迫使我们面对恐惧时保持冷静，并且仍然可以飞行。这是对B象限和I象限生活的完美训练。

很多人生活拮据，仅仅是因为他们的情感控制了生活。他们将对财富的恐惧埋藏心间，而不是勇敢地面对。许多处于E象限的雇员躲藏在安全、稳定、有保障的工资保护伞下面，而处于S象限的自雇主则躲藏在顽强的个人主义面纱后面，这是最聪明和最合适的需要。

告诉孩子大猩猩的事

不要再向你们的孩子灌输这样的思想了——得到好成绩，找到好工作；也不要再认为这样就能保护他们，并使其免遭现实生活的迫害。其实正相反，你要告诉的是：他们在未来即将面临的4只大猩猩。在涉及赚钱的方面，所有的孩子都是聪明的。就像我的飞行教官帮助我为越南战争做准备一样，要让他们为自己的未来做好准备。

我知道许多专家会说这样做不妥，会吓着孩子们。要知道，这样不仅不会吓坏他们，反而是在为他们的未来做准备。通过面对恐惧和做好最坏的打算，他们过上更好生活的概率就会大大增加。

那么，如果你的孩子决定他们宁愿在 E 象限寻求工作稳定性或在 S 象限寻求独立，至少这是他们个人做出的较为明智的决定。如果他们认为自己取得成功的最好机会处于 B 象限和 I 象限，他们就会有时间准备。正如史蒂夫·乔布斯和比尔·盖茨在十几岁时开始创业那样，你的孩子最好也这样做，尤其是他们想成为创业家的话，更应如此。

你的孩子将要面临的世界与我们今天生活的世界大为不同。致富机会很多，但问题也是同样的多。整个国家的破产刚刚开始，最近希腊的破产只是个开端而已。

我们听到有人说："下一代美国人不会做得与前辈一样好。"有一个理由可能是正确的，那就是我们的学校没有在让他们为迎接未来的现实世界做好准备。简而言之，不要一味地保护你的孩子，也不要想方设法地让他们在未来免遭伤害，而是要让他们为未来做好准备。

金融史的总结

1971 年，理查德·尼克松总统取消了美元的金本位。

1971 年，美元不再是实际货币。美元变成了通货、债务票据和给美国纳税人的借据。

好消息是 1971 年以后世界经济繁荣昌盛，可这种繁荣却是建立在欠债基础上的。

2007 年，债务这个气球爆炸了。现在，我们处在经济危机之中，这是新一轮的经济萧条。

这可能是我们未能汲取过去的经验教训而付出的沉重代价。

历史会重演

梅耶·阿姆斯切尔·罗斯柴尔德（Mayer Amschel Rothschild）生于1744年，他一手创建了罗斯柴尔德银行帝国，他对这种全球性金融危机做出了解释。

"但能控制一国货币之发行，吾不在乎谁制订法律。"

1971年，当尼克松总统取消美元的金本位时，谁制订法律没有什么区别，不管是共和党还是民主党，区别不大。世界的银行家控制了世界上最强大的国家——美国。

然而，尼克松总统并不是第一个向银行家势力弯腰的人。

托马斯·杰斐逊（Thomas Jefferson）是美国的开国元勋之一，也是美国《独立宣言》的起草人和第三届美国总统，他指出：

"假如美国人容许私人银行操控他们的货币发行，首先通过通货膨胀，然后通过通货紧缩，在他们身边成长壮大的银行和公司就会剥夺人们的财产，直到他们的子孙一觉醒来发现，在他们先辈所征服的大陆上他们已经无家可归了。"

杰斐逊还警告说：

"我确实认为金融机构对我们的自由所构成的威胁比正规军还要大，而且由后代为偿付上一代人开支的本质……是大规模地欺骗后人。"

换句话说，创建于1913年的中央银行即联邦储备银行成为历史上最有权势的机构，它正在窃取我们的父母、孩子及其子孙后代的未来。这种窃取已经在全世界范围内蔓延开来，并且引发了我们今天所面临的全球危机。

美国联邦储备银行不是美国的企业。它是由世界上最富有的银行家族控制的联合企业，它不再属于联邦政府。你和我都无法控制它。它没有储备，它也不需要钱，它只管印制钞票。它已不再是普通意义上的银行。

1913年，美国宪法第16修正案获得通过，它赋予联邦政府拥有向公民收入征税的权力。第16宪法修正案使得美国国税局得以创立，并赋予它征税的权力。

1913年，美国公民失去了对他们金钱的控制。世界上最富有的人控制了即将成为世界上最强大的国家。现金抢劫从税收开始了，因为税收就是富人和有权势的人通过他们控制的政府将他们的手伸进了我们的钱包。

我认为，这种通过全世界的银行家族对我们未来的窃取是我们在学校无法接受可靠财商教育的原因。父母必须弥补这一空白，以便让孩子为未来的财务规划提前做好准备。

出生于1743年的托马斯·杰斐逊向我们发出了警告，而这只是他众多警告中的一部分：

"在他们身边成长壮大的银行和公司就会剥夺人们的财产，直到他们的子孙一觉醒来发现，在他们先辈所征服的大陆上他们已经无家可归了。"

由此，我们不难解释，为什么我们的政府会帮助高盛、美国银行等大银行摆脱困境，帮助美国国际集团（AIG）和通用汽车等公司渡过难关了，因为紧急救助所需的资金是由纳税人支付的。这不是在拯救就业岗位，而是在拯救富人。

终结美联储

罗恩·保罗（Ron Paul）是德克萨斯州的众议员，共和党内部初选的候选人之一。2012年总统大选期间，他在其《终结美联储》（End the Fed）一书中描述了与美国人的个人利益背道而驰的中央银行的权力。换句话说，谁支付美联储主席伯南克的薪水？

他发起了一个"终结美联储"的基层群众运动。

托马斯·杰斐逊会同意。返回到19世纪，杰斐逊说过：

"（货币的）发行权应该从银行手中夺回来，还给人民，这才是它正确的归属。"

徒劳无功

推动"终结美联储"可能是一种高尚之举，却是在浪费时间。就像罗马帝国在公元5世纪前后崩溃一样,美联储内部整个腐败的体系可能会崩溃。它会崩溃吗?何时崩溃?谁知道?

与"终结美联储"相反的是,我的富爸爸教育他的儿子和我要"成为美联储",这需要高水平的财商。因此,他才从我们很小的时候就开始教我们学理财。

读完这本书,你也能学会如何激励你的孩子"成为美联储",而不是想法"终结美联储"。

读完这本书,你也能学会像美联储那样合法地"印制自己的钞票",而且学会像这个国家的那些大公司一样合法地缴纳较少的税收。之所以我会如此说,乃是因为财商教育会改变我们的生活,你和你的孩子们也可以"印制自己的钞票"。

在此,我想要说明的是:我并不是说这样是公平的。生活中有很多事情是不公平的。我要说的是"自由"是一个高尚的概念,我认为这也是我参加战争的目的,它包括做决定的自由。在我看来,如果不能给予我们的学生自由选择接受4个象限所需教育的权利,则教育体制的功能就是不健全的。我们的世界需要更多像史蒂夫·乔布斯那样退学去学习B象限和I象限知识的人。但是,为什么他们要退学去做这些事呢?史蒂夫创造了就业岗位,而我们的学校培养了足够多的首席执行官和职业经理人,这些人也仅仅是需要工作岗位的雇员而已。

如果我们的学校讲授的历史是经过挑选或歪曲的话,那就是不公平的。为什么不能告诉孩子们真相?很多历史是有关钱财的,当我们说战争是为自由而战时,那是在歪曲真相。战争就是为钱而战,它是一笔巨大的生意。

我个人认为,说克里斯托弗·哥伦布(Christopher Columbus)是一位探险家也是在歪曲事实。他是一个创业家,受到了伊莎贝拉女王(Queen Isabella)的资助,意在寻找与亚洲进行贸易的商路。

哥伦布就是他那个时代的史蒂夫·乔布斯,他在北美洲和南美洲发现的财富使得西班牙成为当时世界上最富裕的国家之一。

利用弗朗西斯科·皮萨罗(Francisco Pizzaro)、费迪南·麦哲伦(Ferdinand

Magellan）和赫尔南多·科尔特斯（Hernando Cortés）等探险家（海盗）抢劫而来的全部金子，西班牙的经济得以快速繁荣。但这个曾经的世界强国，今天却与希腊、意大利和法国一起成为欧洲的经济烂摊子。这一次，西班牙经济的繁荣与萧条不是因为金银，而是因为欠债，即来自中央银行的超发货币。在这一点上，它和世界其他国家如出一辙。

为数众多的"海盗"仍然在世界各地游荡。今天，他们不再扬帆远航，而是操控国际金融机构。

梅耶·阿姆斯切尔·罗斯柴尔德在1838年说的话值得重述一遍：

"但能控制一国货币之发行，吾不在乎谁制订法律。"

时至今日，他可能会说：

"若能控制世界货币之发行，我管是谁制订法律。"

从《大富翁》游戏中得到的收获

《大富翁》的游戏规则指出：

"银行从来不会破产。如果银行的钱用光了，银行家会在任意的普通纸上签一下名，就能发行所需的货币。"

这就是为什么富爸爸要用《大富翁》游戏教他的儿子和我学理财的原因。我的富爸爸常说："《大富翁》是真正体现现实生活的游戏。"

当今世界

今天，世界正运行在货币超发、巨额欠债和给纳税人打白条之上。

建造这一全球空中楼阁的银行家变得非常富有，他们中的很多人从政府手里接受施舍和红包，而无数的纳税人却变得非常贫穷。

这是真实的，不只发生在美国，全世界皆是如此。

国际大猩猩

以下是几个当代案例，可以说明当"海盗"控制一国之货币后情况会如何。

日本

虽然日本是世界上储蓄率最高的国家之一，日本的经济却已经停滞了二十多年。

因此，还是打消"美国人需要储蓄更多的钱来拯救经济"这个主意吧。

希腊

希腊在2012年破产，然后退休者不愿面对老而贫穷的生活，开始自杀。西班牙、意大利和葡萄牙紧随其后。在很多国家，最优秀和最聪明的人离开家园，到其他国家寻找机会。这种危机也叫"人才外流"。

意大利

2012年初，为了帮助偿还国债利息，政府开始增税。仅一天的时间，意大利的石油价格就从每加仑10美元上涨到每加仑16美元。问题在于，大多数受过高等教育的官僚们认为增税会拯救经济。而随着银行家和政治家变得更富有，税收会搞垮经济。

当银行开始印制钞票时，会发生三件事情：税收增加，通货膨胀更加严重，人们变得更加贫穷。

法国

法国是欧洲第二大经济体，随着增长的放缓而深陷债务的泥潭。法国人并不想辛苦工作，而是希望多休假、少工作和早退休。随着生产率下降，法国也就走到了这个地步。

为了解决这个问题，就和美国人想做的那样，法国正在对富人增税。当你提高富人的税率时，富人（和他们的钱）会逃离这个国家。

中国

随着失业率和军事力量的上升，中国的增长引擎正在放慢速度。

墨西哥

墨西哥是美国的邻居，在那里，毒枭们比政府钱多，枪也多，而且影响也更大。很明显，那不是一个养育孩子的理想之地。

提前给你的孩子进行财商教育

如果你想让孩子在以后的生活中具有压倒性竞争优势，必须教给他们以下内容：金钱是怎么回事？金钱对历史有哪些影响？金钱和税收的真实规则是什么？

在本书的下一章，你会了解财商教育能给你孩子的现实生活带来什么样的压倒性竞争优势，这种压倒性竞争优势甚至连 A 等生都不具备。

你孩子的未来

再重复一遍埃德蒙·伯克的警告：

"不吸取历史教训的人注定会重蹈覆辙。"

就我自己而言，我宁愿向货币史学习，而不愿意被未来的货币碾碎。

自 1971 年以来，据说美元的购买力已经丧失了 90%。用不了 40 年，其剩余的 10% 的购买力最后也会消失殆尽。

考虑一下这一点：如果你要教育自己的孩子成为资本家，培养他们 B 象限和 I 象限中资本家所具备的压倒性竞争优势，告诉他们金钱和税收的真实法则。那么，4 只大猩猩再坐在屋里的可能性就会小许多；否则，它们就会践踏你孩子的未来。

父母行动指南

将在金钱上遇到的麻烦当作学习的机会。

我的爸妈尽全力不让他们的孩子知道他们在金钱方面存在的问题。

问题是我们 4 个小孩子都知道我们的生活遇到了麻烦。我们学着避开它们，而不是勇于面对我们的收入问题。

当富爸爸遇到收入问题或雇员问题，他会把这一现实生活中的问题当作学习的机会。他会花时间解释这一问题，并对可能解决此问题的方案做出说明。

富爸爸常说："难题能让你变得更聪明，也能让你变得更穷。就看你的选择了。"

当你家出现收入问题时，我建议父母们利用本书或其他资源来为你个人的理财问题找到可能的解决方案。然后，探讨这一问题及其解决方案。

一个家庭可以利用收入问题及提出解决方案作为共同变聪明的一种方法。在以后的生活中，当你的孩子面临收入问题时，这一习惯会帮助他们将问题视为在理财上变聪明的学习机会。

如果你的孩子太小，或者还没有准备好处理时常让人心烦意乱的现实世界的收入问题，那就带他们去杂货店，向他们展示你是如何在花钱的方面作出预算并照此安排来养活一家人的。这就是一种现实生活的教育。

我们全都会在金钱上遇到麻烦，即使富人也一样。我们是更富还是更穷，就看我们如何来处理收入问题。我学会了不浪费任何一个有关收入的问题。因为每当我们尝试着去解决它时，我们会在此过程中变得更加聪明。

你应该在孩子多大时开始教他们有关金钱的知识？

第四章
开启学习之窗

我有把握地说,大部分父母很清楚他们孩子天生就对金钱有一定的意识。婴儿时,闪光的硬币会吸引他们的眼球;随着逐渐长大,他们开始对某种东西价值几何产生概念。我们很多人可能会回想起当我们想要买新玩具或自行车时父母温和的责备:"你认为钱是长在树上的吗?"

他们在杂货店、电影院和加油站等地方看到了货币的易手,很快就能明白工资和开支是怎么回事。不管是牙仙送的几美元,还是在院子里帮爸爸额外干了一点活而得到的5美元,或者奶奶当生日礼物给的现金,他们开始喜欢自己拥有钱的感觉。

问:你应该在孩子多大时开始教他们有关金钱的知识?

答:在他们能够辨别1美元纸币和5美元纸币有什么不同的时候。

理由陈述

所有的孩子都会经历3个重要的学习之窗。

3个早期的学习之窗分别是:

第1个窗口——出生至12岁;

第2个窗口——12岁至24岁;

第3个窗口——24岁至36岁。

三个学习之窗

在教育孩子的时候,重要的是要以这 3 个学习之窗为基础,知道你的孩子在不同的发育阶段会经历什么。

第一个学习之窗

出生至 12 岁:量子学习

大多数教育心理学家认为第一个学习之窗是孩子的量子学习时期。他们对任何东西的感知都是崭新和令人激动的学习体验。他们可能不明白"热"这个单词,但他们很快就会知道热的感觉。

在此时期,孩子的大脑就像是一团面糊。起初,他们的大脑只是一个整体。直到 4 岁时,大脑才开始分为左右两个半脑。

如果一个人被形容为"右脑发达",那他的生活方式会更倾向于艺术性、创造性和更加自由的流动性。如果一个人被形容为"左脑发达",那此人的书卷气会比较浓,创造性欠佳,并且比较呆板。据说左脑偏向于讲话、阅读、写作和数学技能。传统学校认为左脑发达的学生聪明。

艺术、音乐和舞蹈学校倾向于吸引右脑发达的学生。

如果孩子是左撇子,那么,他是左脑发达或右脑发达可能就要反过来说。

很多研究人员认为伟大的天才是双侧半脑都占主导的人。一位研究人员研究了像温斯顿·丘吉尔这样的人。还是小伙子的时候,丘吉尔说他大脑中经常会闪现怪异的想法。几分钟后,他才能表达清楚刚刚突然出现的天才想法。用非常简单的话来说,天才想法的突发产生在右脑,这是具有创造性的一侧。但因为语言来自于左脑,思想的闪现必须从右脑移动到左脑,他才能得以讲出自己的新想法。今天,我们可以说"大脑中灵光一闪"。正如你料想的那样,并非所有的研究学者都同意这一说法。

《大富翁》游戏之所以被称为极好的教学工具,原因就在于它能够让左右半脑同时参与,而不只是激活左脑。儿童如此,成人也是这样。换句话说,学习是一个生理和情感的过程,同样它也是一个心理过程。

不管你支持这一争论的哪一方,有一点似乎是真实的,即在从出生至 12

岁这个第一个学习之窗期间，孩子就是一个学习机器。父母不需要鼓励他们学习，他们会主动学习，从爬行、走路、谈话、吃饭到学骑自行车，不断取得进步。这个"小学习机器"常常让父母筋疲力尽。

然后，孩子开始上学。

第一个学习之窗从孩子学习语言和腔调的时候就开始了。例如，生在亚拉巴马州（Alabama）的孩子说话时会带有南方口音，而生在纽约的孩子则会带有独特的纽约口音。孩子在以后的生活中会学习另外一种语言，但在早年养成的口音常常会转移到新的语言中。

在欧洲生长的儿童有一个独特的优势。那就是他们的第一个学习之窗时期是在多语言文化中度过的。长大以后，这一经历使得他们很容易就能学会新的语言。与此形成对比的是，在单一语言环境中成长起来的孩子常常会在以后的人生中艰难地学习第二种语言。

第一学习之窗期间，孩子会养成对文化、食物和音乐的偏爱。一个孩子眼中的美食可能在另一个孩子看来令他讨厌。城市中长大的孩子与偏远农场长大的孩子所看到的世界可能截然不同。与此类似，穷人家孩子与富人家的孩子会有不同的发展。受虐待的孩子常常要在以后的生活中面临挑战；而在用爱呵护着养大的孩子看来，这可能是不可思议的。

从出生到12岁期间，孩子大脑的表面是相对光滑的。随着学习的进行，大脑中形成神经通路。简而言之，神经通路就像是大脑中的一条条道路。如同一个搬到新镇子去的人需要找到周围的路，了解从住宅到超市、工作单位和教堂的道路一样。当孩子学习爬行、走路、交谈和骑自行车时，他们的大脑就会形成神经通路。

12岁是一个重要的年龄标志，因为过了12岁之后，大脑开始要将还没有形成神经回路的部位修剪掉。换言之，就是"用进废退"。

一旦神经通路形成，而且未被使用的大脑部位被清理，学习新的东西就会变得非常困难。12岁之后再理解学到的新东西就不容易了。现在，不能只是简单地将各个知识点连接起来，在逐渐发育成熟的大脑脑回及回间沟之间必须搭建起桥梁。

因此,"你教不会一只老狗新把戏"这句话是有一定道理的。年纪越大,人们的学习能力就会越差,培育新的神经通路就会变得难上加难。

这些年龄段之所以叫作"窗",是因为此时它们好比一扇打开的窗,是一个短暂的学习期。例如,有一个学习如何走路的窗口。如果孩子在第一个窗口时失去了学习走路的机会,那就可能会一辈子瘸着走路,因为他的骨骼、肌肉和运动神经的技能就从来没有发育过。学习走路和社交技能同样如此。如果孩子在第一个学习之窗期间未能学习读书和写作,他们的生活就会受到挑战,甚至陷入困境。他们可以在以后的人生中学会这些技能,但会十分艰难。如果错过了学习窗口,那它就会关闭。

我想起一个孩子被父母关在壁橱里的故事。在被发现之前,他已经错过了第一个学习之窗和第二个学习之窗的大部分时间。虽然现在自由了,但他在心理、生理、情感和社交上存在着严重的障碍。他从来没有被培育出大部分儿童在成长期间生成的正常神经通路。

第二个学习之窗

12岁至24岁:叛逆式学习

随着孩子进入十几岁的年龄,他们通过叛逆的方式进行学习。例如,如果你告诉一个十几岁的孩子"不要喝酒",他就有可能会喝,或至少更倾向于尝试喝酒。如果他们借你的车开,而你说"不要开快了",他们就有可能开快车。如果你说"不能有性行为",他们就会对性更加好奇。

第二个学习之窗之所以叫作"叛逆式学习之窗",是因为孩子在此生命阶段就是这样学习的。他们想学习自己想做或想学习的任何事情。他们想自己做决定,而不是让别人告诉他该学什么。他们开始行使自我思考和选择的权利。

大部分的代际冲突产生自这一时期。例如在音乐方面,处于青春期的青少年及其成长中的叛逆促生了新的音乐形式。在20世纪50年代,出现了查克·贝里(Chuck Berry)和埃尔维斯(Elvis),摇滚乐震惊了正在听爵士乐的成年人。20世纪60年代,甲壳虫乐队和滚石乐队通过新媒体电视使得摇滚乐迅猛发展。到了20世纪70年代,约翰·特拉沃尔塔(John Travolta)成为迪斯科舞王，而到了 80 年代，美国的涅槃乐队（Nirvana）在科特·柯本（Kurt Cobain）的带领下引入了"垃圾"摇滚。其实今天的说唱乐（rap）和嘻哈音乐（hip-hop）就开始于 20 世纪 90 年代。当然，迈克尔·杰克逊（Michael Jackson）融合了黑人节奏与白人摇滚，将音乐、舞蹈、戏剧、MV 和精细的编舞结合在一起，形成了自己独特的乐风。

第二个学习之窗的挑战

叛逆式学习的真正挑战在于孩子还没有意识到不听劝诫话的后果。例如，如果你说"不要开快车"，他们仍然不明白速度快的后果，或者说不知道他们的行为可能造成的结果，比如交通违章传票和车祸，甚至更糟的是死亡。父母当然很清楚这样做的危险和后果，但孩子们并不知道。

在此叛逆期，很多少年的生活偏离了正轨，他们染上毒瘾、逃学、当上了父亲，甚至是犯罪。根本原因在于他们不明白自己行为所产生的后果。

第二个学习之窗是非常重要的时期，这是不言而喻的。孩子与其父母在此期间的关系至关重要。这一时期的教育非常像第一个学习之窗，父母是孩子最重要的老师。

这并非说如果孩子在此阶段惹是生非就说明父母是不中用的父母（或者孩子是坏孩子）。第二个学习之窗有一个重要的功能：这是孩子天生反叛和尝试的时期，这正是他们在此人生阶段的学习方式。

当孩子陷入麻烦时，如何处理由此带来的后果，常常可以检验出父母和子女之间的关系。这是父母与子女之间培育关系的关键时期。例如：

- 当女儿撞坏了汽车时，父母会做何反应？如果儿子因为醉酒驾驶而被捕，父母会做何反应？此时是考验父母子女之间关系的时候。此时，父母就会发现他们是否是好老师。

- 如果发现帅气的大学生儿子卖毒品每月收入几千美元，父母会做何反应？父母会让警察把儿子抓起来，还是竭尽全力掩盖他的罪行？

- 如果发现孩子在学校逃课并且不遵守纪律，父母会怎么做？会因此而责备学校，还是与学校、老师和孩子一起负责任地解决问题？

- 如果十几岁的女儿回到家，声称她怀孕了，但不知道孩子的父亲是谁，父母会怎么做？

很明显，没有一个统一又简单的答案适合上述任何一种情况。就像孩子各有不同一样，情况也各有不同。如果家中不止一个孩子的话，他们之间的差异会让人惊讶的。父母和孩子之间的课程是独一无二的，这种课程常常会遇到各种挑战。此时，父母和子女之间的交流至关重要，父母们也要乐意倾听孩子内心的想法。

我认为个人生活中最不稳定的时期是第二个学习之窗，即 12 岁至 24 岁这一阶段。如果孩子能顺利度过这一阶段，他们能过上美好生活的可能性就会加大。

因此，问题是：作为父母，在应对第二个学习之窗（即孩子叛逆式学习的这一时期），你如何做好准备？如果你在第一个学习之窗时已经做得很好，你会更有把握指导你的孩子度过第二个学习之窗。如果你在这些年的"导航"中，心中动过这样的念头——"相信他们以后会改掉这些坏习惯的"，说明你跟孩子相处得很好。大部分孩子会日后改正，但正如我们知道的那样，有些孩子不会。此时父母的角色就变得更加具有决定性了。

第三个学习之窗

24 岁至 36 岁：职业学习

该学习之窗是成人学习"在世界上独立谋生"的时期。很明显，这是另一个非常关键的学习之窗，父母可以观察他们自己及教育系统在教育孩子方面做得如何。众所周知，现实世界并不总是公平、平等或友善之地，现实世界可能是一个凶恶的老师。

第三个学习之窗期间，个人的职业开始扎根。例如，如果他们上的是医学院，他们就会发现自己是不是个好医生，自己是否找到了合适的职业。如果他们缺乏职业教育，在找到自我定位之前，他们会不断地跳槽。许多年轻人努力鼓起勇气追随自己的梦想。而正因为如此，我们才得以发现他们具有的特殊天赋和才能。

传统上，该时期是年轻人结婚成家并购买第一套住宅的时候，也是开始涉及现实世界财务问题的时候。生活变得越来越离不开钱，而他们常常又缺钱。年轻人如何应对日益严峻的财务压力取决于儿时在第一和第二学习之窗学到的理财知识。

2007年以来，无数的年轻人在第三个学习之窗时期找不到有意义的工作岗位，或者干着专业不对口的工作。如果在此期间个人无法发展，这将对他们以后的人生产生消极的影响。年轻一代的失业问题可能会造成大量社会问题，甚至影响未来数年。这些问题必须由他们自己解决。

在学校，老师或许只在某个学期或某个学年教授你的孩子，而父母却是孩子一生的老师。家庭教育的连续性与稳定性将对孩子的人生产生重要影响，并且贯穿孩子的整个学习窗口期。因此，父母才是孩子最重要的老师。

我的经历

很明显，9岁的我并不懂得"学习之窗"理论。我只知道有些东西是学校不教的，而学校不教的是有关理财的课程，这正是我要在富爸爸那里寻找答案的原因。直觉告诉我，我需要另外一个老师，一个完全不同于学校老师的老师。

事实上，当我7岁看到妈妈坐在餐桌旁哭泣时，我就开始下决心寻找另外的老师了。她哭泣是因为我们家在经济上入不敷出了。我仍然记得她让我看我家的银行对账单，上面一行行的都是红色的数字。

20世纪50年代，银行会给客户邮寄打印好的银行对账单。对账单印在金色的纸张上。月初时，在我爸爸存上工资之后，上面的数字是黑色的。随着我父母不断地开支票，对账单上的数字由黑转红，这表明银行账户中的存款已经不够开支票的了。一旦他们再开支票，就意味着透支了。

妈妈的哭泣让我深感不安。7岁的我还不理解人为什么会为钱而哭。我的第一个学习之窗打开了。

我问她，在解决这个问题上，爸爸是如何做的。她为他辩护道："他在尽最大努力。他努力学习，以期获得硕士和博士学位，那样他就能找一个工资高一些的工作。"

7岁时，我确实不理解妈妈跟我谈的这些是什么意思。我只感觉有些事情不对劲，而且是很重要的事。

今天，我已经成人，当我听到某人说："我要重回校园，再拿一个学位"，并以此作为解决他们财务问题的一个方案时，我会吓一跳，并且沉默不语。

我曾听到富爸爸说过："如果上学能让你致富，那么老师就会是百万富翁。"

我的第一个学习之窗

如前所述，在玩完《大富翁》游戏后，富爸爸会教他的儿子和我赚钱的课程。他不告诉我们该做什么，也不警告我们不要犯错，而是利用我们在游戏中的错误作为讨论的基础和学习相关课程的动力。

根据学习之窗理论，当我玩《大富翁》游戏时，我与金钱有关的神经通路开始建立链接。

我在学校的学习成绩向来不好。不管我多么努力地学习，我也只是一个中等生。我的两个爸爸都关心我的学习成绩，富爸爸的儿子迈克的成绩比我也好不到哪里去。

一天，富爸爸将我们带到一边说："虽然你们的分数很重要，但我会让你们了解现实生活的一个秘密。"

"什么秘密？"我们问道。

富爸爸向前倾着身子耳语："我的信贷经理从来不看我的成绩单，他并不关心我是否是一个好学生，或者我是从什么学校毕业的。"

我好奇地问富爸爸："那你的信贷经理想看什么？"

"我的财务报表。"富爸爸说着，伸手拉开桌子上一个装文件的抽屉。在让我们看了他的财务报表后，富爸爸说："毕业之后，你的财务报表就是你的成绩单。问题是，大多数孩子从学校毕业，却从不知道财务报表是什么。"

当金和我开发桌上游戏《富爸爸现金流》时，我们是围绕着财务报表构建这个游戏的，具体的财务报表内容如下图所示。

职　业：		玩　家：
	目标：努力使您的非工资收入超过总支出，从"老鼠赛跑"进入"快车道"。	

损　益　表

收　入

项目	现金流
工资：	
利息：	
股利：	
房地产：	
企业投资：	

审计师：

坐在您右侧的玩家

非工资收入：_____

（非工资收入＝利息＋股利＋房地产＋企业现金流）

支　出

税金：	
住房抵押贷款：	
教育贷款：	
购车贷款：	
信用卡支出：	
额外支出：	
其他支出：	
孩子支出：	
银行贷款支出：	

总收入：_____

孩子个数：_____
（游戏开始时孩子个数为0）
每个孩子支出：_____

总支出：_____

月现金流：_____
（银行结算日）

资　产　负　债　表

资　产

银行储蓄：		
股票／基金／存单	股数	每股成本
房地产：	首期支付	总成本

负　债

住房抵押贷款：
教育贷款：
购车贷款：
信用卡：
额外负债：
房地产抵押贷款：
贷款：

围绕着财务报表构建理财游戏是《富爸爸现金流》游戏的特色之处，它是将游戏中的金钱和投资课程应用到现实生活的一种方式。

在我第一个学习之窗期间，富爸爸将一个简单的财务报表深深地印在了我的脑海里。这张简单的表格变成了我的神经通路发育的一部分，有朝一日成了指导我人生方向的通路。

下面是富爸爸的财务报表，是你毕业之后的"学习成绩"报告单，也是你的信贷经理要求看的"成绩单"。

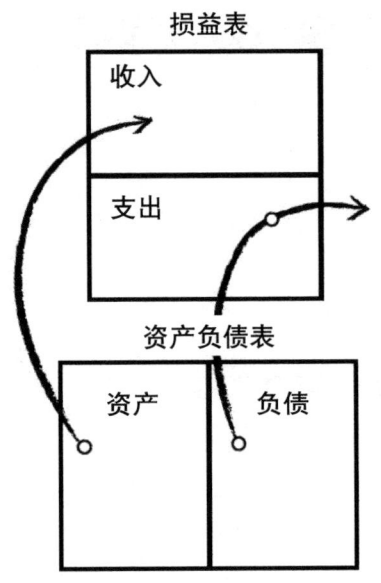

在开始教我们有关理财的语言时，富爸爸经常用通俗易懂的词语来描述最普通的理财词汇。例如，他没有用词典中复杂和令人费解的"资产"和"负债"的定义，而是使用任何人都能够理解的简单词语。

例如，《韦氏词典》将"资产"定义为：

1. 依法用于偿债和执行遗赠的去世之人的财产；

2. 个人、社团、公司的全部资产，或可以(或应该)用来偿还债务的遗产。

富爸爸对资产的定义很简单，即"能将钱装入您钱包的东西"。他对负债的定义也同样简单，即"将钱从您的钱包里拿出来的东西"。

富爸爸的财务报表中的箭头标出了现金流的运动方向。现金流就是现金的流入和流出，正是现金流的运动方向限定了资产和负债的不同。

在富爸爸看来，现金流是理财世界最重要的一个词。如果你看不到现金的流动，你就不能区分何者是资产，何者是负债。

这就是富爸爸说"我的房子不是资产"的原因。即使房屋没有住房贷款，他也没有因它而欠债，但它也不是资产，因为每月他还必须支付房产税、电费、物业费、水费、维修费和保险费。因为他的这个个人住宅每月要从他钱包里"掏钱",所以,他的住宅是负债。

他的租赁财产则不同,即使房屋欠债,但它们是资产,因为租户的租金在缴纳了房贷、税收和财产的维修费用后还有剩余,可以装到富爸爸的钱包里。

每年他都购买更多租赁房产,即他说的绿房子,然后用绿房子换红色宾馆。因此,他一年比一年富有。一旦他拥有几座红色宾馆之后,他就不再购买小绿房子。

富爸爸继续说道:"资产会把钱装进你的钱包",然后他在财务报表中从资产栏向收入栏画了一条线。词语、解释和图表让我对定义记忆深刻,我在大脑中培养出了神经通路。我不仅使用词语来理解定义(左脑),我还产生了与所玩游戏的有形感受相联系的图像(右脑)。

最重要的是,我有一个了不起的老师,他有耐心,知道自己正在说什么,而且想让我们在现实世界中有好的表现。虽然他是一个大忙人,但他还是会和我们一起玩几小时的《大富翁》。他正在让我们为现实世界作准备,因为那是一个在金钱之上运转的现实世界。

富爸爸曾一度什么也不说,期望我们吸取教训。他认为重复是长期学习的重要组成部分。不管他把重要的内容告诉我们多少遍,我们都会期待他一说再说。如果我听到"资产会把钱装入你的钱包",接着看到他在财务报表上从资产栏向收入栏画重复画线,之后我还会听到和看到上千次。每当我们玩《大富翁》时,他也会重复"负债会把钱从你的钱包里掏走"这句话。

现在我理解了为什么我的住房是负债,因为它要从我的钱包里掏钱。我也知道我的公寓楼、商业建筑、油井、企业,以及我的著作、游戏和知识产权都属于资产,它们每个月会向我的钱包里装钱。因为我的资产可以产生现金流,所以,我不需要工资或401(k)。

爱因斯坦曾经说过:"简单即是天才。"我的富爸爸不是一位学术天才,而是一位理财天才。他所做的一切无非就是在现实世界中玩《大富翁》。

几乎任何人都能在现实世界中玩《大富翁》,即使中学辍学的人也可以,重要的是发现自己爱玩的游戏。史蒂夫·乔布斯喜爱他的游戏,这游戏会让人感觉聪明、时髦,并像个天才,因此,我们在苹果专卖店里看到的是"天才吧"，而不是服务柜台。桑德斯上校喜爱油炸鸡块的生意和特许经营的游戏。沃尔特·迪士尼喜爱让人快乐，实现了建立一个神奇王国的梦想，它就叫作"迪士尼乐园"。他们三人没有一个上完了大学，但都找到了自己喜爱的游戏，因此，他们的天赋得以发挥。

在许多运动员身上我们也会看到同样的情形。他们的天赋无法在课堂上表现出来，不过，一旦踏进篮球场、足球场或高尔夫球场，他们就会如鱼得水。

对于热爱音乐的人来说，弹奏乐器或者唱那些能够表现他们天赋的歌曲可能就是所喜爱的游戏。米克·贾格尔（Mick Jagger）曾就读于一所名牌学校，准备将来当一名会计，但最后却发现他的天赋是当一名摇滚歌手。

通常，从孩子为自己未来的憧憬之中可以发现他们特殊天赋的早期征兆。在《富爸爸现金流》游戏中，每一个游戏者都要在第一轮掷骰子开始前选择自己的梦想。

在我的第一个学习之窗时期，我发现了资本家和其他人的不同之处。我找到了我想玩的游戏。在我12岁时，这一画面便深深地印在了我的神经通路中。

E象限和S象限关注于工作的稳定性：

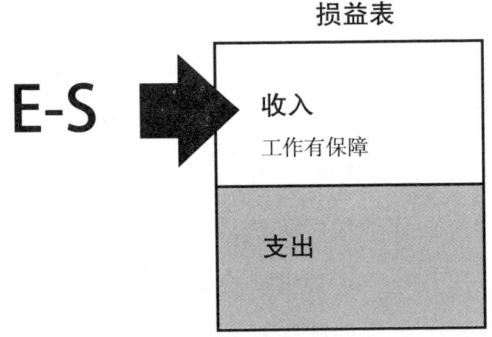

B象限和I象限关注财产（产品）和资产收购：

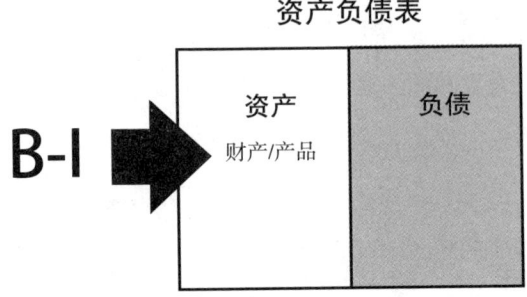

作为一个12岁的孩子，我并不知道如何收购企业和房地产等资产，但我的神经通路正在形成，它们关注资产那一栏。当我跟着富爸爸收取租金或赶走房客时，我的神经通路变得更加牢固，而我更加坚定了我将来的人生道路。虽然当时做不到，但我却在制订计划，为将来当一个资本家做准备。

我的第二个学习之窗

12岁至24岁之间是我最有趣的一段日子，在15岁和17岁时，我在学业上遇到了一点小麻烦——两次英语考试不及格。多亏我爸爸是当地教育总负责人，要不是他，恐怕我要在15岁从中学退学了。

当我第一次在学习上陷入困境时，我爸爸没有恐慌，也没有责备我。他只是说："一生当中，你常常会遇上你不喜欢的人和不喜欢你的人，吸取经验教训，从而成长，继续前进。"我爸爸谈论的是我的英语老师，他所教授的班级中，有近2/3的学生英语不及格。他是一个可怕的老师。

我爸爸解雇了那个老师，并在教师集体会议上解释说："教师的工作是教学生，而不是让学生不及格。如果学生不及格，那教师就不合格。"

17岁时，我的英语再次不及格，这次我爸爸笑着说："现在你得靠自己了。"这促使我跟老师套近乎，重考了几次，毕业时的英语成绩为D。

在我15岁时，富爸爸还是允许他的儿子和我旁听他在周六召开的企业管理会议。在这些会议上，富爸爸与他的

> **激励出人才**
>
> 多年以后，我在纽约的商船学院遇到了我梦寐以求的英语老师。他是一位真正的老师，他鼓励我写作。在整个中学都在疲于应付英语之后，我的大学新生英语水平考试成绩是B。要不是诺顿（Norton）博士，今天我可能就成不了畅销书作者。

会计、律师、建筑师、经营建筑业的人、信贷经理、销售经理、物业经理和人力资源管理经理一起讨论企业面临的挑战。

最佳团队获胜

富爸爸公司的许多顾问都是 A 等生,他们是律师、会计师和银行家等,一肚子学问,非常聪明。其他人则是优秀的经理人,他们是 B 等生,是擅长与人打交道的管理人员,这是企业最难干的工作之一。有些经理人有大学文凭,其他人则是一级一级提拔起来的。富爸爸的团队包括了律师、会计师、银行家、经理人和其他管理者。他常说:"企业就是一个团队运动。拥有最佳团队的人才会获胜。"

富爸爸常说:"在 E 象限和 S 象限,你必须是聪明人,但在 B 象限和 I 象限,我不必是最聪明的人。我所要做的无非就是让 A 等生围绕在我的周围。"

我自己的顾问

今天,我也拥有了自己的顾问团队。在非常专业的企业管理和投资领域,他们是专家。他们写书分享他们的专业知识和经验,最终变成了"富爸爸"投资理财系列书籍。

思考是个难事

亨利·福特是另外一个没有完成学业的人,他有一个出色的顾问团队。有一个关于亨利·福特的故事是这样讲的。

一伙大学教师相聚在他的办公室,试图证明他的"愚蠢"。会议一开始,教授们就开始问他问题。对于每一个问题,亨利·福特只是从他办公桌上众多电话中抓起一个,并且说道"问他"或"问她"。

教授们倍感失落,带队的那个教授忍不住脱口而出:"这就是我们要谈的东西。可你却什么都不知道。每次问你问题,你只是告诉我们去问别人。"

福特等的就是这一时刻。他停顿了一会儿,然后说道:"我雇用了你们母校培养出来的聪明人,他们给我答案,这都是你们教他们这样做的。我的任务是思考。"

之后,他说出了直到今天还很著名的话:

"思考是最难做的事……这可能就是很少有人这么做的原因。"

语言的力量

我不擅长学习语言。我不仅两次英语考试不及格，而且也说不了法语、西班牙语和日语。但我注意到，在富爸爸公司的会议上，不同职业的人说着不同的语言。例如，律师说的是法律术语，会计师说的是会计术语，信贷经理说的是金融术语，而园丁说的是园艺术语。这让我意识到：如果我想当资本家，我必须学会不同职业术语用英语怎么说。我知道如果我学会有关理财的用语，我就能够比大多数 A 等生赚的钱多。

中学是我的第二个学习之窗时期，就在那时，我心中惦记着要密切注意不同职业所用的词汇。换句话说，我知道如果我学会并理解不同职业的词汇和术语，我就会具有压倒性竞争优势。

在我 12 岁至 24 岁的第二个学习之窗期间，我经常看到富爸爸领导着非常聪明、富有才干和经验的人，而他自己却没有受过多少教育，13 岁时就离开了学校。

当我问他"一个没有受过很多正规教育的人如何领导如此多样化的一群人"时，他答道："尊重。我们在某些方面都很聪明，拥有其他人所没有的特殊技能和才干。他们知道我需要他们，他们也需要我。因此，相互尊重大有助益。尊重比金钱还要重要。如果感到他们的才能受到了尊重，他们就会付出 10 倍的努力。如果他们感觉没有受到尊重，他们就会要更多的钱且干得更少。"

我在第二个学习之窗时期学到的重要一课是：知道了多样化的重要性。拥有两个爸爸使得我看清了穷爸爸是在一个单一职业的文化中进行着管理。他周围的每一个人都是教师，至少有大学文凭。那些拥有博士学位的人一般看不起拥有硕士和学士学位的人。

在我后来的生活中，当我认识到"物以类聚，人以群分"这句话的真实性时，这一课就更显得意义重大了。今天，我注意到警察跟警察一起玩儿，律师跟律师一起玩儿，房地产代理人与其他房地产代理人一起玩儿。

18 岁时，我进入纽约的美国商船学院学习，我意识到：如果我想当一名考试成绩为 C 的资本家，我必须学会如何当一个领导和多面手，而不是成为一个像医生、律师、技师或教师那样的专业人才。我知道我必须学会与来自社会各阶层的人共事，学会与不同教育程度、不同种族和不同经济背景的人打交道。

今天，在做企业领导人方面，我个人的角色楷模之一是地产大亨唐纳德·特朗普（Donald Trump）。虽然他是富人和成功人士，但他尊重大多数人，不论贫富。在与他共事中，我体会到他在与人交流时总是很尊重人，即使交流很困难时，他也是彬彬有礼的。

唐纳德和我都认可并支持网络营销行业的原因是：要在这一行业取得成功，这需要极大的个人潜能和领导能力。换句话说，如果你想学习，在这个舞台上会有人和组织愿意向你提供指导。

我的要点是：太多的学生继续求学，接受训练，成为更专业的人才。资本家（成绩为 C 的学生）必须是通才，而不是专家。如果你想当企业家，领导能力和人际交往技能是必需的。如果你是一个内向的天才，更喜欢鼓捣文字而不是与人交谈，你成为企业家的机会可能微乎其微。

我的第三个学习之窗

1973 年从越南返回时我 25 岁，我知道我需要做出几个人生抉择。我知道有一件事情是确定的，那就是：一旦我的飞行生涯结束，我肯定要当一名资本家。

当看到我的穷爸爸在其人生黄金时间（53 岁时）失业时，我那通向资本主义的神经通路就变成了公路。我知道，我可以返回加利福尼亚州的标准石油公司，继续在油轮上当我的高级船员，或者像我许多海军飞行员战友一样为航空公司效力。但那走的是专业化的道路，视野狭窄，油轮船员只会和油轮船员一起消磨时间，而飞行员只会与飞行员一起玩儿。

我所拥有的压倒性竞争优势是我的富爸爸和他关于人生选择的课程。

不同的教室

富爸爸常指着下面的现金流象限图说:"每个象限都是一间教室。每间教室讲授不同的课程,培养不同的技能,并且要求要有不同的教师。"

我开始第三个学习之窗时已经是一个小伙子了,那时我知道到了我决定要进入哪个象限的时候了,也就是说我要想好进哪间教室。如果我选择重新航海或者飞行,我就是选择了 E 象限。25 岁时,我已经为接受进入 B 象限和 I 象限的教育做好了准备。我要再次当学生。我不知道要花多长时间才能从 B 象限和 I 象限毕业,但至少我受过富爸爸的教育,从我 9 岁就开始玩《大富翁》游戏,这已经让我为这一进程有所准备。

1973 年,到了我要做出人生决定的时候了,这是我作为成人第一次做出真正的决定。我的穷爸爸建议我回到标准石油公司做油轮上的高级船员,或在航空公司找一份驾驶飞机的工作,它们都是 E 象限的雇员。当我告诉爸爸我航海和飞行的日子已经结束了时,他建议我继续求学,读工商管理硕士,可能的话,像他一样拿个博士学位。

我听了穷爸爸的话,报名读了夏威夷大学的工商管理硕士班。时间不长,就让我想起了我是多么不喜欢学校。在跟着真正战斗过的飞行员学习了飞行之后,我很难再听没有真实企业经验(或者有也很少)的大学教授讲课了。

在我年轻的时候,正值学习之窗第一期和第二期,我多次旁听富爸爸的员工会议和管理会议。现在,重返校园后,我发现我比我的大学老师更了解真实的世界,因为他们很多人从来没有开创或者经营过一家企业。

当我问大学老师问题时,我得到的回答常常是课本上的理论,而不是现实生活的答案或教训。在学了 3 个月的工商管理硕士课程后,我又再次因考试不及格而退学。我确实想学东西,但工商管理硕士课堂那种环境不适合我。

企业不是讲民主的地方

当我正上一堂非常无趣的课时,我恰好想起了富爸爸曾经与他的顾问团队召开的一次非常激烈的会议。大家情绪爆发,他的团队不同意他的做法,于是富爸爸最终只好武断地发号施令,说道:"企业不是讲民主的地方。我付给你们工资,你们要么按我要求的做,要么去找一份新工作。"

那时我也就 16 岁左右,这种交流让我感到不安。我从来没有见过这些成年男女争执得如此激烈或情绪化。我也记得当富爸爸威胁他的员工如果无法完成工作就解雇他们时,很多人做出了让步。他说道:"我所要求你们的是做好自己的工作。我不想听你们的辩解。如果你干不了,那就去找一份新工作。"

会议一结束,富爸爸就把他儿子和我带到一边,以证实我们没有被吓到。也正是那时,我第一次听到他说:"这就是 A 等生为 C 等生打工的原因。在学校时 A 等生当属聪明人,但他们没有勇气开创、拥有并经营自己的企业。他们上学,变成了只知道法律、会计、销售和市场的专家。他们知道如何为赚取工资而工作,但不知道如何建立企业和赚钱。他们有大脑,但缺乏魄力。他们被风险吓住了。如果你不给他们工资,他们就不工作。如果做了额外的工作,他们就想要加班费或休假。他们想让我按他们的方式做事,一旦他们的建议不奏效,却不愿意为此承担任何责任。"他补充道:"我必须为我和他们的错误付出代价。如果公司完蛋了,留给我的是混乱、欠债和亏损,而他们只需找份新工作。A 等生和 C 等生之间的主要差别就在这里。"

然后他告诉我说:"你爸爸那样的人是 A 等生,学习成绩很好,但他从来没有离开学校这个圈子。因此,他们变成 B 等生,当上了官员。他们是害怕风险的人。大多数官员为政府或其他官僚组织工作,他们躲藏在大公司或政府组织中,这些地方容忍办公室政治、懒惰和无能的存在。多数 A 等生和 B 等生无法在 B 象限和 I 象限中生存,因为你的决定将带来管理风险,将决定生死,这才是最重要的事情。"

我的穷爸爸是教师工会负责人,因为这件事富爸爸也对他进行了批评。

虽然他在这件事上没有对我说很多，但也没有隐藏对工会成员的反感。一天，一群员工聚在一起，要在富爸爸的宾馆和饭店中建立工会。他让他们放弃，并说道："如果你们搞工会，我就关闭企业，你们全都会失去工作。我会再开办一家新企业，要知道我不缺钱，但你们需要工作。我对你们和你们的家人是公平的，只要求你们对我和我的家人也公平。"投票开始，结果白费力气。

当我坐在 MBA 上课的教室中时，我已经是成年人，是一个越战老兵，并且进入了我的第三个学习之窗。我烦得想哭，因为我更愿意学富爸爸的课程。我意识到富爸爸时刻将精力集中在他的资产上，不是购买资产就是收购产品，他是一个真正的企业家。

穷爸爸和富爸爸的很多员工都是 A 等生和 B 等生，他们关注的是工作有保障和稳定的工资。他们有大学文凭，有工作，但在经济上却一无所有，他们没有财产和产品。因此，他们需要有保障的工作、福利和养老金计划就一点也不奇怪了。

坐在工商管理硕士班的教室中，听着导师单调沉闷地讲着书本理论，而不是真实的商业经验，我意识到给我上课的老师不是让我钦佩的人。这并不是说他们不是善良的人。大多数老师就像我的穷爸爸，都是献身于职业的好人。问题在于，我的工商管理硕士导师是A等生，而且生活在E象限和S象限，而我想听生活在 B 象限和 I 象限的老师讲课。

三个月后，我从工商管理硕士班退学了，这是我唯一的一次辍学。毫不奇怪，我的穷爸爸感到失望，而我的富爸爸正好相反。

我要继续真实世界的商业教育，对此我没有犹豫。在富爸爸的建议下，我报名参加了一个为期 3 天的房地产投资培训班。当时我还对他的建议心存疑虑，说过"我对房地产不感兴趣"之类的话。我还提醒他我没有很多钱。富爸爸只是笑着说："这就是你需要参加房地产投资培训的理由。房地产与你的财产多少无关，而是利用别人的钱来让自己致富。"

最后我才明白，富爸爸再次指导我获得了我正在寻找的教育，这才是在 B 象限和 I 象限求生存的教育。下面这个简单的图例说明了这一点。

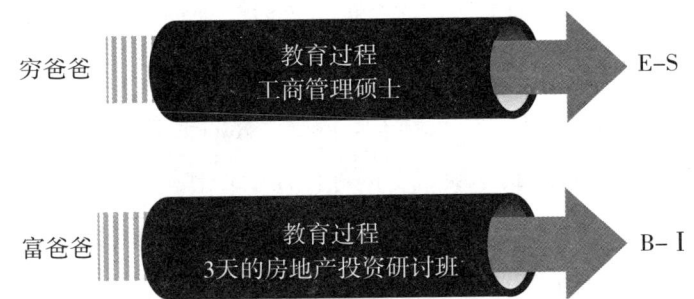

教育是一个过程。如果你想当医生,你就要上医学院。如果你想当律师,你就要上法学院。如果你想当B象限和I象限的资本家,你需要精心地选择你的老师、教室和教育方法。

1974年在海军陆战队当飞行员期间,我就开始向IBM公司和施乐公司(Xerox)求职,因为它们有最好的销售和管理培训计划。就在我与海军陆战队的合同到期之前,我获准加入施乐公司的培训计划,并乘飞机来到了其位于弗吉尼亚州利斯堡(Leesburg)的培训总部。在培养用于B象限和I象限神经通路的教育过程中,施乐是我的另外一个站点。

在施乐公司,我努力克服害羞的弱点。为了销售施乐复印机,我要不断地敲门,并学会处理客户的不认可和拒绝。终于在两年之后,销售开始变得较为自然,而这也构成了我想当的B象限和I象限资本家的不可或缺的一部分。

早起步就能抢占先机

富爸爸的教诲开始于我的第一和第二学习之窗,要不是他,我可能会沿着穷爸爸的足迹前进,拿个工商管理硕士学位,然后再沿着公司的职务阶梯向上爬,与A等生和B等生一起竞争,而不是雇用他们为我工作。

那样的话,我不是在为收购富爸爸称之为资产的房地产和产品而工作,而是仍然在为工资而工作,缴纳越来越高的税收,并且祈祷着在我活着的时候我的退休账户里还有钱。

我想重复强调重要的一点:我受过很好的早期教育,只是它不是在传统学校中传授的那种教育。如果你希望自己的孩子在E象限当一个雇员,或者在S象限当一位医生或律师,传统教育会很不错。如果你希望自己的孩子抓住向他们招手的每一个成功机会，那么，他们必须抓住每一个教育机会。很多情况下，这意味着远离传统的教育方式，进入不太习惯的但却极为真实的现实世界的学习环境和课堂之中。

我学到的重要一课是：每个象限都是不同的教室，而且要求要有不同的教师。

问：如果我在施乐或 IBM 这样的公司里找不到工作，会有什么不同吗？我将如何获得自己的销售培训和销售经验呢？

答：销售培训和销售经验对任何一个想成为企业家的人来说是至关重要的，处于 B 象限和 I 象限里的企业家尤其需要。获得销售培训的途径有很多。

正如本章先前所述，唐纳德·特朗普和我都建议应该到网络营销公司去寻找它们所提供的培训。许多网络营销公司提供良好的个人发展、恐惧管理、拒绝管理和销售培训，这对那些对推销有畏惧心理或销售新手特别有用。

在网络营销公司上班最大的好处是：即使你没有业绩，它们也不会炒你的鱿鱼，而如果我要是完不成销售施乐公司产品和服务的任务，它就会解雇我。我为施乐工作了多长时间并不重要。每个销售人员都知道，如果你完不成销售订单，你就离卷铺盖只剩一到两个月的时间了。

> **富爸爸的教诲**
>
> 还记得吗？1971 年，当尼克松总统宣布美元脱离金本位时，美元就变成了负债。这就意味着，相比那些从来不利用负债或利用负债来购买房产、汽车或衣服的债务人，那些学会了利用负债或利用负债收购资产的人有着更大的压倒性竞争优势。

问：如果我没有足够的钱，情况又将怎样？

答：这正是我推荐你参加房地产投资课程的原因。如果你真的理解了 B 象限和 I 象限所需要的技能，你就会明白你不必使用自己的钱。你的任务就是学会利用别人的钱（或者银行的钱）而不是自己的钱来为自己积累资本。

简而言之，资本家知道如何利用欠债来致富，也就是利用别人的钱。

成为资本家是个难事，相对而言，只有少数人能够做到。这就是为什么你要在你和你孩子的教育上投资，在当今社会尤其如此。不管生活和工作在哪个象限，不主动研究和学习的人就会迅速地落伍。

如果你阅读企业家的故事，尤其是像史蒂夫·乔布斯、比尔·盖茨和马克·扎克伯格这些杰出资本家的故事，你就会知道他们是在人生的第一和第二学习之窗时期开始走上资本主义道路和启动教育过程的。甲壳虫乐队成员和许多职业运动员同样如此。

这并非是说，你的孩子必须在他们的第一和第二学习之窗知道他们的职业使命。我的意思是说，无论选择什么职业，所有的孩子都要与钱打交道。为什么不在早期开始对他们进行财商教育，以便让他们可以更好地认知自己最适合哪个象限，从而选择待在哪个教室里呢？

我的富爸爸让他儿子和我做好了进入真实商业世界的准备，而大多数学校不做这种事。这就是为什么我们说父母的爱、耐心和指导在全部3个学习之窗都是非常必要的，这就是为什么我们说有关财商教育的课程必须成为孩子早期家教的一部分内容。

老人习惯老办法

随着年龄的增长，我注意到在学习和适应新技术方面我是多么的迟钝。在使用计算机或手机时，我常常要寻求帮助。我的老神经通路妨碍了新通路的创建。

我有一位70多岁的医生朋友，在2007年房地产市场崩溃之后，他损失惨重。他从来没有管理过他的钱，因为他将自己一生的储蓄交给了一位个人理财经理来打理。正是由于这位理财经理做出了一些低劣的决定，导致我这位朋友已经不能正常退休了，他已经延迟退休好几年了，还不知道什么时候才能正式退休。

有一个概念他似乎没有掌握，那就是现金流。当我向他解释每月流进我银行账户的现金流时，他画了一个大大的问号。当我使用《大富翁》的游戏来解释现金流，比如一座绿色房子每月受益10美元，他仍难以理解"正向现金流"这一概念，他那个时代没有连续的投资。

他只知道"资本收益"的概念，即你为购买某物（比如股票）的付款和售出所得之间的利润率。这就是他在读大学时学到的投资。他的好运直到股市从接近 14 000 点跌到 7 000 点时就结束了。现在他害怕再进股市，因为他无法确定股价是涨还是跌。他的房子也是同样的命运，其价值从 2007 年的近 400 万美元跌到了现在的 150 万美元。

当我告诉他我每月都有几千个租客给我送来支票时，他一脸的茫然。他不明白。他的神经通路只理解资本收益，即使他小时候玩过《大富翁》的游戏，也没有培养出能够理解现金流的神经通路。虽然他明白一座绿房子会每月支付给他 10 美元，但在他心中《大富翁》只是一个小孩子的游戏。

> **智慧之窗**
>
> 随着原有窗户的关闭，会有新的窗户打开。48 岁之后，新的学习窗口将打开。这些窗户常被叫做"智慧之窗"。这表示我们新的学习内容会被我们在早先生活中学到的东西过滤一遍。
>
> 我们如何使用"智慧之窗"取决于我们的智慧的高低。这说明，如果我们在早年的生活中拥有了大量的经验，不管是好是坏，但我们从中学到了东西，那么，我们新的经验教训与智慧的结合将产生非常强大的力量。我确信你听人们说过这样的话："很高兴我经历苦难。当时那是一次令人懊恼的经历，但它让我在今天成了一个更出色的人。"

好消息

记住：学习之窗会打开，也会关闭。大多数情况下，智慧会随着年龄的增长而增长。

我们如何使用"智慧之窗"取决于我们智慧的高低。这说明，如果我们在早年的生活中拥有了大量的经验，不管是好是坏，但我们从中学到了东西，那么，我们新的经验教训与智慧的结合将产生非常强大的力量。我确信你听人们说过这样的话："很高兴我经历苦难。当时那是一次令人懊恼的经历，但它让我在今天成了一个更出色的人。"

失败的经历

坏消息是：如果我们年轻时都是失败的经历，并且不能从中吸取教训，因此心怀悔恨或愤怒，那么，任何新的学习都会被纠缠着过去经验的情绪所败坏。

我们都知道生活在后悔之中的人。他们常说："我希望我做过……""我从来就没交过好运""要是我知道……"或者"对我来说太晚了"。了解了这一点，我们便能够抛弃愤怒与悔恨，采取行动。为什么要让消极心态妨碍你前进的脚步及过上你应该过的生活呢？

父母以身作则，他们在生活中做出的选择会将信息传达给他们的孩子。当小孩子看到父母学习新的东西，对其他观点采取包容的态度，并且承认自己的错误，吸取教训。这样，孩子们所接受到的信息就再清楚不过了：学习是一辈子的事。

这些是小孩子需要的那种角色楷模。如果这种角色楷模是父母，在父母身上具体体现了从生活挑战和失败经历中学到现实生活的教训，那么，孩子们在有能力做出改变和选择方面找到了一个"说到做到"的特殊老师。

父母行动指南

定期给你的孩子介绍新的观念、词语、概念和经验，选择在日常生活中进行这些教育最为理想。

这种教育可以发生在家里、银行、电影院、购物中心、假期，甚至是在教堂中。将学习之窗用作参照，探讨适合孩子年龄段的话题，练习从实践经验中学习。

父母可以就某个新概念或理念创立一种游戏，并在整个过程中为孩子提供支持。找到将新词汇和新理念融入日常对话的方法，让新概念和新词汇变成你孩子的第二天性。

第一个学习之窗：从出生到12岁，量子学习时期

当孩子进入第二个学习之窗前，花时间跟他们一起做游戏、娱乐、讨论是会得到回报的。第一个学习之窗是大脑成形和神经通路建立链接之时。12岁之后，学习新知识会有点困难。为了学习新东西，新的神经通路需要从零开始创建。

"教会老狗新的把戏"确实很难，这就是为什么说这个学习之窗很重要。此时你应该和孩子一起学习新词汇，向他们解释借贷、资产、负债、利润、投资等基本概念，并开创你自己的企业。可以用《富爸爸唤醒你孩子的理财天赋》这本书中提供的游戏、填字游戏和文字搜索游戏来巩固这些新词汇。

第二个学习之窗：12岁至24岁，叛逆式学习

这是一个鼓励探索的时期。所以，如果出现了问题，就要鼓励你的孩子寻找答案。给他们提供研究行为结果的工具，并与他们坦诚地讨论这一过程。

此时是介绍"后果"这一概念的大好时机。在这个叛逆式学习阶段，告诉孩子不要做某事可能会起到反作用。与其说"不要做什么事情"，还不如问他们："你想过没有，如果你做了那件事，后果会怎样？"

鼓励孩子自己做出决定，如果他们踌躇不前或者把事情搞砸了，不要匆忙施以援手。我们是从行动和决定所造成的现实后果中吸取经验教训的。

对教育和终生学习的价值做出声明的最好方式之一就是：陪伴在孩子身边，伴随他们一起学习和成长，直至成年。

第三个学习之窗：24岁至36岁，职业学习阶段

随着孩子长大成人，并找到他们的人生之路，我们作为父母的角色及我们与孩子的关系有可能会有所演进。如果你与孩子建立了良好的关系，并且拿出时间开展"家庭财商教育之夜"，很可能就会有回报。你甚至会看到，在孩子们处于第一个和第二个学习之窗时，你与他们一起开展的活动和讨论会在他们身上有所反映。

通过家庭财商教育打下的坚实基础为孩子们日后做出正确选择铺平了道路，而这些选择会随着他们的成长自我显现出来。不出意外的话，当他们度过第二个学习之窗时，他们就开始看到自己是如何让钱为他们工作的。

到了父母看着成人子女在生活中探索并找到他们最爱的时候了。此时，父母也可以对儿女做出的有关改变生活方式的决定和选择给予支持。这种创造性的生活方式是对子女独特天赋及与世界分享他们的天赋而给予的奖赏。

  许多青少年离开学校后仍然不知道长大之后想做什么。今天，孩子们选择的机会更多，有更多职业可供他们挑选。如果他们怀着一种无忧无虑的态度对待学习，他们会更加珍视学习，而不是看重金钱。

过去的成功未必能保证将来的成功。

第五章
为什么A等生没能成功

良好的学习成绩和学术上的成功可能是把双刃剑。在短期内，被人赞誉的A等生并不能让其在公司中获得更多平步青云的成功机会，但它会帮助那些被称为"出乎其类，拔乎其萃"的大学毕业生找到工作。学术上的成功会为某些学生在E象限中的生活做好准备，但要过上富裕而精彩的生活，除了毕业时获得完全能够胜任的工作之外，还有很多的事情需要做。现实世界是一个全新的游戏，令人兴奋，节奏很快，并且采用不同的规则。

大多数人承认像乔布斯、布兰森、盖茨和扎克伯格这样的世界级企业家大都不符合以下描述：

> "他们遵守规则，工作努力并且热爱学习，且循规蹈矩。在体制之内他们会有最好的表现，且不可能改变体制。"

未来的世界属于那些接受改变、放眼未来并预测其需求，而且用创造力、机敏和热情对新机遇和挑战做出积极反应的人。

理由陈述

为什么A等生没有取得成功，特别是在成为资本家方面。

1981年，波士顿大学教授卡伦·阿诺德（Karen Arnold）开始研究伊利诺斯州中学在毕业典礼中致辞的A等生。阿诺德教授指出：

> 这些学生具有的特质可以确保他们在学校取得成功，但这未必能转化成现实世界的成功。

101

我认为我们发现了那些懂得如何在体制内取得成功的"守本分"的人。

了解一个人是不是毕业典礼上的致辞生，只需知道他或她是否非常擅长以分数作为衡量标准的考试就行了，但你却无法获知他们将如何应对未来变化无常的生活。

毕业典礼上致辞的 A 等生怎么了

在其《向往的生活：中学毕业典礼上致辞的那些人变成了什么》（*Lives of Promise: What Becomes of High School Valedictorians*）一书中，阿诺德教授指出：中学毕业典礼上致辞的那个 A 等生在大学里成绩依然优秀，总体上平均是 3.6 分。他们中的大多数人从事了传统的职业，比如会计、医药、法律、工程和教育。

阿诺德说："那个致辞的学生不会改变世界，他们会使之运转，而且运转良好……但仅仅因为他们能够得 A 并不意味着他们能够将这种学术的成就转变成职业上的成就。"她还说："他们从未投身于一个可以倾注他们全部热情的单一领域……比如说，作为一名会计鲜有出名或改变世界的机会……他们遵守规则，工作努力并且热爱学习，且循规蹈矩。在体制之内他们会有最好的表现，且不可能改变它。"

考试分数等于快乐

在另外一项研究中，研究人员追踪了 95 名 1940 年毕业的哈佛大学生，直至他们步入中年。研究发现，与得分较低的同学相比，那些在大学时得分最高的人在薪水、生产能力或其所选领域中的地位等方面并没有取得特别的成功。哈佛大学的研究也发现高分并不能转化成更多的快乐、更多的友谊、优越的家庭或浪漫的关系。

《哈佛商业评论》（*Harvard Business Review*）发表的一篇关于学术成功的文章指出："随着社会的发展，根据其人学术上的成功来推测其将来的工作能力并不可靠，而且人们发现高智商并不是获得成功的必然条件。"该文章还指出:"许多学习成绩好的人对他们的聪明非常地自以为是,即使在教室之外屡遭失败也不反思。"

百万富翁的思维

在《百万富翁的思维》(*The Millionaire Mind*)一书中,为了确认哪种变量使得人们创业成功并变成巨富,托马斯·斯坦利(Thomas Stanley)进行了深度的统计研究。研究结果表明,在学校中取得的分数、在班级中的排名、大学入学成绩和成功之间不存在正相关。

事实上,福布斯富豪榜400人的名单中最富的人中有33%没上过大学,或者是辍学。这些辍学生的平均净资产要比他们拥有大学文凭的同龄人多得多。中途辍学的人拥有48亿美元的平均净资产,而大学毕业生的平均净资产为15亿美元。与毕业于哈佛、耶鲁和普林斯顿等常春藤盟校的同龄人所拥有的净资产相比,辍学生的净资产要高出200%还要多。

从"学习金字塔"模型中得到的启发

下面我们用图表来描述"学习金字塔"模型。它解释了为什么毕业典礼上致辞的A等生会在E象限和S象限表现得很好,而在资本家所在的B象限和I象限倾向于失败。

大多数致辞的A等生在金字塔的底部做得很好,他们是优秀的阅读者,通过听讲会学得很好。

研究发现只有大约25%的学生主要是通过阅读和听讲来学习。大多数学生采用这些方式达不到最好的学习效果。虽然通过这些方法来长期学习和保持记忆力的效果极其有限,但教育系统还是强调阅读和听讲是主要的学习方式。

学习金字塔		
两周后我们还能记住多少		参与程度
说过和做过的还能记住 90%	实战	主动
	模拟	
	做一次令人印象深刻的报告	
说过的还能记住 70%	发表一次演讲	
	参与讨论	
听过和看过的还能记住 50%	现场观摩	被动
	观看演示	
	看展览、观看演示	
	看视频	
看过的还能记住 30%	看图片	
听过的还能记住 20%	听演讲	
读过的还能记住 10%	阅读	

资源来源：改编自戴尔的学习金字塔（1969）
已经许可转载，并对原图作出修改。

大多数致辞的 A 等生在学习金字塔较高层级上不能取得成功的原因是：A 等生习惯性地认为犯错是对自身不利的，这会让他们显得很蠢。因此，他们不愿意冒犯错的风险。

因此，很多人在学习金字塔的顶层（实战）不会取得成功。

我的经历

穷爸爸是一个在毕业典礼上致辞的 A 等生。

穷爸爸家族有 6 个孩子，其中 3 人是在毕业典礼上致辞的学生，全都是博士，穷爸爸是其中之一；另外两个没在毕业典礼上致辞的学生获得了硕士学位；剩下的一人只获得了学士学位。

我爸爸可能在学术上方面是个天才。他拼命读书并贪婪地学习，只用两年的时间就从夏威夷大学获得了学士学位。虽然拥有全职工作，并且还要养活一个家庭，但他还是挤时间参加了斯坦福大学、芝加哥大学和西北大学的高级进修课程。最终他在夏威夷大学获得了博士学位。同时，他被公认为夏威夷历史上两大教育家之一。

他在53岁时失去了工作，但同期他没有做好其他谋生方面的准备。他本质上就是一位教师，一位政府雇员，除了教学，什么都不会。

利用退休金和储蓄兑换成的现金，他买下了一家有名的冰淇淋连锁店。他的商业冒险很快就以失败而告终。1973年，我从越南战场返回时，发现我爸爸这个非常善良的人正坐在家中翻看着报纸的招聘广告。

根据学习金字塔理论，我父亲试图在金字塔的顶层"实战"，却输得干干净净。作为一个毕业典礼上的致辞生并没有让他在竞争激烈的现实商业世界中谋取一席之地。他直接从E象限跳到了B象限和I象限，他输了。

作为一个A等生，我爸爸在学校里做得很好。在政府任职时他也做得很好。遗憾的是，当涉及金钱、企业和投资时，他在3个学习之窗期间全都错过了学习的机会。在B象限和I象限这个你死我活的残酷世界中，他无法生存。

此成功不能保证彼成功

我在本章要表达的意思很简单：在一个象限取得成功并不能保证在其他象限取得成功。以我父亲为例，作为一个毕业致辞生有利于他在E象限做一个政府官员，但好的学习成绩却无益于他在B象限和I象限的谋生。

大多数毕业致辞生留在了E象限和S象限，而像乔布斯、盖茨和扎克伯格及一大批其他的大学辍学生却能在B象限和I象限中发现自我，并发挥自己的天才，这就是原因所在。

富爸爸常说："大多数A等生满足于知道'2＋2＝4'。但大多数A等生并不知道如何将'2＋2'变成4美元、百万美元或者更多。资本家想知道如何将'2＋2'变成400万美元。在资本家看来，这种算术才值得研究。"

结语

如果毕业典礼上的致辞生安全地待在 E 象限或 S 象限中担任某个角色的话,他们中的大多数人会成功的。但当他们步入高度竞争和快节奏的 B 象限和 I 象限这种资本世界时,他们上什么样的大学和平均分数是多少可能不会给他们带来很多好处。我要冒险再次重复这极为重要的一点:

人们在一个象限取得成功并不能保证其在其他象限也取得成功。

父母越早教他们的孩子知道不同象限的事情,孩子们就会越早为他们的未来生活做好准备。

父母行动指南

讨论"你孩子的梦想及在教育体系之外取得成功的不同方式"。

我认为要在孩子的梦想中发现他们的天赋。孩子们都有梦想,甚至对未来怀着最宏伟的愿景,为他们创造一个自由讨论梦想的环境是一种有意义且十分重要的训练,你会为孩子们分享内容的生动和神奇而感到吃惊。此时是鼓励和支持他们产生"未来是自己创造的"这一想法的时候。

你可以把学习金字塔用作讨论的指南,向孩子们解释为什么阅读并不总是学习的最佳方式,解释模仿或实践的重要性,以及如何为我们进入现实世界做好准备。

转变你的收入形式。

改变你的人生。

第六章
为什么富人会破产

改变生活的第一步是首先改变我们看待事情的方式和用于处理信息与经验的过滤器。我们常常看到毛毛虫变成蝴蝶的一幕,并用它来描述这种改变。这是一个很形象的例子,因为改变是一个过程,我们在这一过程中变成什么跟我们以什么样的形象出现在世人面前同样重要。

通过学习将普通收入转变成被动收入和投资组合收入,你将拥有开启你和孩子未来的钥匙。在第七章我会更多地谈及收入的不同类型和为什么理解它们之间的差异是重要的。这个世界是一个令人兴奋的、无时无刻不在改变的世界,这意味着新的挑战与机遇永远存在。让孩子为明日之世界做好准备,是父母在孩子的生活中要担负起的最重要的任务之一。这个任务可能会让人望而生畏。接受这一挑战需要从"理解我们的思想和行为需要随着世界的改变而改变"开始。而思想是指我们装进大脑的是什么东西,行动则指我们对这些信息做出的反应。

理由陈述

两千年前,希腊是这个地球上最强大的帝国之一。当今我们使用的许多词汇可以追溯到希腊,其中包括民主、剧院、奥林匹克、马拉松,甚至是字母 α 和 β,两者还赋予了我们一个单词 alphabet(字母表)。时至今日,希腊这个曾经令人惊叹的国家需要救济才能维持下去,它已成为欧洲毫无能力和希望的国家。

希腊悲剧

在世界舞台上，日本、英国、法国和美国也在这场希腊戏剧中扮演了重要角色。如果其他强大的国家崩溃了，就会成为一场全球性的悲剧。

在全世界范围内有无数的退休者，他们是全球生育高峰时期出生的一代，其中很多人曾经日子过得富裕，现在他们则生活在恐惧当中。他们担心人还活着而退休账户中的钱却花光了。我这一代人感觉他们好像也在这种个人主义的希腊悲剧中扮演了一个小角色。生育高峰时期出生的那代人的儿女、孙子和重孙则是观众，大家都想知道这场悲剧如何收场。

出现独裁者

如果人们不能解决这场全球金融危机，最终的一幕将不会令人愉快。金融危机期间，常常会出现一种新型领导人，他们被称为"独裁者"。其中有几位是声名狼藉的，他们是富兰克林·罗斯福、阿道夫·希特勒、约瑟夫·斯大林、罗伯斯庇尔（Robespierre）和拿破仑。不无讽刺意味的是，法语中的despot（独裁者）一词是从希腊语单词despotes（主人）派生而来的。

我知道，将罗斯福列入这一独裁者的名单似乎是在亵渎，我经常会因此而受到严厉的批评。他是最受我们热爱的总统之一。在将本书"砰"地合上之前，请允许我解释一下。

理由1：希特勒和罗斯福是在同一年（1933年）执政；

理由2：两个人获选的目的是为了解决同样的问题——经济萧条；

理由3：两个人都没能解决问题。

希特勒的解决办法是发动战争，罗斯福的解决办法是发动战争及发起社会福利改革。1935年的《社会保障法案》是最受美国人喜欢的政府计划之一。

问题在于罗斯福的解决方案没有奏效。他只是简单地"将易拉罐从路上一脚踢开"，将问题推给了未来的领导人。今天，社会保障和联邦医疗保险就像是两个沉重的包袱。希腊、英国、日本和其他国家的情况同样如此。问题是易拉罐不可能被踢得很远。这是否意味着一个新的独裁者要诞生呢？

婴儿潮时期出生的人声称他们理应享受社会保障和联邦医疗保险的福利。他们理应享受，因为向社会福利计划供款了。问题是所有政府福利计划都是"庞氏计划"，"庞氏计划"只是一种骗局，其中先前投资者的回报是用新投资者的钱支付的。

我们大都听说过伯纳德·麦道夫（Bernie Madoff），他是私人"庞氏骗局"的重量级冠军，现已被关进监狱。他做的事情是非法的，但在我看来，美国政府正在做的事情也是不道德的。社会福利正在摧残美国人的心灵。创立社会福利计划的初衷是为了服务美国人，而它却变成了谋害大众的"恶性肿瘤"。因此，它没有让人们变得更强，而是变得更弱。

我意识到有人理应享受政府的福利计划。有些人确实需要，问题在于无数身体健全的美国人也在享受政府的福利，这包括我们的总统及其他国家领导人。总统和国会议员从政府手中接受"福利"支票，甚至会让伯纳德·麦道夫感到脸红。政府的救济队伍包括军队退休人员、政府雇员，以及警察、消防员和教师等公务人员。

我并非批评这些人或他们的职业。我对军人、警察、消防员和其他政府工作人员的表现非常尊重，他们的工作很重要。

我所担心的是日益严重的"应得权益心态"，即"政府应当养活我"的态度已经普遍存在于我们的文化之中。今天，工人失业之后，他们做的第一件事就是申请失业救济金。它怎么可以叫作"救济金"呢？

逐渐形成的"应得权益心态"与本书有什么关系，又如何关联到设法为孩子的未来做准备的父母身上呢？思考一下这一问题，你会发现它其实十分简单。我们的教育体系和传统教育不能授人以渔，所以，我才批评它们。教孩子们"捕鱼"就是教会孩子们坚强、自力更生的态度和财力充裕的技能，我们的学校并没有这样做，而是培育了一种"应得权利"的文化。正是这种意识正在腐蚀着这个国家所赖以生存的基础。"应得权利心态"正在削弱美国的绝对统治，也削弱了世界。

财政悬崖

2012年美国总统选举时"财政悬崖"之争吞没了华盛顿,大选之后才好不容易尘埃落定。这场较量在民主党和共和党之间展开,民主党想"对富人征税",而共和党想削减社会保障和联邦医疗保险等政府福利。引发这场危机的问题还没有解决,但危机已经变异了。

问题没有解决的原因是我们的财政问题是一个社会性问题。我们有太多的人不只是期望政府养活他们,实际上是需要政府养活他们。因为他们不能为自己"捕鱼",或选择不去为自己"捕鱼"。

正如你已经知道的那样,这一问题很快就会成为你孩子们的问题,而且是下一代人会继承的众多问题之一。那么,父母要做些什么呢?

应得权益的拖车

精神病

有人说阿尔伯特·爱因斯坦给了我们一个"精神病"的定义:

> 一次又一次地重复做同样的事情,并期望得到不同的结果,这就是精神病。

当工作机会正在转移到海外或者被先进技术所取代的时候，向你的孩子说"上学，然后找工作"这就是精神病。

当你工作越努力、挣更多的钱、缴更多的税时，说"努力工作"这就是精神病。

当货币不再是货币，而是欠债，并向纳税人打白条时，说"存钱"这就是精神病。

当你的房子真的变成了负债时，说"你的房子是资产"这就是精神病。

职业投资公司使用数百万美元的计算机进行短期投资，他们的交易频率极高，出手入手常常在毫秒之间，并以此来对抗业余投资者。在有些情况下这些业余投资者还是他们的客户，此时说"要在股市做长期投资"就是精神病。你还不如去赌城拉斯维加斯。

人们认为爱因斯坦也说过下面这句话：

"我们不能用导致问题发生的那种思维方式去解决问题。"

下述内容是一些有关如何解决老问题的新观念，这些问题是有关"如何为你孩子的未来作准备"，以及"金钱在其中扮演什么样的角色"。这也属于教育方面的一个新视角。

我们先从改变问题的内容入手。

内涵和外延

下图是一个没有装满水的水杯和一个空水杯。

为了便于讨论，玻璃杯中的水代表"内涵"，作为容器或载体的玻璃杯则代表着"外延"。

教育关乎内涵

传统教育将注意力对准了内涵：阅读、写作和算术。

传统教育没有将注意力集中于外延：学生。

当我不喜欢老师向我的大脑中灌输的内涵（水）时，我的学习就出现了问题。每当我反对说"我为什么要学习这些"时，他们的回答千篇一律："如果不接受良好的教育，你就找不到工作。"

长大后我才明白，老师的回答表明他们对我的"外延"漠不关心。在他们心中已有一个既定假设，那就是：我想当一个雇员。

外延是什么

外延容纳内涵。外延可以是可见的、不可见的，人的或非人的。

一个人的外延包括他们的以下几个方面：

- 人生哲学。
- 信仰。
- 思想。
- 准则。
- 价值观。
- 恐惧。
- 怀疑。
- 态度。
- 选择。

在一个人的言语中可以看到其外延：

- "我永远也富不了。"
- "富人去不了天堂。"
- "我宁愿小富即安。"
- "钱对我不重要。"
- "政府应该养活大家。"

许多穷人之所以穷，是因为他们有一个贫穷的"外延"。大多数情况下，更多的钱不会让穷人变得富有。在许多情况下，给穷人钱只会延长他们贫穷的时间或是永远贫穷。

这也是许多买彩票中奖的人很快就一分钱也没有了的原因。体育明星的情况往往也是如此。

请注意中产阶级在其外延（价值观和言辞等）方面的变化：
- "我必须获得良好的教育。"
- "我需要一份高薪的工作。"
- "我想住在一幢漂亮的房子里，而且邻居要有教养。"
- "工作稳定非常重要。"
- "我可以休多长时间的假期？"

有中产阶级外延的人通常不会致富，为了比阔他们会负债累累，有钱后不会投资，只会更多地消费。他们会购买更大的住宅、愉快地度假、驾驶昂贵的汽车和花钱接受更高的教育。

因为大多数人会借债购物，所以他们常常发现自己欠债越来越多，坏账、透支信用卡不一而足，反而不会越来越富。

当他们听到"债分良性债务和不良债务"时，他们的外延就封闭了。他们知道的无非是无益的负债，即让他们更穷的负债。大多数人不能领会有利负债的理念，即那种让他们更富的负债。

对于许多此类人来说，最好的选择是听取那些劝告"剪掉你的信用卡，一点儿也别欠债"之人的建议。这是他们的外延能够掌控的内涵（水）。

当谈到投资时，大部分中产阶级的外延或者说他们的信仰体系是支持"投资有风险"这一观点的。这就是大多数人投资传统教育以获得大学学位却不投资财商教育的原因所在。

反映富人外延的例句可能包括：
1. "我一定会富有的。"
2. "拥有自己的企业和事业就是我的生活。"
3. "自由比安定更重要。"

4. "我接受挑战,因此我能学到更多的东西。"

5. "我想弄清楚我在生活的道路上能走多远。"

这些人大多数是真正的资本家,他们知道如何利用别人的才能和钱。

当中产阶级将他们的储蓄和退休金存入银行时,银行家会将这些钱借给这些资本家。

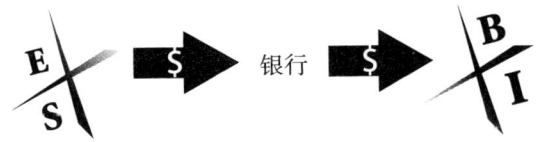

这就是富爸爸所说的"外延比内涵更重要"。

我在学校里度日如年的原因是:我不打算当雇员,我想当雇主,即企业家。

每当老师试图用"如果你拿不到好成绩,就找不到好工作"来激励我的时候,我只想走人,我的思维会卡壳。12岁时,我已经与富爸爸一起工作了3年。我身上不再具有一个雇员的外延。

"你找不到好工作"这句话对那些想当雇员的同学有作用,但对我无效。

如果老师说"我要教你们如何筹集资本,以便可以创立你们自己的企业",我会全神贯注地倾听。我会坐在教室的前排,而且说:"快讲给我听!"

我的经历

内涵之前的外延

在谈到"教猪唱歌"时,富爸爸把它看作是"双输"的折磨:"浪费你的时间,还让猪感到烦恼不已。"

他要表达的信息是:

"除非改变外延,否则,你无法教会一个人致富。教一个具有穷人或中产阶级外延的人是在浪费时间,而且还会让他们心烦。"

我已经讲授了30多年的创业家精神和投资,都是我富爸爸教给我的课程。我可以证实富爸爸是正确的。在《富爸爸穷爸爸》出版之前,我不止一次被拒之门外。图书出版市场被 A 等生糟蹋了。因此,1997年,我只能自费出版《富爸爸穷爸爸》。大多数记者是 A 等生或专业学者，他们与 C 等生或资本家的外延不同。2002 年，当《让你赚大钱》（*Why We Want You To Be Rich*）这本书出版时，你又看到了似曾相识的一幕。这本书是唐纳德·特朗普和我合著的。我们在书中对即将到来的金融危机及其对中产阶级的影响发出了警示，但此书没有受到金融机构的好评。我问自己："为什么金融机构会抨击我们的书？"当我综合考虑媒体老板、广告商、记者、读者和听众等群体在他们所具有不同的外延下所产生的影响，也就不难得到合理的解释了。

> **富爸爸的教诲**
>
> "不要教猪唱歌。浪费你的时间不说，还让猪感到烦恼不已。"

生活就是外延

我们的生活是由外延组成的。有些外延是看不见的，而其他的外延则是有形的和可感知的。其他几种外延如下所述：

1. 美国宪法是外延

宪法代表了美国之所以建立和实行何种统治的价值观。

2. 宗教信仰是外延

例如，基督教徒与穆斯林有不同的外延，这就意味着他们的内涵也不同。基督教徒相信耶稣是上帝之子，而穆斯林相信耶稣是一位先知。

再举一例说明，如果我对着一位虔诚的基督教徒说："先知穆罕默德说……"他们的外延有可能会"啪"地关闭。但如果我对着一位基督教徒说："耶稣说……"他们的外延就有可能仍然敞开着。

换句话说，当有人说"思想要开放"时，实际上他们是说"外延要开放"。

2012 年美国总统竞选期间，虽然奥巴马总统声称他是一个基督徒，但他的对手还是称他是一个穆斯林。米特·罗姆尼的对手会低声耳语说："他不是一个基督徒，他是一个摩门教徒。"外延的力量就是这么强大。

3. 经济哲学是外延

例如，同样还是在 2012 的总统竞选中，许多人称奥巴马是社会主义者，而其他人称米特·罗姆尼为资本主义者。

根据你个人的经济外延，你会基于候选人的经济哲学而接受或拒绝他们。例如，如果你是一个社会主义者，贴着"资本主义者"标签的米特·罗姆尼就不是你喜欢的菜。如果你是一个资本主义者，绝不会考虑为一个社会主义者投票。

4. 教堂是一个有形的外延

体育馆也是一样。为了某种目的，我们去教堂，去体育馆则是出于另外一种目的。一个是为了重振精神，另一个则是为了恢复身体的健康。

5. 校舍是有形的外延

办公楼也是一样。许多学校现在都鼓励父母带着孩子去上班。遗憾的是，当大多数小孩子待在他们父母的工作单位时，他们面对的是一个雇员的外延，而不是一个企业家的外延，即不是站在创造这个企业的雇主的观察角度。

6. 家庭是另外一个有形的外延

父母应该问自己这样一个问题：我们家的外延是什么？穷人家庭，中产阶级家庭，还是富裕家庭？

改变外延，改变你的人生

1973年，当我从越南战场返回时，富爸爸建议我参加一个房地产课程。他说："如果你想当富人，你必须学会利用借款致富。"

由于我的外延已经是"我想当富人"，最后我将他的建议付诸行动。我的外延很容易就接受了"欠债能让我致富"这样的内涵。因此，我报名参加了一个为期3天的房地产投资培训。

如果我拥有的是一个贫穷或中产阶级的外延，我可能会说："我考虑一下。在我选修房地产培训班之前，我觉得有必要重返学校读MBA。"

今天，当我向人们说："房地产是利用负债致富的……这也是能让你致富的负债。负债越多，你缴的税就越少。"通常，时间不长他们的"外延"就会猛然关闭。他们用手指堵住耳朵，像孩子一样重复着父母灌输给他们的外延：投资有风险，负债有害，富人都贪婪，负债和税收不会让你致富。

再次重申，此处的教训是"外延决定内涵"或"不要教猪唱歌……除非它们想成为能唱歌的猪"。

我参加的为期3天的房地产培训课程太棒了。虽然我跟着富爸爸已经学到了很多，而且我也拥有了现在住着的一套公寓，但该课程还是教了我很多，让我意识到我还有很多东西要学。

培训师是一个很有经验的老师。很明显，他讲课是因为他热爱教学。他是一个成功的房地产投资人，不需要工资，真实而且躬行己言。他不"教猪唱歌"，这让他的课程更受欢迎，整个班级的人都是去他那里听课的。

当课程结束时，培训师说："现在开始你们的训练。"他微笑着对我们说："这是你们的作业——在接下来的90天内，你们的工作是通过留意、观察和分析写出一份涉及100或更多处潜在租赁房产的评估报告。"

对于这份作业我们大多感到兴奋，有几个人却不是这样，因为他们让"输者的外延"成了他们的拦路虎。他们的部分借口是：

1. "我没有时间。"
2. "我必须花时间陪家人。"
3. "我有全职工作。"
4. "我要去度假。"
5. "我一点儿钱也没有。"

培训师只是笑着说："我再说一次刚才我说的话。'课程结束了，现在开始你们的训练。'"

不只是一种思维模式

许多人认为外延只是你的思维模式，但它不只是你的思想，还是你的核心、躯体、大脑和精神。思维方式可能易于改变，而外延的完全改变远比它要难得多。

用钱来打个比方，许多人贫穷的原因是他们有一个与钱相关的穷人外延。即使你参加了那个为期3天的房地产培训班，却不吸收和运用你的所学，你的外延将不会改变。

当我告诉富爸爸培训师的作业是在90天内留意并且评估100处房产时，他笑着说："好老师！"

富爸爸没有使用"外延"这个词，却说："如果你做了这个作业，既能改变了你自己，也会改变你的世界观。你将开始透过一个富人的视角看世界。这个作业不能保证你能获得成功或发财致富，但你将要开始做富人做的事。"

你可以回想一下前面章节中提到的学习金字塔。在金字塔的顶端是"实战"，它被认为是学习并留住新知识的最佳方式。在90天内寻找100处房产这个作业就是在模拟真实的事情。

毕业

当3天的房地产培训结束时，培训师将学员分成几组。我所在组有6人。我们将要一起合作完成这90天的"实战演习"。

课程结束之后的第一周，我们这组就有两人退出了。他们没有在组内的第一次会议上露面，我们再也没有听到他们的消息。他们的外延占了上风。

我们还剩4个人，继续做作业。大约又过了4周多，又有两个成员离开，还说"房地产不适合我"之类的话。他们的外延再次获胜。

第三个月开始时，第四个人说了一句"我想多跟家人待在一起"就离开了我们。

我和最后一个人走完了90天的历程，评估了104处房产。跟我一起完成作业的那个人叫约翰。完成作业后，他接着做这行，如今已成了一个房地产开发商，赚了几百万美元。我做得也不算太差。我们为3天的房地产培训课程付了385美元学费。

教育与转变

我对教育的选择改变了我的人生。读MBA只是表明一种姿态，目的是为了让我的穷爸爸高兴。但还没坚持几个月，我就失去了兴趣，并且退学了。问题在于，我知道这一课程不会改变我的生活。我已经有过两个可以赖以糊口的高薪职业，一个是标准石油公司油轮上的高级船员，另一个是航空公司的飞机驾驶员。即使我读完了MBA，我仍然是当雇员。

我报名参加房地产培训班，是因为我正在寻找像海军飞行学院那种体验的机会。我想要转变，想蜕变成蝴蝶，而不是像一只毛毛虫那样度过一生，死抱着一个工作不放，拿着稳定的工资和福利。

外延和象限

《富爸爸穷爸爸》一书中的4个象限就是外延。若是一个人辞职去创办自己的企业，他们首先要改变自己的外延。从E象限或S象限中摇身一变进入到B象限或I象限还是要改变外延。

改变外延需要时间，不会一蹴而就。不仅思维方式要改变，而且还需要更加积极的思考，它是集心智、身体和精神为一体的演变过程。它要求你具有极大的信心、勇气、自尊和快速学习的渴望。

> **富爸爸的教诲**
>
> 想要改变生活，就要改变你的外延。

唐纳德·特朗普和我喜欢在大学向年轻人演讲，并且特别喜欢与网络营销公司的人交谈，因为网络营销公司的员工都是一些如饥似渴的学习者，他们精力充沛，情绪激昂，渴望学习。为什么他们会如此精神饱满呢？因为他们处于一个变形的过程中，需要更多的能量，已不满足于原来受过的教育。大多数人开始从E象限和S象限演变到了B象限和I象限。他

> **富爸爸的教诲**
>
> 如果你想改变自己的生活，你必须学会改变自己的收入类型。

们知道自己并不只是为了寻找一份工作而学习，也知道他们要踏进的世界没有稳定的工资，这就是他们非常强烈地想听我们演讲的原因。唐纳德和我向他们分享了我们的外延，这说明他们喜欢我们的内涵。

一个人改变自己的方式首先应是改变自己收入的类型。改变了收入类型，也就改变了生活。

财商教育必须包含3种收入类型的知识。

包括A等生在内的大多数人只了解一种收入，而富人却在追求另外两种

收入。

收入的三种类型

在金钱的王国里存在着三种类型的收入：

1. 普通收入；

2. 投资组合收入；

3. 被动收入。

这三种类型的收入无处不在。大多数情况下，穷人和中产阶级为获得普通收入而奋斗，而富人却在为投资组合收入和被动收入而拼命。

甚至是《大富翁》游戏都会教给你这至关重要的一课。玩游戏时，假设你花200美元购买了一座绿房子，它每月都能为你带来10美元的回报。此时，游戏者就是在转换他们的收入类型，也就是说将工资收入的200美元转换成了每月进账10美元的被动收入。你不必是一位A等生也能理解这种收入的转换。

为什么有些富人会破产

很多中了百万美元彩票的人和收入很高的职业运动员一觉醒来发现自己成了穷光蛋，原因在于他们未能将他们的收入加以转换。

今天，许多医生、律师和高收入的S象限的企业家陷入了麻烦，或者没有曾经那么富裕了，乃是因为他们没有转换其收入。

理财专家说"努力工作，存钱并投资401（k）计划"，但听从建议的人并没有让他们的钱得以转换。

当人们为工资而工作时，其实是在为普通收入而工作，而在三种收入中，普通收入的缴税比例是最高的。当人们存钱时，他们是在为普通收入而工作，倘如此，那是在赚取储蓄的利息。当美国人从自己的401（k）计划和退休金计划中提取现金时，他们提取的是普通收入。

虽然退休金计划的名称各有不同，但在美国和大多数西方国家，情况都是如此。

父母要理解不同收入之间的区别，并且教会孩子们通过转换其收入来改变生活，这是至关重要的。

三种不同收入之间的主要差别是什么呢？

普通收入　就是一般的工资收入，在三种收入中它的税率最高。大多数人上学学会的是如何为获得普通收入而工作。毕业后，大多数人相继变成工薪族。如果你是在为工资而工作，那你就是在赚取普通收入。不无讽刺的是，储蓄的利息也被按照普通收入的税率征税。当你退休时，你的401（k）计划也会被按照普通收入征税。依我看，有比401（k）计划更好的方式来为你的退休攒钱。

投资组合收入　也叫作资本收益。大多数投资者会投资于某些产品组合，以此获得收入或资本收益。你只需低买高卖就能获得资本收益。例如，如果你用10美元购买一只股票，再以15美元卖出，这就是一种资本收益行为，利润为5美元，而这个利润则以投资组合收入的税率征税。

税收是我很少投资股市的众多原因中的一个。对我而言，冒风险投资股市，赚了钱还要缴税，所以股票没什么意思。目前，房地产和股市资本收益的税率为20%，股票红利也要缴纳20%的所得税。

被动收入　也叫作现金流。在《大富翁》的游戏中，游戏者租赁一座绿房子获得的10美元就是典型的被动收入或现金流。在三种收入中，被动收入的税率最低，有时甚至不缴税。

投资免税的现金流要求最高水平的财商教育和经验。本书将在后面更多地谈论这一点。

换个活法

3天房地产培训之后的90天作业就是一个变形的过程。正如"学习金字塔"模型描述的那样，这是一个在实战之前的模拟过程。

在体育界，模拟叫作锻炼。在戏剧界，模拟叫作彩排。

在学校，错误无处遁形。学生参加考试，老师扣掉错题的分数，最后打分，而课还会继续上。

A等生在生活中没有在学校里那样有出息，是因为受他们的外延所限，犯错意味着愚蠢，这已经成为他们根深蒂固的信仰体系。

在商界，企业家知道错误会让他们学到经验。在很多情况下，错误会给他们的经营模式、产品或服务带来富有价值的反馈。

如果你要玩《富爸爸现金流》游戏，我建议至少玩10次，原因就在于要尽可能地犯错，以便从这些错误当中学习经验教训。实际上，每种游戏都会让你变得更聪明，让你为现实世界做好更充分的准备，那种让你输掉的游戏更是如此。正如"学习金字塔"描述的那样，模拟（游戏、锻炼、彩排）是你在实战之前要做的事情。

为什么学生会失败

A等生并不意味着他在以后的现实生活中也一样成功，原因是真实世界中影响成功的标准绝非教学体系认可的智商这一种能力。

1983年，哈佛大学教育研究生院教授霍华德·加德纳（Howard Gardner）出版了其著作《心智的架构：多元智能理论》（*Frames of Mind: The Theory of Multiple Intelligences*）。

下面对加德纳的7种智能进行概述。

1. 言语 – 语言智能

天生具有语言才能的人比较擅长阅读、写作和记忆单词和日期。通过阅读、记笔记和听课这些方式，他们能获得最好的学习效果。这些人是左脑主导型的人。

如果你的此项能力占优势，那么上学就相对容易。大多数A等生就具有很强的语言才智，他们很多人会成为记者、律师、作家和医生。

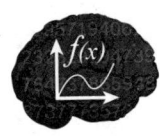

2. 逻辑 – 数理智能

天生拥有此项能力的人擅长数学。他们乐于与数字、数值问题、逻辑和抽象问题打交道。这些人通常是左脑主导型的人。

拥有此项能力的学生在传统教育环境中也会表现优异，常常是 A 等生。许多人会成为工程师、科学家、医生、会计师和金融分析师。

3. 身体－动觉智能

这些学生往往拥有身体方面的天赋。通过运动和动手操作，他们会学得更好。

在体育馆、足球场、练舞房、演艺工作室、木工房或汽车修理店等地方，这种能力更能得到发挥。

职业运动员、舞者、演员、模特、外科医生、消防员、士兵、警察、飞行员、赛车手和机修工通常拥有此项天赋。

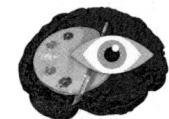

4. 视觉－空间智能

拥有这种能力的人擅长艺术、视觉化、设计和拼图，他们一般被当成右脑占主导的人。

拥有这种天赋的学生在传统的教育环境中不会有很好的成绩，但在艺术、设计、色彩和建筑等专科学校中有较好的表现。这些学生会成为艺术家、室内设计师、时装设计师和建筑师。

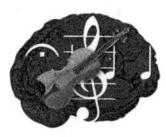

5. 音乐－节奏智能

拥有这种才能的人对音乐的节奏、音调、旋律和音色的感觉敏锐，他们常常在歌唱和乐器演奏方面才能出众。

拥有此能力的人在传统教育环境中不会有良好的表现，但在涉及音乐的学习环境中会有上乘的表现，比如表演艺术学校。

6. 交往－交际智能

这些人擅长沟通，通常是受人欢迎和外向的人，对其他人的情绪、情感、脾气和动机感觉灵敏。

拥有此种天赋的人常常在学校表现很好，特别是在比如竞选学生会这样的人气竞赛中表现突出。他们倾向从事销售、政治、教学和社会工作。

7. 自知–自省智能

这种能力通常叫作"情商"。情商指的是对自己有深刻的认识,了解自己的优势、劣势和独特之处,有能力应对外界反应和情绪。

在压力巨大的情境下,这一能力至关重要。事实上,要想在任何领域或职业取得成功,它的作用都是决定性的。

成功商

"自知–自省智能"表示自我交流,意味着有能力与自己对话,并控制自己的情绪。例如,当某人生气时对自己说"讲话之前数10个数",那么,这个人就是在实践"自知–自省智能"。换言之,在他张嘴表达情绪之前,他在自言自语。

"自知–自省智能"是获得成功的重要因素。我们都了解高度情绪化的人,这种人不是想清楚再说再做,而是让情绪左右他们的生活。他们的言行常常让自己事后后悔。

情商并非没有情感。它的意思是指:你可以生气,但不能让愤怒失控。你可以感知伤害,但打着报复的名义做傻事就不可以了。

我们许多人知道有人在某方面的理解力特别强(比如数学),但却让情绪毁坏了他们的生活。

吸毒成瘾常常是由于缺乏情商造成的。在感觉沮丧、愤怒或恐惧时,有人会用大吃大喝等方式来麻木自己情感上的痛苦。有人在感到烦闷时会去购物,预支他们还没有挣到的钱。

从积极的一面来看,我们知道有些人即使遭受了极端的虐待也不会被击垮。前南非总统纳尔逊·曼德拉(Nelson Mandela)就是这样的人。他被当时的南非政府非法羁押,然而,他表现出了伟大的一面,而不是愤怒的一面。最终,他重获自由之后崛起于政坛,成为羁押他的那个国家的领袖。伟大常常是一个人拥有高情商的表现。

再次重申,成功的人之所以成功是因为他们能控制情绪,特别是处在压力下。因此,情商常常等同于"成功商"。

下面全是对高情商之人的评论。

- "压力之下,她能保持冷静。"
- "她实现了自己的目标。"
- "他控制着不发脾气。"
- "他能从两方面看问题。"
- "5年前他就戒烟了。"
- "虽然看上去不好,但他是诚实的。"
- "她信守诺言。"
- "她百折不挠,而且严于律己。"
- "她不找借口。"
- "他承认错误。"

这些常常也是对成功之人的评论。

像孩子一样的举动

我们大多数人都见过孩子……

- 不高兴就哭。
- 不能随心所欲时就抱怨。
- 累了就不干了。
- 不想与人分享玩具。
- 自己犯了错却责备别人。
- 撒谎。
- 跑向妈妈和爸爸寻求保护。
- 朋友有新玩具时会妒忌。
- 拒绝捡起自己的衣服。
- 期望得到一切。

大多数成年人会容忍孩子们的这些行为,因为毕竟他们还只是孩子。大多数成年人会说:"长大后他们就会改了。"

遗憾的是，很多人长大后也改不掉这些孩子气的行为。许多成年人变得善于伪装，或将他们不成熟的情感隐藏在他们的表象或行为之后。

我们都会遇上第一次见到时满脸堆笑并彬彬有礼的成年人，但在你了解他们之后，你就会认识到其实这人是一个戴着成年人面具的、宠坏了的孩子。一旦我们接受了此人的行为，更多地了解他们之后，我们常常就会看到他们缺少成熟的情感。听到下面这些话，你就会发现他们的不成熟了。

- "你不要信任他。"
- "你想听什么，她就会告诉你什么。"
- "他面带微笑，下来就会在你背后下黑手。"
- "他容易发脾气。"
- "工作难搞他就会打退堂鼓。"
- "她牢骚满腹。"
- "他对妻子不忠。"
- "她太贪心。"
- "他不能接受批评。"
- "她喜欢说别人的闲话。"

换句话说，许多人生理上成熟了，但在心理上却没有长大。在心理方面许多成年人仍然还是小孩子。他们上学、找工作，并在职场中表现出小孩子的一面。等拿到工资，他们就会再次表现出小孩子的特点，去花钱消费。几年过去了，总有一天他们会觉得奇怪：他们的生活怎么了？他们已经工作了多年，但却没有什么进步。

正是情感发育不健全常常妨碍了成人在真实世界取得成功。许多人终其一生都没有做他们想做的事，而是在做他们必须做的事。

情商对于取得长期的成功是必不可少的。现实生活中，它可能意味着：

- 去体育馆而不是躺在床上。
- 即使你不想去参加财商教育培训班也要去。
- 其他人不友善时，你仍应仁慈。
- 去散步而不是吃饭。

- 即使想喝酒也不要喝。
- 即使说实话让你很难堪也要讲出真相。
- 打一个你不想打的电话。
- 即使你很忙也要参加志愿者活动。
- 控制好情绪而不是乱发脾气。
- 关上电视,与你的家人共度好时光,尤其是当有你喜欢的节目上演时更要如此。

简单地说,长成大人常常表示情感上也要成长。

毛毛虫和蝴蝶

当我上完 3 天的房地产培训班时,我的转变就开始了。在 90 天内评估 100 处房产其实没有那么难,几乎任何人都能做到。我所要做的只不过是坚持 90 天,并将所学加以应用。就像大多数人一样,我并没有多少钱,海军上尉赚不了很多钱,而且我的时间也不多,因为我仍然在为海军飞行,并上夜校攻读 MBA。

90 天是对我的情商或者说是成功商的一次考验。

在 90 天的练习结束时,我已经确切地知道哪个房产将会成为我第一次的投资对象。而且,我也知道为什么要选择它。我感觉很兴奋。正如富爸爸常说的那样,我看到了一个很少有人看到的世界。

该房产是一个一居室的公寓,位置在夏威夷的毛伊岛(Island of Maui),它与该岛最美丽的海滨就相隔一条马路。整个小区都丧失了抵押赎回权,而且该公寓房间的价格为 18 000 美元。

我没有钱,甚至没有付首付的钱。

按照培训师教我的办法,我用自己的信用卡支付了 10% 的首付款即 1 800 美元。卖房的人通过贷款获得剩下的 16 200 美元。在将包括抵押贷款手续费在内的所有费用支付之后,我每个月还能装到钱包里 25 美元。这个小小的交易改变了我的人生。

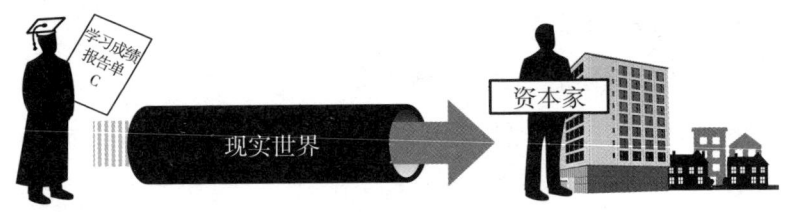

虽然这个被动收入是一笔小钱，但我个人的转变却是巨大的。现在我知道我可以当富人了，我有富爸爸的外延了。我知道我再也不会缺钱了，再也不会说"我买不起了"。更重要的是，我的人生发生了转折，从学校里的 C 等生变成了资本主义世界的 C 等生。想要学习的渴望让我兴奋不已。

我不再关心我中学和大学的成绩是多少。资本主义世界的 C 等生所依赖的唯一成绩单是他们的财务报表。

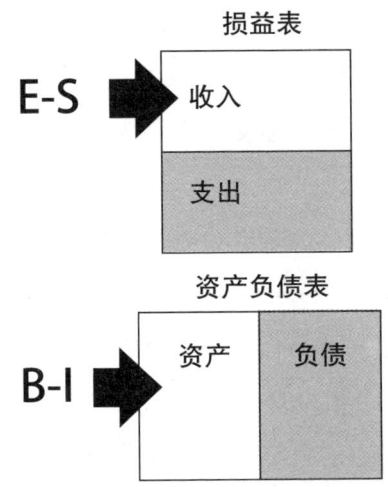

你是如何做到的

当金和我退休时，她 37 岁，而我 47 岁。很多人问我们是如何做到的。如果说难以解释，那是在装低调。想想看，告诉那些受过良好教育的普通人，我们是利用欠债和税收致富并早早退休的，他们会有什么反应呢？

我们没有只说不做，接下来的几年里，我们开发出了《富爸爸现金流》游戏。这是世界上唯一把财务报表用作情境扮演的大型桌面游戏。

该游戏的目的是教会游戏者如何将普通收入转变成被动收入和投资组合收入。许多游戏者说该游戏改变了他们的生活。之所以能改变他们的生活，那是因为此游戏就是为了改变一个人的外延而设计的。

我的生活改变了

虽然我跟着富爸爸多年来学到了很多东西，但要让我的大脑开窍还得上房地产培训班，并犯上90天的错。当我这样做时，我知道我的转变开始了。每月25美元并非大钱，但却是我迈向B象限和I象限的一大步。

我的观点发生了改变，我的关注点发生了改变，我的转变正在启动。

结　语

在全世界范围内正在上演的希腊悲剧并不是一个错误。如果一个国家、组织或个人安于小成而不思进取，就会发生这样的事。这是沉溺于过去吃老本而忘记了世界正在变化的结果。

许多职业运动员、彩票中奖者和高薪者最后倾家荡产，原因是他们未能学会如何转换他们的收入，从而改变他们的生活。

学校的问题在于大多数小孩子来自于父母为普通收入而工作的家庭（外延），来到学校（强化的外延）学习的是如何为普通收入而工作。这是教育，不是转变。

转变很难，即使A等生也不容易，这是因为转变对情商的要求比对任何其他能力的要求更多。

当一个人学习将普通收入转变成投资组合收入和被动收入时，他们就从E-S象限的外延转变成了B-I象限的外延。这与一只毛毛虫在变成蝴蝶之前经历的转变过程是一样的。

如果你想改变人生，那就改变你的外延，学习改变你所追求的收入类型。

父母行动指南

教你的孩子知道金钱不会让人致富。

许多人认为是金钱让人变得富有。在现实生活中,金钱能够而且也常常使人贫穷。

在你家进行"财商教育之夜"时,请列举百万富翁的体育明星后来破产的例子。这种前后的反差会促使你的孩子打开思路,寻求理解金钱和富裕之间关系的答案。

然后,利用《大富翁》游戏或《富爸爸现金流》游戏来解释为什么拥有最多绿房子和红宾馆的人是世界上最富有的人,以及为什么在他们的财务报表中资产最多。

讨论"什么使人致富",使用本书或父母行动指南向孩子解释富人为什么又会变穷。这种讨论会引导你的孩子领悟到:是他们的头脑让他们致富,而不是他们的钱使他们富有。他们可能会明白:无须金钱他们也能致富。

贪婪，还是宽宏大量？

学校里教哪样？

第七章
为什么天才们都是慷慨的

培养一个慷慨的孩子有什么秘密吗？其实非常简单：如果不接受财商教育，许多人在毕业后会在贫穷的生活环境中形成不择手段和贪婪的人格。财商教育会让我们关注其他不同观点。这样做既能转变我们的心智，也能改变我们的心灵，更让我们认识到一分为二地看问题是何等重要。

我们的学校正在向我们的孩子灌输什么呢？正在给他们鱼吃，并让他们成为贫穷且贪婪之人吗？或者它们教给孩子们捕鱼，让他们成为自食其力、富有创新精神并且具有责任感的人吗？

作为父母，你可以为孩子指出一条生活道路：一路之上，他们会运用自己的天赋创造出无忧无虑的生活，而不是整天担心自己如何生存下去。通过发现并培养孩子的天赋，教他们如何做到慷慨。

理由陈述

当我想到孩子们在学校里学习的课程，以及大多数学校没有为孩子进入现实世界做好充分准备时，我就会问自己若干问题。

- 为什么大多数学生毕业时会需要一份有保障的工作？
- 为什么许多雇员期望他们的雇主关照他们的生活？
- 为什么《社会保障法案》是美国有史以来最大的政府计划之一？
- 为什么美国会入不敷出，无力向联邦医疗保险和其他社会福利计划提供资金？

- 我们的贫穷是由教育体系无法为学生进入现实世界做好准备造成的吗?
- 是我们的学校培养了"应得权益"意识吗?
- 我们的学校正在扼杀美国梦吗?

美国:穷人之地

一百五十多年以前,法国贵族亚历西斯·托克维尔(Alexis de Tocqueville)描述了美国梦的力量,以及无数来自世界各地的人移民到美国是如何追求他们的美国梦的。

当时的欧洲和亚洲,基本上存在着两个阶层:王室皇族和其他所有人。如果你的出身是农民阶级,不管你如何努力,你永远也不可能登堂入室。美国梦代表的是一种机会:农民可以变成美国的"王族",可以拥有自己的财产,并且努力工作创造他们梦想的生活。美国梦就是创业家精神,它是驱动资本主义前进的力量。

这个梦想是一种精神,吸引着无数人离开自己的祖国,移民到美国。大多数人快乐地加入到了美国中产阶级的行列。美国也确实创造了自己的贵族阶层,即像亨利·福特、托马斯·爱迪生、沃尔特·迪士尼、史蒂夫·乔布斯和马克·扎克伯格这样的企业家。

托克维尔认为,只要是存在着"一个人从农民变成中产阶级、甚至可能成为富人"的希望,美国人就能容忍贫富之间的差距。

2007年,当房地产市场崩溃时,美国梦开始破灭。随着经济危机的持续,以及更多的人失去工作、住房、企业和退休金,曾经是这个国家驱动力的那种精神开始消亡。

体现中产阶级地位的基础是拥有一处住房。今天,无数住房的价值跌到了抵押值之下。无数人失去了住房,沦为租房户。今天,越来越多的人脱离了中产阶级的队伍,加入到穷人的行列,而不是上升到上层中产阶级或加入富豪俱乐部。

2011年,生活贫困的美国人上升到4 620万。现在,近1/6的美国人生活贫困，而且这一数字还在增加。当一个人没有了财产，他们就加入到穷人的行列，继而依靠政府养活。不幸的是，有些人开始犯罪，成为大街上的暴徒和企业中的白领罪犯。

随着越来越多的人失去个人财产，共产主义、社会主义和法西斯主义等思潮就越有可能在美国泛滥成灾。资本家将会变成新的敌人。

因为人们争相去美国寻求美好生活的机会，美国得以变成一个伟大的国家。他们想成功，想成为资本家。不过有些事情已经发生了改变。今天，很多人不是努力工作追求美国梦，而是觉得他们理应享有美国梦。

不只是美国人，全世界无数的人似乎认为这个世界对他们的生活负有义务。很多人上学，接受良好的教育，找到一份工作，并且期望要么他们为之效力的公司养活他们，要么政府养活他们。

逐步膨胀的应得权益心态对个人如何看待个人理财的责任产生了影响。

下面这些问题会闯入我们的脑海：

- 在多大的程度上，财政问题，特别是希腊、法国和美国加利福尼亚州面临的财政问题是应得权益心态造成的结果？
- 为什么某些最丰厚的应得权益给了我们的领导人？比如美国总统、国会议长和其他政府工作人员。一旦总统或议员获选，我们纳税人就要养活他们。我问自己：如果他们是我们合格的领导人，为什么他们不能自己养活自己？
- 为什么我们的公务员觉得理应得到生活上的财务保障？从公仆向谋求私利的官吏的转变是何时发生的？有多少公务员在为工作保障和福利而工作，而不是为服务民众而工作呢？
- 为什么公司的首席执行官及其他执行官感觉理应比他们的员工获得更大和更好的薪酬组合呢？如果他们聪明到可以成为高薪的员工，那为什么就不能聪明到足以养活自己呢？
- 为什么世界上的人感觉他们有资格让他们的政府或雇主养活他们呢？

这种应得权益心态从何而来？它源自于我们的学校和争取终身教职、工作保障和生活福利的教师工会掌控的教育体系吗？为什么教师为学生打分，但拒绝接受为他们的教学成效打分呢？是他们将应得权益心态传授给了我们的孩子吗？财商教育会对我们在美国教育体系中看到的应得权益心态产生影响吗？

美国人的资本主义观

在本书的前言中，我引用过弗兰克·伦茨博士《美国人到底在想什么》中的话，特别引用了他关于今天的美国人期待什么和憎恨什么的评论。我想在此重述他的话，因为它与本章"我们的学校教学生成为贫穷和贪婪的人"这一要点非常贴切。

"……尊重创业家，还是憎恶首席执行官，难以辨别哪种情绪会更强烈一些。"

伦茨博士还指出：

"事实上，现在的美国人更信任创业家，而不是首席执行官，这一比例要高于3∶1。"

"当今世界，'资本家'很吓人，'资本主义'对于那些大笔一挥便让上万人失业、自身在同一天还能领取数千万美元补偿的首席执行官们束手无策。"

伦茨博士发现美国人尊重仍然在追寻美国梦的创业家，他写道：

"在一个萎缩的经济中，女性企业主的小企业反而是成长最快的，即使她取得了成功，她也不会发放上千万美元的奖金。解雇员工时，她只能眼睁睁地看着他们，而不是仅仅发布一则公司布告。企业是真的会转危为安，还是抛弃员工？这让她辗转反侧，熬过了无数个不眠之夜。"

"美国人体会到：投入自己的时间、金钱和热情创办一家小型企业的风险要大得多，使其成功就更难了。小企业主所经受的风险无非就是追求比他们的首席执行官更少的财务回报。"

重述伦茨博士关于MBA的陈述：

"别再提MBA了。大多数商学院教你如何在一个大公司中取得成功，而不是教你如何创办自己的公司。"

资本家和职业经理人

约翰·博格（John Bogle）是一位创业家和真正的资本家，他是先锋基金（Vanguard Funds）公司的创建者，该公司是世界上最大的共同基金公司之一。他对职业经理人大加指责。

在其《资本主义灵魂之战》(The Battle for the Soul of Capitalism) 一书中，他强调指出："金融体系削蚀社会理想、损害市场信用并掠夺大批的投资者。"

在此书出版后接受采访时，他指出："我们得到的是我在书中称为'致病性突变'的东西，即从传统的'企业家资本主义'转变成新型的'经理人资本主义'，'企业家资本主义'时期，企业主投入最大份额的资本，从而得到最大份额的收益；当'经理人资本主义'出现时，经理人会将自身的利益置于企业直接拥有者的利益之上。"所谓"直接拥有者"，博格指的是上市公司的股东。

博格说的是许多大公司不是由真正的资本家管理的，而是由职业经理人经营的，他们是雇员而不是创业家。许多职业经理人毕业于顶级的商学院，都是 A 等生，但他们没有创办企业，也不拥有企业。作为职业经理人，他们对企业负有责任，但个人在财务方面并没有风险。不管工作做得好还是坏，不管企业兴旺还是倒闭，甚至是员工失去工作或者股东丧失投资，他们仍能拿到工资。

约翰·博格尤其批评了通用电器前首席执行官杰克·韦尔奇（Jack Welch），他是通用电器公司的雇员，是职业经理人。托马斯·爱迪生是创办通用电器的创业家，但他并没有完成学业，并且他的老师称他是"笨蛋"。

另一方面，杰克·韦尔奇受过高等教育，他是一位拥有伊利诺斯大学博士学位的化学工程师。他也是世界上最受人尊重的首席执行官之一，而且许多人认为他也是业绩最好的首席执行官之一，他经常作为企业管理方面的权威参加理财谈话节目。

博格对此持有不同的意见。在他看来，韦尔奇是一个职业经理人，出色地为自己赚了个盆满钵满，但他在维护通用电器员工和股东利益方面做得并不好。

在其离婚诉讼期间，韦尔奇的贪婪暴露无遗。在《资本主义灵魂之战》一书中，博格是这样描述杰克·韦尔奇的：

> "因为婚外情这种小过失，通用电器的杰克·韦尔奇同样受到了人们的关注，只不过是令人不愉快的事。他的离婚诉讼揭示了他的'隐形'补偿金，这是给退休首席执行官特设的奖金，很少对外公开。（要不是他的离婚，就算是作为通用电器公司的真正拥有者的股东们也不会知道韦尔奇获得了多少工资福利。）作为通用电器的首席执行官，他获得的总补偿无疑接近10亿美元。据某评论员的估计，他的奢侈退休福利每年为200万美元，包括纽约的一套公寓，每天会有人送上鲜花和美酒，以及不限次数地使用公司的喷气式飞机。不过，尽管每月的慈善捐款只有614美元，但他好像并没有多少闲钱。"

博格注意到杰克·韦尔奇的退休补偿是由通用电器公司的董事会奖励的，这些董事们也是职业经理人。

> "尽管从股市方面的表现来看，韦尔奇并未做出什么非常好的业绩，但董事们还是决定给予此项奖励。2000年，通用电器的市值高达6 000亿美元。杰克·韦尔奇退休后，2005年初，通用电器的市值跌至3 790亿美元。"

如果托马斯·爱迪生还活着，我想知道他会不会如此慷慨地奖励杰克·韦尔奇？

共同基金行业

博格表达了对整个"退休制度"的担忧，而他的目标针对的是投资公司的首席执行官。他认为退休金是美国下一个大的金融危机。

博格是一位共同基金行业的从业人员，对于该行业的贪婪感到十分不安。他说：

"当我进入这个行业时,它尚处于发展时期,而且都是一些私营公司。这些公司是由专业投资人士经营的。今天,这些小公司在很多方面都发生了改变。它们变成了大公司,不再是由私人持有,而是由大型金融集团拥有,比如德意志银行、威达信集团(MMC)或加拿大的永明人寿保险公司(Sun Life)。实际上,共同基金资产的最大份额是由金融集团管理的,这些集团参与到企业的管理中是为了赚取自身资本的回报,而不是为了小投资者们的资本回报。"

博格指出:作为投资者,你在共同基金中投入多少资金就要承担多少风险。共同基金公司不投入资金,不承担风险,却要获得80%的回报。如果有赢利的话,投资者只能获得收益的20%。

沃伦·巴菲特同意

沃伦·巴菲特被认为是当代最伟大的投资人之一。他是一个资本家,也是一个创业家,而非职业经理人。

公司的基金经理都是职业经理人,大多是毕业于名校的A等生。下面是沃伦·巴菲特对他们的评述:

"其他领域的专业人士,比如牙医,会让门外汉受益多多。但总的说来,人们从职业基金经理那里什么都得不到。"

如果所言不虚,我们不妨换一种说法:有些人不接受财商教育,并在投资中不扮演一个积极的角色,而是将他们的钱交给职业基金经理,这些人等于是对他们未来的收入不负责任。如果巴菲特所言切中要害的话,他们只能得到很少的钱。或者再换一种说法:将你的钱交给一位许诺让你的钱为你生利却使其增值很少的"职业人士"是要冒很大风险的。

官僚:B等生

总的说来,大多数的B等生都是由A等生来给他们当老师。这部分曾是"A"等生的老师们是由一部分最聪明的学生继续深造而变成老师的。若是这些B等生选择人生道路,他们会变成什么人呢?依我看,他们会变成官僚。

什么是官僚

几十年前，富爸爸说："麻烦在于，这个世界现在是由官僚在运营。"他将"官僚"定义为处于掌权位置却不承担个人财务风险的人，比如首席执行官、总统、销售经理或政府官员。他进一步解释道："一个官僚可能损失大量金钱，但不会损失他们自己的一分钱。不管工作好坏，他们都能拿到钱。"

如果你观察一下管理国家的这些官僚，特别是政治领导人，我想你会发现他们大多数是律师。美联储主席本·伯南克原来是大学教师，他也是一个A等生，却变成了一个B等生（官僚），并成为世界上最有权势的银行家。难怪我们会发生经济危机。

富爸爸说："一个真正的资本家或一位创业家，他知道如何获得1美元，并把它变成100美元。要是给官僚1美元，他们会花100美元。"

难怪我们会发生全球性金融危机。

学校教什么

没有接受财商教育就离开学校，许多人会变得贫穷、不择手段和贪婪。我们大都听说过"绝望之人会做绝望之事"，还有一句话说的是"穷人会做绝望之事"。

下图是马斯洛的需求层次理论，它描画的是由心理学家亚伯拉罕·马斯洛（Abraham Maslow）在其1943年的一篇论文中提出来的理论，论文的题目是"人类动机理论"。1954年，他在著作《动机与人格》(*Motivation and Personality*) 一书中对这一理论进行了完整的表达。

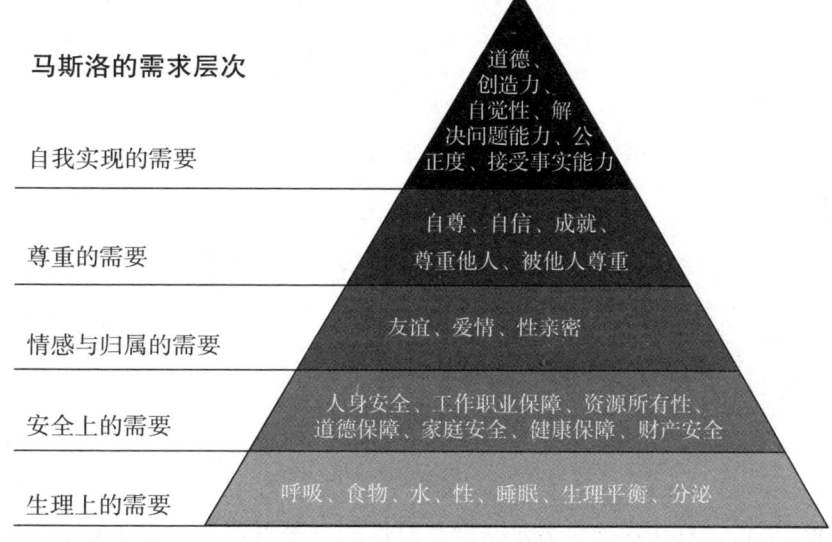

来源：亚伯拉罕·马斯洛
经许可转载。原图已做修改。

马斯洛的需求层次论认为：在转而追求另一个更高层次的需求之前，对人们产生激励作用的首先是满足较低层次的需求。金字塔是需求层次最为常见的表达形式，其最低层由最基本的需求构成，而更复杂的需求则位于金字塔的顶层。

马斯洛的第二层次需求：安全

依我看，我们的学校未能满足孩子对于安全的需求，即马斯洛提出的第二层次的需求。这就是很多人毕业时既贫穷又贪婪的原因。

如果缺乏真正的财商教育，人们就永远不会有安全感，无法管理他们的资源、控制他们家庭的安全及其健康和财产。

大多数人在毕业时需要获得财务上的保障，它也叫作"稳定的工资"。为了保住他们的饭碗，许多人会不惜一切，我的意思是说"做任何事"。没有财务上的安全，人们就会悲观失望，死抱住一个工作不放，生活在担心失去工作、住房、福利和养老金的恐惧之中。他们需要或者说依赖于社会保障和联邦医疗保险才能结束他们的职业生涯。

这就是有些首席执行官和基金经理违反他们的道德准则和价值观，有时会主动欺骗他们的员工、股东或客户的原因。有些公司首席执行官或基金经理利用骗术和诈术，甚至是犯罪行为来为他们自己捞油水。我确信你能想到这样的案例。

这就是约翰·博格要把在最大公司董事会会议室中达成的条款讲出来的原因，重述如下：

>"因为婚外情这种小过失，通用电器的杰克·韦尔奇同样受到了人们的关注，只不过是令人不愉快的事。他的离婚诉讼揭示了他的'隐形'补偿金，这是给退休首席执行官特设的奖金，很少对外公开。"

换句话说，如果杰克·韦尔奇没有对他的妻子不忠，他和他的董事会欺骗了作为通用电器真正拥有者（股东）如此多的钱就可能永远不会被发现。再次强调，这是另外的道德问题。请注意，"道德"这个词处于马斯洛需求层次的第二层。

我们的学校教给出类拔萃的学生就是这些内容吗？恐怕是的。

我的经历

因为我们很多人已经丧失了道德准绳，我认为美国梦正在消亡。我们的学校并没有满足学生的教育需求，尤其没有满足马斯洛需求层次中人们对第二层次"安全"的需求。我们看到很多小孩，特别是那些贫穷邻居的小孩走上了街头犯罪和暴力的道路。

富爸爸常说："穷人变成了贪婪之人，贪婪之人变成了绝望之人，而绝望之人会做绝望之事。"

富爸爸给我的最大礼物是让我看到了硬币的两面：一面是雇员，另一面则是创业家。他让迈克和我置身于一位创业家的生活中，给我们提供了一个创业家思维能够成功的环境。今天，我不需要一份工作，以及稳定的工资、金钱、股利、政府救济、社会保障和联邦医疗保险。我的妻子和我已经达到了马斯洛的第四层次。这种自信使得我们在1996年创办了富爸爸公司，成为了创业家，此时距我们于1994年"退休"才过了两年。

富爸爸公司推动我们进入马斯洛的第五层次——"自我实现"。我们不需要工资，我们工作是因为我们喜欢这份工作，可以通过分享我们的经验让其他人也能获得成长和成功。虽然我们赚了很多钱，但大部分钱并没有装入我们的钱包，而是花在了发展公司、投资更先进的新技术、培养更多的人才和新产品开发方面。这是真正的资本家要做的事。

遗憾的是，在避免贪婪之人毁坏企业方面我们也花了很多钱。

贪婪的人

像许多企业主一样，在经营企业的过程中，我们也遇到过一些非常贪婪的人。他们向我们撒谎，欺骗我们，占我们的便宜，而这些人大都是A等生，有几个还是白领罪犯。

无论穷富，我们全都会面临不诚实或欺诈之人的挑战。这是学校未能满足学生马斯洛第二层次需求的结果。许多学生，甚至是A等生，在离开学校时常常是贫穷、贪婪和绝望的，有时甚至比这还要糟。他们还怀有"应得权益心态"，即这个世界对他们的生活负有责任。

好消息

好消息是一路之上我们遇到了一些奇人。如果我们没有产生自信并创办富爸爸公司，我们永远也不会遇到他们。

如果我们在1994年退休，把钱存起来，并且每天打高尔夫的话，我们就不会遇到他们。

我首先记起了唐纳德·特朗普说过的一句话，就像我的富爸爸常说的那样：

"在令人不快的合作关系当中，我也遇到了令人愉快的合作伙伴。"

金和我的情况也是如此。我们遇到的大多数在富爸爸公司担任顾问的人都是通过起初并不愉快或不赢利的业务往来认识的。它给我们的教训是验证了"乌云背后总有一线光明"这句话。我的顾问们就是那一线光明，他们是在我人生希望非常黯淡和面对挑战之时产生的正能量。

教育的失败

问：教育体系未能满足马斯洛第二层次的需求时会发生什么？

答：会出现一个新的美国梦。托克维尔告诉世人美国梦的力量，这个美国梦就是任何人都能致富。

一百五十多年之后，新的美国梦似乎成了"社会保障和联邦医疗保险能让美国人活下去"。

新美国人

根据美国国会预算办公室（CBO）的统计，美国1979年至2007年的收入增长数字如下所述：

穷人：三十多年里收入增长18%；

中产阶级：三十多年里收入增长40%；

富人：三十多年里收入增长275%。

不过，到了2007年，在市场一片大好时，形势却急转直下。今天，中产阶级和穷人的收入已经停止增长，但富人似乎不但越来越富，而且致富的速度更快了。

2011年，生活在贫困线上的美国人人数上升到4 620万。也就是说差不多6个美国人中就有1个人生活贫困，而且这一数字正在增加。当人们没有财产时，他们就加入到穷人的行列，依赖政府照顾他们。这常常会导致发生在街道和住宅中的暴力事件逐渐增加。

领取食品券的学生

近4 700万美国人依赖联邦食物援助福利（食品券），达到了12年来的最高点。这还要归功于过去5年来疲软的美国经济和高失业率。有一个很少有人知道的事实是，大学生成为我们经济中增长最快的依赖食品券的人群。随着学费的上涨和助学金机会的消失，以及曾经是孩子经济支柱的父母们不断失业，并且没有资格为他们的孩子办理助学贷款，学生们必须自谋生计了。

下一个穷人

教师会步入穷人的行列吗？

2011年，加利福尼亚州教师退休基金（CalSTRS）意识到它要面临560亿美元的长期赤字。赤字是资产与预计负债之间的差额。加利福尼亚州教师退休基金一年入账60亿美元，但要履行其责任，它每年需要100亿美元才行。每年短缺超过40亿美元可是一大笔钱，尤其是对于不知道如何投资或如何赚钱的政府官僚来说，这个数目可是大得惊人。大多数养老基金经理不是来自I象限，而是处于E象限的雇员且假装是专业的投资者。如果是真正的投资者，他们可能就不会当雇员了。

> **美国农业部的广告**
>
> 韦罗妮克·德·鲁吉（Veronique de Rugy）在《国家评论在线》（NRO）的博客"角落"（The Corner）里讲述了美国农业部的一则惊人广告，内容是食品券如何帮助你"看上去很迷人"。
>
> 在这个广告中，两位退休的老太太谈论她们共同的朋友"玛吉"，说她"看上去很迷人"。其中一人问另一人："她有什么秘密？"得到的回答竟然是食品券。

如果加利福尼亚州教师退休计划破产了，纳税人不得不接受另外一个大规模的紧急救助。最惨的是，无数教师会脱离中产阶级，变成穷人。

再次重述约翰·博格说过的话："我认为，这个国家……整个养老金体系捉襟见肘，将要成为下一个大的金融危机……"

慷慨的资本家

父母可以教他们的孩子成为慷慨的资本家，而且可以从自己家里开始。

这一点很重要，因为你的孩子在学校不会学做资本家，更不用说做一个慷慨的人了。富爸爸教他儿子和我如何利用B-I三角形做慷慨的资本家。

我们的学校为学生制定了在现金流象限左侧（E象限和S象限）寻找工作的教育计划。

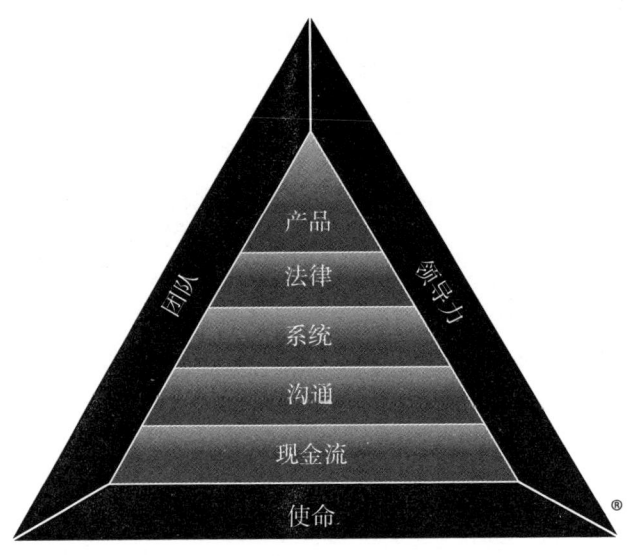

请注意，B-I 三角形由企业的 8 个要素组成。它们分别是：

1. 使命；

2. 领导力；

3. 团队；

4. 产品；

5. 法律；

6. 系统；

7. 沟通；

8. 现金流。

专家与通才

大多数学校教学生如何成为专家。获得产品设计方面学位的学生会在 B-I 三角形的"产品"层面寻找工作，毕业于法学院的学生会在"法律"层面上担任职务，拥有工程和计算机学位的学生更关注"系统"层面的工作，营销专业的学生则把重点放在"沟通"层面的工作，会计专业的学生会特别寻找"现金流"层面的工作。

创业家是通才。之所以像史蒂夫·乔布斯和比尔·盖茨这样的创业家会退学，是因为他们不想当专家。他们雇用专家。

通才必是使命驱动型的人，拥有很强的领导才能，并且能吸引一个聪明的团队围绕在他们周围，而这个团队往往是具有丰富实践经验的 A 等生们。

为什么大多数创业家会失败

为什么大多数小型企业会失败？主要原因有 3 个，如下所述：

1. 创业家不具备 8 个层面的才能

例如，大多数创业新手会将注意力集中在"产品"上。他们可能拥有一个很棒的产品，但可能缺乏另外 7 个层面中的一种或多种才能。

2. 创业家是单方面的专家

"物以类聚，人以群分"这句话说的就是这种情况。例如，律师会与其他律师一起组建一家公司，比如律师事务所；技术高手会与其他技术高手一起创办一个网络公司。还是那个道理，他们可能是聪明的专家，但缺乏其他 7 个层面的专业能力。

3. 创业家缺乏使命感

你会想起前面的描述，在 7 项智能之中，情商和使命感对于让一位创业家度过开始创业时的跌宕起伏是必需的。

几乎所有著名的创业家都面临过足以摧毁凡人的考验和磨难。

史蒂夫·乔布斯被踢出了由他一手创建的苹果公司。他被他雇用的首席执行官约翰·斯卡利（John Scully）及其董事会炒了鱿鱼（顺便说一句，他们全是职业经理人），几年之后才返回苹果公司，领导苹果公司成为世界上最赢利的公司。

比尔·盖茨在众所周知的美国诉微软案中受到了审判。1998 年，美国司法部提起诉讼，声称微软违反了《谢尔曼反托拉斯法》，控告微软是一家垄断公司。

马克·扎克伯格要起诉温克尔沃斯（Winklevoss）双胞胎兄弟，因为他们声称是他们将脸谱网的创意告诉扎克伯格的。马克用 1.6 亿美元解决了这一争端，而双胞胎兄弟还想要更多。

正如俗话所言："成功有很多父母，但失败是个孤儿。"

如果不具备创业家的使命感和高情商，今天可能就不存在苹果公司、微软公司和脸谱网。

慷慨是成功的关键

与普遍的想法相反的是，大多数成功的创业家是慷慨的。如果你观察一下 B-I 三角形，你会看到为了创立一家成功的企业，B 象限的创业家必须为社会提供工作岗位。

大多数学生毕业之后寻找工作，因为学校没有教给他们如何满足"安全"这个马斯洛的基本需求，所以，他们需要一份工作。这就是大部分 A 等生为 C 等生打工的原因。

如果父母花时间向他们的孩子解释马斯洛的需求层次论和 B-I 三角形，孩子们总有一天会明白他们的人生目标是要达到马斯洛的第五层次——"自我实现"，而不是陷在第二层次的追求工作保障和稳定的工资而无法自拔。

如果我们生活在马斯洛的第二需求层次中惶恐不已，那就难以发现我们的天赋和与生俱来的神奇力量。

我认为在马斯洛的第五层需求中可以发现天才。在这一层次能够发现当今世界必需的富有力量且优美的词汇、价值观和能力。这些词汇是：

1. 道德：你不必欺骗别人也能致富；
2. 创造力：挖掘你的天赋；
3. 自发性：不害怕犯错；
4. 解决问题：集中精力找到解决方案；
5. 没有偏见：眼界更宽阔；
6. 接受事实：不惧怕面对真理。

结　语

你的孩子在家里体验到的安全、自信和爱决定了他们梦想并追求自己向往的生活的能力。

父母行动指南

讨论贪婪和慷慨的不同之处。

穷爸爸总是认为富爸爸是个贪婪的人,而富爸爸则认为穷爸爸贪婪。这基于他们在金钱、贪婪和慷慨方面有着不同的认识和观点。

当创业家和资本家选择投资企业、产品和服务时,他们是慷慨的。这些投资能够创造就业岗位,并为其他人提供成功的机会。

我想,没必要讨论史蒂夫·乔布斯如何通过分享他的天才和对世界交流方式的革新而变成了亿万富翁,更无须讨论与世人慷慨地分享他们天赋的马克·扎克伯格或谷歌的创始人,以及天才运动员或音乐家。

经常鼓励你的孩子去发现他们的天赋,并分享它。

对你来说,具有挑战性的是教育体系有其自己关于天才的定义。它可能与你孩子天赋的定义并不相同。

要知道,不同的天赋会在不同的环境中表现出来。托马斯·爱迪生的天赋在实验室中得到显露,而史蒂夫·乔布斯的天赋则在自己家的车库中显露出来,他就是在那里开始制造苹果电脑的。因为想为同学创新一种联系和交流的方式,马克·扎克伯格在其大学宿舍里开发出了脸谱网。

作为父母,你最重要的职责之一就是找到可以让你的孩子发挥天赋的环境。

你正在往应得权益的拖车上爬吗?

第八章
应得权益心态

2013年1月,法国演员杰拉尔·德帕迪约(Gerard Depardieu)得到了俄罗斯的护照,他离开了法国,因为法国对富人的征税太高了。

2013年,美国加利福尼亚州提高了州所得税税率,富人开始搬到内华达州(免税的州)。

2013年,我的一位朋友放弃了其家族在意大利开设的葡萄酒企业,移民到了向富人提供税收优惠的某个国家。

2013年,我朋友的朋友关闭了他拥有员工400人且已经经营了24年的建筑公司。他说:"奥巴马医改将我员工的医疗保险缴纳比例提高了24%,如果我继续干下去就会赔钱。"

2013年,我认识的一位儿科医师不再开业行医,她说:"我缴纳不起我的医疗责任保险。为保险公司打工没什么意思。"

理由陈述

1935年,罗斯福总统签署了《社会保障法案》,并使之成为法律。该法案尝试要降低对现代美国人的生活构成威胁的因素所带来的影响:老龄化、贫穷、失业、鳏寡孤独等。

今天,社会保障计划是美国历史上最大的政府计划之一。

1964年,林登·约翰逊(Lyndon Johnson)提出了"伟大社会"(Great Society)的倡议,这是特意用来救助穷人的政府计划。该计划导致了联邦医疗保险、医疗补助计划①（Medicaid）和《美国老年人法》的诞生。在理查德·尼克松、杰拉尔德·福特和乔治·布什等共和党总统任内，这些政府计划得以扩大。

今天，联邦医疗保险是美国有史以来最昂贵的政府计划之一。

2010年，奥巴马总统通过了《患者保护与平价医疗法案》（PPACA），人们更多地称之为"奥巴马医改"。

遗憾的是，这个"平价医疗法案"要花费企业约29%以上的收入为其员工缴纳医疗保险。当企业的开支上升时，通常意味着工作岗位的消失。这表明奥巴马医改会给工作着的穷人和中产阶级及富人和企业主造成损失。

拯救中产阶级

2012年，总统竞选期间，奥巴马总统和共和党候选人米特·罗姆尼都承诺要"拯救中产阶级"。

谁来拯救穷人？我们为什么需要拯救中产阶级？

今天的中产阶级会成为明天的穷人吗？

我的经历

多年来，我的主日学校老师将"授人以鱼不如授人以渔"这一教诲深深地刻在了我的脑海中，即"给人一条鱼，你只能让他一天有饭吃；而教会一个人捕鱼，你会让他一生有饭吃"。

我们的学校未能教会人们捕鱼吗？或者我们的学校正在教给学生每天都有鱼吃吗？这就是越来越多的人依赖政府救济的原因吗？

面对马斯洛的需求层次理论，显然我们的学校未能满足学生位于这个金字塔第二层的"安全"需求。

---

① 医疗补助计划（Medicaid）是美国专门针对低收入人群推出的一种国家医疗保障，其自1965年在相关法律的基础上诞生后，陆续又得到一系列立法的支撑。它由联邦政府和州政府共同出资，而由州政府具体管理操作，服务对象包括满足条件的低收入人群，包括父母、儿童、老人和残疾人。它支付的医疗服务范畴比完全由联邦政府出资面向65岁以上老人的联邦医疗保险（Medicare）要广很多。——译者注

马斯洛对该层次的需求做了如下描述：

> 人身安全、工作职业保障、资源所有性、道德保障、家庭安全、健康保障和财产安全。

这让人想问许多问题。未能教会孩子们捕鱼难道是美国文化崩溃的原因之一吗？失业、缩减的金融资源、失去住宅和不充足的医疗保健是推动犯罪、道德败坏、过度肥胖和家庭关系不稳定的力量吗？

社会保障、联邦医疗保险和奥巴马医改等社会福利计划是让问题变得更糟了还是使问题得到了好转？授人以鱼增加了人们对政府福利计划的依赖吗？这就是社会保障和联邦医疗保险及现在的奥巴马医改正在变成财政灾害的原因吗？最重要的是，你会期待自己的孩子为此埋单吗？

随着7 600万婴儿潮时期出生的美国人越来越多地开始领取社会保障金，并主张同时享受联邦医疗保险福利，这会造成更多的美国中产阶级滑进穷人的行列吗？

这就是2012年奥巴马总统和米特·罗姆尼承诺拯救中产阶级的原因吗？正如你们大多数人知道的那样，正是中产阶级税负最重。对于很多人来说，税收是他们最大的单项开支。如果你研究过奥巴马医改，你会发现它其实是一种税收，而不是一项能够负担得起大众医疗保健的计划。问题是：谁来纳税？既不是富人也不是穷人，税负落在了中产阶级身上，也可能会是你的孩子。因为学校没能教会你孩子如何捕鱼。

"这是我应得的"

2012年，我在开车时收听无线电台的广播节目。嘉宾是一位美国国会议员，他正在回答打进热线的听众提出的问题。其中一位年轻人在电话中说："我在1990年加入海军，2011年退役，我今年39岁。我应得的退休福利在哪里？"

对于他的问题，那位国会议员竟然无言以对，只是对那个年轻人的服役表示感谢。

我们感到了一种令人困扰的趋势，就不可避免地要提出这个疑问：这么少的人如何拉动这么重的一辆拖车？

应得权益的拖车

听着那档电台节目，我心中不禁好奇这种"应得权益心态"是从何处产生的。我在越南打过仗，在海军陆战队服役6年，但我不认为我应该享受什么权益。

我开着车，思绪却一下子回到了1969年，就在这一年我加入了海军陆战队。我有两个亲戚，他们退役时已经是高级军官了。当他们来看我时，握着我的手说："记得要待够20年。"意思是说待够20年我就可以理所当然地享受退休福利，即终生领取工资并享受医疗保健了。

当时，我认为他们的说法很奇怪。我辞掉了加利福尼亚州标准石油公司每月4 000美元的高薪工作（这在1969年时是一个很好的起薪，而且还包括每年5个月的假期），加入了每月只有200美元津贴的海军陆战队。我加入海军是为国家效力，不是为了报酬或一生的应得权益。约翰·肯尼迪总统（John Kennedy）走马上任时，我还是一个十几岁的孩子，我响应他在就职演讲中说过的话："不要问国家能为你做什么，而要问你能为国家做些什么。"

1974年，我退役离开了海军陆战队，并没有待够20年。当时越南战争即将结束，我也为国家服过役了，是时候继续前进了。在我看来，为国家服役特别荣幸，我无权提出任何要求。我很感激有这次经历。甚至正相反，我觉得我仍然欠我的国家很多。

是金融危机还是教育危机

随着电台节目的继续，那个海军退役的年轻人不让国会议员挂电话，追问他应该享受的更多的福利。

我再次问自己：这种应得权益心态来自何处？为什么如此多的人依赖政府的基本生活救济？为什么社会保障计划是美国历史上最大的福利计划之一？

奥巴马医改（平价医疗保健法案）与我的企业有什么关系？随着医疗保险的成本的猛增，我会被迫辞退员工吗？当美国7 500万婴儿潮时期出生的一代人开始根据法案领取他们应该享有的医疗补贴时，情况将会怎样？要知道他们中有38%属于过度肥胖的人群。

当婴儿潮一代人还活着而养老金储蓄没有了，这将会出现什么情况呢？2011年每月平均社会保障福利为1 200美元。当通货膨胀袭来时，不仅贫穷会加重，而且无家可归、犯罪、道德沦丧和税收会增加，政府会印制更多的法定货币来解决这个问题。我们不需要恶性通货膨胀，一半美国人已经站在悬崖边上了。

为什么15%的美国人（4 600万人）会依赖食品券？

今天，似乎问题要比答案多。

因此，我再次发问："为什么学校不开展财商教育呢？"缺乏财商教育是很多人觉得政府应该养活他们的原因吗？金融危机是一种教育危机，这一点难道还不明显吗？

2013年2月，英国《周刊报道》(*The week*)发表的一篇文章指出："目前，家中有人工作，但其收入低于贫困线的家庭大有人在，大约有4 620万美国人生活在这样的家庭中。贫困线是指单个人每年收入11 702美元或四口之家每年总收入23 021美元。"我感到许多人确实需要政府的救济，我也知道许多人并不需要。不过，他们肯定会问自己：既然政府会在你失业后发给你钱，我们干吗还要工作呢？有这样的想法一点也不奇怪。

159

"为什么你不教我有关理财的知识？"

还是一个小伙子时，我常常问我的老师："为什么你不教我有关理财的知识？为什么你不教我如何成为富人？"

我从来没有听到过这些问题的答案。多年以后，我才明白我的老师无法回答我的问题，原因有二：一是因为他们自己就没有接受过财商教育，所以无法教我如何致富；二是因为他们指望政府养活他们，所以他们认为学习理财知识不重要。

我的老师很像我那个穷爸爸，穷爸爸不但同样是老师，而且是教师工会的负责人。今天，我们的教师（还有教师工会）正在传播"应得权益"的福音。如果问大多数老师他们在生活中最希望得到什么时，他们的回答是"保住职位"，这和"应得权益"是同义词。

> **1 460万美国人属于有工作的穷人**
>
> 根据《周刊报道》于2013年2月发表的报道："许多经济学家有一个更宽泛的定义，'有工作的穷人'是指收入不能满足衣食住行、照顾孩子和医疗保健等基本需求的人。根据这一标准，超过1460万的美国人属于有工作的穷人。通常此类人没有储蓄，属于月光一族，常常靠借钱度日。"

大众的应得权益心态

无数人想要获得工资和生活福利的保障。应得权益心态在B等生中尤为普遍，他们寻求的是成为政府官员，一辈子工作有保障。

法制常常助长了这种对应得权益的竞相追逐。大多数官司考虑的是钱，而不是出于对公正的追求。尽管法官在社会生活中起到了重要作用，司法体系却变成了处理琐碎诉讼的"罗马竞技场"，上演的是富人和穷人之间的角斗。

医生的医疗责任保险额度上升只是联邦医疗保险费用上升的一个原因。许多陪审员判医生败诉仅仅是因为他是有保险的"富医生"。高额的医疗责任保险使得许多医生退出这一职业。

侵权法改革（Tort Reform）意在限制法官和陪审员在案件审理过程中对病

人巨额赔偿权的判决权,人们对此议论纷纷。从前没有"侵权法改革"的原因是大多数华盛顿的立法者是律师,而其他人则是接受了出庭辩护律师大笔竞选捐款的政治家。

为了吸引新的客户,这些律师投放的电视广告日夜不停地对我们进行"狂轰滥炸"。"你在事故中受伤了吗?"他们说道,"打电话给我们。我们是律师,总能让你得到应该得到的钱。"

> **富爸爸的教诲**
>
> 富爸爸常说:"种瓜得瓜,种豆得豆。如果你拿钱给不工作的人,你就会得到更多不工作的人。"

健身房中的应得权益心态

我的妻子金和我去同一家健身房,而且教练也是同一个人。该健身房是一处严肃的健身场所,没有花里胡哨的东西,专门用来训练职业运动员,比如美国国家橄榄球联盟(NFL)和NBA球员,以及有希望在奥运会上取得成功的运动员。在这里你找不到瑜伽馆、色彩和谐的运动服或用来交际的圆滑店员。健身房有一大片区域专门用于理疗。

在三年多的时间里,一位法律援助人士每周要来3至4天做"理疗"。他不会在午饭或饭后来,而是在工作时间来,让理疗师为他的肩膀治疗大约1小时,然后再返回去"工作"。他不能提重物,任何费劲的活都没法干。他跟我的年龄相差无几,大约60岁,身体严重超重。有一天,我问他在健身房干什么。他笑着礼貌地说:"政府为我的康复拿钱,因此我得利用。再有两年多我就会退休,我想确保得到我应得的一切。"

我知道大多数公务员是好人。然而,每次我听到"应得权益"这个词我就会心中不安。我难以保持客观。许多公务员未能意识到政府没有钱支持这些计划和福利,这些钱来自于纳税人和普通公民,很快就会来自你的孩子们。

但"我应该享有"

许多美国人说:"我理应享受社会保障和联邦医疗保险。我已经为这些计划缴钱多年了。"虽然这可能是真的，但事实是：如果你从 1950 年开始将钱存入社会保障账户，你每存入 1 美元至少会收回 30 美元。它导致的结论是：社会保障是一个庞氏骗局或金字塔传销。由于政府没有钱，这 30 美元来自于更年轻的工人，即所谓的"拆年轻人的砖补老年人的墙"。

具有应得权益心态的领导人

应得权益心态的始作俑者是美国总统，并通过参众两院盛行开来。多年以来，这些公务员都在为美国历史上最慷慨的应得权益一揽子计划投赞成票。

这就是我们的教育没能满足马斯洛第二层次的"安全"需求所发生的事情吗？

真正的竞选问题

在 2012 年总统竞选期间，前州长罗姆尼在私人募款活动上对富有捐赠者的讲话被人偷偷地录了下来，当时他正讲到有"47%的美国人不缴纳所得税"。

这段满是备受争议言论的 30 分钟演讲被传到了网上。罗姆尼描述了这 47% 免除税收的美国人的特点："依赖政府"，感觉自己"应该享有医疗保险、食物、住房和凡是你能说出的东西"。

该视频激起了强烈的抗议。民主党闻到了血腥味，并对此开始攻击，他们解释为什么 47% 的人不纳税是有法律依据的，并且许多人质疑罗姆尼的数据不准确。

这就是事实

根据两党政策中心的资料显示：2011 年，大约 46% 的美国人（7 600 万人）进行了纳税申报，却没有缴纳一分钱的联邦所得税。

不管 47% 的数字是否准确，罗姆尼的下巴上挨了一记重拳，没有苏醒过来，结果是这段视频加快了他的竞选失败。奥巴马总统继续向富人发起攻势，称 1% 的富人没有缴纳公平的税收份额。

罗姆尼应当利用事实说话，而不是发泄情绪。事实是：

- 跻身1%最富的美国人，你必须每年收入达到37万美元。2011年，最富的1%美国人缴纳了全部税收的37%。
- 加入50%最穷的美国人行列，你每年的收入为3.4万美元或更少。占全国50%的人口仅缴纳了全部税收的2.4%。

总之，如果最富的1%美国人缴纳全部征税额的37%，而每年赚取收入3.4万美元或更少的一半美国人只纳税2.4%，那么，提出"谁没有缴纳公平的税收"这一问题似乎没有什么不合理的。

我可能会因为此问题受到谴责。如果你被它激怒，请自问：你有多么眷恋应得权益呢？不要被"富人与穷人"的政治性的穿插表演分散了注意力，接受财商教育你才会更富有。

向富人征税

2013年，奥巴马总统信守竞选时的承诺"向富人征税"。但是，他真的向富人征税了吗？2013年，对年收入超过40万美元的个人征税额度在上升。再次，1%的富人正被要求缴纳比公平份额更多的税收，即超过他们目前承受的37%的税负。

无数的美国人认为这是公平的，他们认为我们应当向富人征税。

我的观点则不同。奥巴马没有向富人征税，他在向高收入者征税。缴纳大部分税收的人是中产阶级。

这就是奥巴马总统和候选人罗姆尼都许诺要拯救中产阶级的原因。中产阶级正慢慢地滑向穷人的行列。到2020年，无数在工作期间处于中产阶级的婴儿潮时期出生的一代人将要退休，并加入到穷人的行列，只是因为社会保障和联邦医疗保险正越来越接近枯竭。

你的孩子将要为此供款。

这就是我们授人以鱼而不是授人以渔的结果。

问：为什么你说我们在向高收入者征税而不是向富人征税？

答：如果接受过一点财商教育的话，答案就会显而易见。

简单的一堂财商教育课

收入的类型不只一类,而是有3类,世界各国都是如此。

1. 普通收入;

2. 投资组合收入;

3. 被动收入。

不同种类的收入按照不同的税率征税。当奥巴马总统在2013年提高税负时,他提高的是赚取普通收入和投资组合收入那些人的税负。因为真正的富人赚取的是被动收入,所以,奥巴马没有提高富人的税负。

用极其简单的话来说,哪种人为获取何种收入而工作可概括如下:

1. 普通收入:穷人;

2. 投资组合收入:中产阶级;

3. 被动收入:在B象限和I象限投资的富人。

学校教什么

当学校建议学生找一份高薪的工作时,他们是在建议为3种收入中税负最高的普通收入而工作。当老师建议你"存钱"时,其利息收入是按照普通收入的税率征税的。基金经理会建议你"投资401(k)",但当那部分钱从退休金账户中提取出来时,它也是按照普通收入的税率征税的。

2013年1月,许多在职的美国人发现,尽管他们并不是富人,奥巴马总统还是提高了他们的税负,根据《联邦保险捐助条例》(FICA),工资中用于缴纳社会保障的那部分税收增加了,恢复到了经济危机之前的水平。社会保障是对普通收入征税的。

问:为什么学校教学生为获取普通收入而工作?为什么不告诉孩子们收入有3种类型?为什么不教孩子们将他们一生中赚到的钱更多地留在自己手里的方法呢?

答:许多教师不知道收入的3种类型。大多数教师也是为普通收入而工作的。

词汇

不同的职业会使用不同的词汇称呼同样的事情,了解这一点很重要。例如:

财会人员说	投资者说
普通收入	劳动收入
投资组合收入	资本利得收入
被动收入	现金流收入

这就是我为什么要使用简单的语言解释通常复杂又令人费解的概念。在我看来,财商教育意义重大,值得父母花时间和精力教会他们的孩子。

因为我是职业投资者而不是财会人员,我习惯于使用投资者的词汇。不过,与我的会计师交谈时例外,这是因为大多数会计师不是职业投资者。律师和医生的情况相同。当我与我的律师交流时,我尽量说律师的语言。我比大多数律师赚钱更多的原因是大多数律师不说有关赚钱的语言。当律师提到钱的时候,他们会说"我每小时收费250美元",但这是普通收入。他们说的是自己的劳动力成本,并非说的是钱。

1. 穷人的收入:普通收入

因为赚得越多留在自己手里的越少,所以,普通收入是穷人的收入。这不是财商。许多人选择继续求学、努力工作或更长时间地工作,只是希望赚更多的普通收入,然而赚到更多的钱将他们一步一步推进到更高的纳税等级。还是那句话,他们赚得越多留下得越少。

大多数父母教他们的孩子为普通收入而工作,这就是大多数人工作的目的。当他们建议"上学,找份工作,努力干活,存钱,投资401(k)"时,他们就是在为普通收入而拼搏。普通收入是所有收入里面税负最高的。

2. 中产阶级的收入:投资组合收入

一旦工作时间结束,中产阶级投资者会依靠他们在股市的投资组合养活自己。许多政府雇员常常这样做,他们的退休基金也是依赖股市收益(每年增收8%是我们经常听到的收益率)来还清他们的债务。如果没有回报,退休者会得到很少的钱或者政府官僚会寻求提高我们其他人的税负吗?

股票经纪人和理财规划师教人们为投资组合收入而工作。投资组合收入又叫作"资本利得",就是通过低买高卖而获得的收益。

当股票经纪人和理财规划师说"股市每年平均上涨8%""做长期投资"或"该只股票分红较高"时,他们是在劝人们为投资组合收入而投资。

当房地产经纪人说"你的房子会升值"时,他们在教人做投资组合收入的投资,即追求资本利得。

下面几组问答可以进一步阐明投资组合收入和资本利得的概念。

问:奥巴马总统提高了房地产投资者的税负了吗?

答:他只是小打小闹。不过,美国的房地产仍然享受着股票投资者没有得到的税收减免政策。

问:什么类型的减免?

答:假如有人花10万美元购买一处住宅,并以15万美元出手,如果房地产投资者使用所谓的"交易",他就不必为5万美元的收益缴纳资本利得税,而股票投资者会为5万美元的资本利得缴纳资本利得税。

问:奥巴马总统将投资组合收入的税负提高了多少?

答:对于高收入雇员来说,如果单人的年收入超过20万美元或夫妻双方年收入超过25万美元,到2013年,其长期资本收益(投资组合收入)的税负被他提高了60%。

算式如下:

15% 提升至 20% + 奥巴马医改的附加税 3.8% = 税收增加 60%

或者是:

15% 提升至 23.8% = 税收增加 60%

我说过我不是税收专家。即使是在基本四则运算上,我也会把税收和数字搞混。我鼓励你找一位税收专家,既可以当你的好老师,又会是一个好会计,他或她能帮助你理解税收及税收如何影响你的生活。

在税收这个问题上,我想总结两点看法。

- 因为缺乏基本的财商教育,大多数人相信政客们正在提高对富人的税收。其实，税收的提高只会影响所有薪水平平的人。这就是为什么我在《富爸爸穷爸爸》一书中提到"富人不为钱工作"的原因。

- 税负被提高的是那些为获得投资组合收入而投资股市的人。这是我不投资股市的众多原因之一。当能够进行低风险、高收益而且收入免税的投资时，我为什么还要缴税呢？另一方面，如果你的投资计划不如投资股市的回报更大时，你最好还是投资股市。是否接受财商教育，以及是否从一个被动投资者（将自己的钱交给理财规划师或基金经理）转变成主动投资者，这取决于你自己。

富人是如何避免纳税的

很简单：富人是为获取被动收入而工作的。

3. 富人的收入：被动收入

被动收入又叫作现金流。真正的富人之所以富，是因为他们拥有此种收入。奥巴马总统没有提高大多数此种类型收入的税负。

在哪里可以学习有关现金流的知识？富人在家里教他们的孩子。富爸爸则是从我们放学后跟他儿子和我一起玩《大富翁》游戏开始教我们的。在《大富翁》游戏中，如果有人得到一份财产，并每月收取 10 美元的租金收益时，这就是现金流。

问：你是如何知道富人为现金流工作的？

答：这是常识。例如，史蒂夫·乔布斯的年薪才 1 美元。他不需要工资，他不想要普通收入。

从技术上讲，每年只有 1 美元的普通收入，他应该是穷人堆里的一员。然而，他是一个亿万富翁，他创立的苹果公司的股票让他成为富人。实际上，通过创立一个利润丰厚的公司并持有其大量股票，他把公司变成了他的印钞机。以 E 象限和 S 象限的身份购买其股份，以 B 象限和 I 象限的身份卖出其股票，史蒂夫·乔布斯就是这样致富的。

问：富人是如何赚钱的？

答：方法就是在 B 象限和 I 象限工作，而不是在 E 象限和 S 象限工作。

继续阅读本书，你会对此有更多的了解。

玩《富爸爸现金流》游戏的收获

下图是《富爸爸现金流》游戏的游戏板。

《富爸爸现金流》游戏对"富人是如何工作和投资的"提供了另外一种形式的描述。

游戏板的中间是"老鼠赛跑圈"。当学校建议你的孩子找一份好工作，并投资股市时，他们是在指导你的孩子过这种"老鼠赛跑"式的生活。

外圈则是"快车道"，这是富人工作和投资的地方。

《富爸爸现金流》游戏的目的是将普通收入（你的工资收入）转变成投资组合收入或被动收入。当你拥有了足够的被动收入，你就会跳出"老鼠赛跑圈"，开始享受在"快车道"上的生活。

《富爸爸现金流》游戏是唯一教游戏者认识3种收入之间差异的游戏。

如你所知，现实生活中真的存在"老鼠赛跑圈"和"快车道"。学校和大多数父母为他们的孩子规划着"老鼠赛跑"式的生活，孩子们会靠着薪水生存，对生活发给他们的纸牌做出反应。财商教育则给你们的孩子提供了选择，你可以建议孩子选择哪条道路度过一生：老鼠赛跑圈，还是快车道？

问：这就是公平？

答：不是。本书讲的是教育，而教育是不讲公平的。

大多数父母希望他们的孩子接受良好的教育，以便出人头地。教育就是为孩子的生活带来压倒性竞争优势的。因此，许多父母会花一大笔钱送他们的孩子上私立学校，希望私立学校的教育会让他们的孩子拔得头筹。

说到分数，有些学生得 A，有些学生得 F，这公平吗？我们的学校不教学生 3 种收入的知识公平吗？在我们谈论"公平"的问题时，47% 的人不缴税而 1% 的人要缴纳 37% 的税，这公平吗？

问：你是在说要逃税吗？

答：不是。我从来不劝人逃税。最有可能受到诱惑逃税的人处于 E 象限和 S 象限，因为他们极少享受税收优惠。而在 B 象限和 I 象限则会得到大部分的税收优惠。

本书讲的是教育，而教育要告诉人们生活是有多种选择的。如果你的孩子知道有 3 种收入，他们就会有更多的选择。如果你有更多的选择，你就不必去逃税。因为富人知道要追求何种收入，并控制其收入的来源，所以富人就可以合法地避税。

问：不纳税的 47% 的人和缴税很少或不纳税的富人有什么不同？

答：财商教育。

在 47% 不纳税的人中，大多数人很少能改善或改变他们的财务状况。多数人缺少教育和技能来改变自己所处的象限，少数人则是因为缺乏雄心壮志或改变的渴望。在只能从政府领取工资时，为什么你会选择辛苦工作并纳税呢？

中产阶级只知道为了普通收入而更努力和更长时间地工作，这就是很多人继续求学或留在学校更长时间的原因，他们延长工作时间或者同时打 2~3 份工，要么就是努力工作以求加薪。所有这些做法都会将他们推向更高的普通收入纳税等级。因此，他们可能挣到了更多的钱，但能留下多少？

中产阶级大多做投资组合收入方面的投资，他们的首选就是投资股市。大多数人购买股票、持有股票，并祈求在需要钱时他们的钱还在那里。

富人受过获取被动收入的财商教育。富人接受过财商教育，再加上他们做了政府想做的事情，从而富人得以增加收入和减少税收。在本书后面的章节中，你会发现税法不是讲征税的，而是讲税收激励和如何合法减税的。

本书内容大多是讲如何做政府想做的事情，例如，如果我提供就业岗位，我就会获得税收减免。如果我钻探石油，我就会得到大量的税收优惠。如果我利用借款来投资，我会获得税收减免。如果向买不起房的人提供买得起的住房，我也会获得税收减免。

不幸的是，大多数学生毕业之后寻找工作而不是学习如何提供工作岗位。大多数人使用石油而不是钻探石油。大多数人努力摆脱债务而不是学习如何利用债务。大多数学生梦想着购买自己的住房离开学校，而不是梦想着向其他人提供住房。

归根到底还是财商教育。

> **领先一步**
>
> 在美国，只有一所大学开设财商教育课程，它就是佛蒙特州的尚普兰学院（Champlain College）。

应得权益心态

应得权益心态的不断蔓延是我主要的担忧。在缺乏财商教育的情况下，许多人就会抱持着应得权益的心态。我不责备他们。如果我的钱花光了，而且没有受过富爸爸的教诲，我可能也会这么做。

作为一名创业家，很多次我都到了两手空空的地步。不同之处在于，我知道如果我解决了自身的问题，而不是期待政府的照顾，我会变得更加聪明和富有。

如果教育系统不开始重视马斯洛第二层次的"安全"需求，我担心日益严重的应得权益心态会让一个伟大的国家渐渐变成一个穷国。依我看，这种事情曾经发生过，还会再次发生。

遗憾的是，我们学校还要再过几十年才能提供较多的财商教育。与此同时，作为父母，如果你不为你的孩子补上财商教育这一课，你孩子未来的收入很多会成为应得权益计划的供款，不只是用于穷人，还会用于我们的总统、法官、退休的军人、政府行政人员、教师、警察和消防员，以及美国退休人员的社会保障和联邦医疗保险。

你孩子的课程

好消息是你不必成为火箭方面的专家也能理解 3 种收入和税收。如果我能理解，你也能理解。即使你作为父母首次学习这些内容，你也能立即应用自己学到的东西。世界上已经有无数的人做到了。举一个例子。如果有个人开始兼职或拥有一处用来租赁的物业或成为一家网络营销公司的法人代表，他从这 3 种途径中产生的收入便是他朝着被动收入迈出的第一步。

各象限纳税百分比

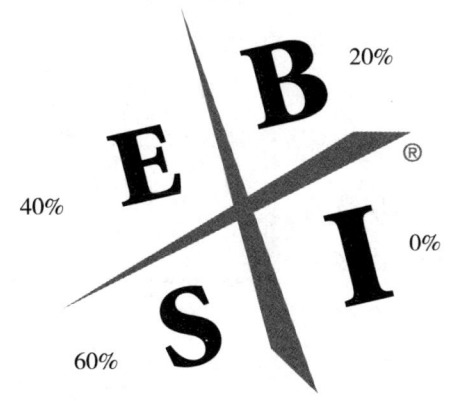

将下面这两个课程写在纸上，并与你的孩子一起讨论。

1. 收入的 3 种形式

普通收入：穷人的收入；

投资组合收入：中产阶级的收入；

被动收入：富人的收入。

2. 谁纳税最多

请记住，此处我们的意图不是讨论税收，而是讨论财商教育的重要性，以及受过此教育之后人们终其一生做出的选择和决策如何决定了他们一辈子为钱工作还是让钱为他们工作。

在 B 象限和 I 象限立足需要财商教育和经验。你讨论这些差异越多，你孩子对有一天他们要踏入的现实世界的思想就会越开放。请记住，教育是个终身学习的过程，可不仅仅是在晚上进行的家庭讨论。

这两个简单的例子适用于大多数西方国家。当我讲课时，有一个人老是举手说："在我们这里你做不成。"我暂停讲课，然后对他说："可能你在这里做不到，但我能。"几乎在我讲课的所有国家，我都能遇到这种善意的玩笑，甚至包括美国在内。换句话说，富人到处受欢迎，但第一步是接受坚实的财商教育。

问题在于，大多数人意欲通过在E象限和S象限中赚取普通收入而致富。即使投资，大多数人也是想通过投资股市而获得投资组合收入。除非父母在家中开始进行财商教育，否则，很少有人会主动学习如何获得被动收入（现金流）。

> **大学生调查**
>
> 大学联合研究计划（Cooperative Institutional Research Program）对美国大一新生的调查报告显示，81%的大学生想过上非常富裕的生活。
>
> 问题在于，大多数人意欲通过在E象限和S象限中赚取普通收入而致富。即使投资，大多数人也是想通过投资股市而获得投资组合收入。除非父母在家中开始进行财商教育，否则，很少有人学习如何获得被动收入（现金流）。

问：为什么我的孩子理解富人的游戏规则和如何致富非常重要？

答：造成金融危机的原因有很多。常常被人忽视的原因是日益严重的应得权益心态，这种态度正在世界范围内扩散开来。今天，不只是穷人相信应得权益，我们的A等生（世界上的学者）和B等生（官僚）也在游说并支持越来越多的应得权益计划。

英国爱丁堡大学（University of Edinborough）苏格兰裔历史学教授亚历山大·泰勒（Alexander Tyler）说过：

"等到选民发现他们可以投票为自己争取从公共财产中获得一份厚礼时，民主也就不会继续存在了。"

A等生、B等生和世界上的穷人想对富人征税，可他们并没有意识到他们自己正在加重自己的税收支出。他们也在摧毁美国的民主。他们认为富人是贪婪的，却不接受他们是靠别人的劳动而生活的贪婪之人。不接受财商教育，他们如何能知道差异之所在？他们所能看到的只是硬币的其中一面。

在本章开头，我举法国电影明星杰拉尔·德帕迪约作为例子，说明有些富人移民仅仅是因为要寻找一个更优惠的税收环境。有些真正的资本家只能关闭企业，比如拥有400名员工却无力支付奥巴马医改的建筑业者。医生会停业，因为"取富人所有为我所用"这种罗宾汉式的财政理论仍然在法官、律师和陪审员中间大行其道。

从2009年以来，美国就没有做过新预算。这是因为穷人和富人之间的斗争或者说是阶级斗争仍然存在。美国无法平衡预算仅仅是因为向穷人和工人阶级提供的应得权益计划已经高达几十亿美元，对于受过教育的中产阶级来说，他们只能加入穷人的行列。比起削减应得权益，似乎中产阶级单调而重复地高喊"向富人征税"更容易做到。不过，最终还是中产阶级自掏腰包。

> **你的学习指南**
>
> 我们开发了一本详细的学习指南，帮助你推进你孩子的财商教育。
>
> 它的名称就叫做《唤醒你孩子的理财天赋》，这正是开发它的目的所在。大多数孩子对钱感兴趣，你可以用它让孩子们的学习变得趣味盎然。

如果你的孩子毕业后找到高薪的工作，他们多半会跻身高收入的中产阶级行列，过上"老鼠赛跑"式的生活，越来越努力地赚取普通收入，缴纳越来越多的税收。当他们投资时，可能会投资股市，追逐投资组合收入。

如果这正是你希望孩子过的日子，那么，财商教育就没有什么必要了。但如果你想让孩子逃离中产阶级的"老鼠赛跑圈"，那么，成为富人就是一种选择，另外一种选择就是成为穷人。

生活在一个自由的国度意味着你可以自由选择成为富人、穷人或中产阶级的一员。这种选择从家庭教育时就开始了。

与其教孩子知道他们有资格享受免费的鱼（穷人）或者为鱼而工作（中

产阶级），还不如教你的孩子成为提供鱼的人（富人），我觉得这样做更明智。

选择权掌握在你的手中。

结　语

世界各国的中央银行和投资银行掠夺了无数人的数不清的钱，为了谋取自己的财富，许多贪婪的富人同样也在榨取人们的血汗。

然而，当你查看许多国家的资产负债表时，对这些国家和世界经济构成的最大威胁正是应得权益计划。在美国，单纯社会保障和联邦医疗保险的缺口估计就高达1 000亿~2 300亿美元。如果再加上所有的军队、州和当地的应得权益计划，其数字之大简直难以想象。

这就是我们的学校不能满足马斯洛第二层次的需求时所发生的事情。我们教给人们的是他们有资格享受免费的鱼，而不是教给他们如何捕鱼的技巧。依我之见，这种局面需要改变。

杰基尔岛上的产物

对于想成为职业投资者或创业家的人，我推荐爱德华·格里芬（G. Edward Griffin）写的《杰基尔岛上的产物》（*The Creature from Jekyll Island*）这本书。

这是一本大部头，但容易阅读，读起来更像是一个谋杀疑案，因为它真的就是在谋杀。不过讲的是金融谋杀，是银行和货币特别是美国联邦储备委员会在谋财害命。

格里芬认为共产主义在美国不会站住脚，原因只不过是自由创业和资本主义的精神太强大了。它需要一个过渡阶段，那就是社会主义。

今天，我们拥有社会保障、联邦医疗保险和奥巴马医改。

换句话说，美国人必须首先变成依赖政府生存，这会侵蚀美国精神。由于精神上的衰弱和贪婪，美国人变得依赖，沉溺于政府的救济和应得权益计划。造成的结果是，这个国家进入共产主义的时机成熟了。我并不是说真会如此，我把它留给你们自己来判断。

有一个年轻人，他加入海军陆战队，并为保卫资本主义和抗击共产主义而战，返回家时却看到了美国精神的消亡和应得权益心态的日益增强……格里芬的观点不无道理，他的担忧就是我的担忧。

这可能就是我们的学校不开设财商教育课的原因。

爱德华·格里芬指出：

"财务依赖于国家是现代农奴制的基础。"

据说亚伯拉罕·林肯说过：

"不能靠劝阻节俭来谋求繁荣，不能靠削弱强者来增强弱者，不能靠拖垮雇主来帮助雇员，不能靠鼓励阶级仇恨来增进人们的兄弟情谊，不能靠消灭富人来帮助穷人，不能靠透支来摆脱困境，不能靠剥夺人的首创精神和独立性来培养人格和鼓起勇气，不能靠代替人们去做他们能做而且本应自己做的事来永远地帮助他们。"

父母行动指南

为与应得权益心态做斗争尽自己的一份力：你不要直接给孩子钱。

因为无数人怀着应得权益心态，当今的西方国家正处在经济崩溃的边缘。应得权益心态起源于家庭，有时是穷富邻居之间交易时间或爱造成的，有时父母为他们的孩子购买衣服、高档运动鞋、玩具甚至是汽车，因此孩子得以与其他同学攀比。

如果你孩子的同学得到一辆新自行车，那你孩子就易于感觉他们也应该得到一辆。应得权益心态就是从这些地方开始的。

许多运动项目教孩子们认为每个人都会有奖品，即使输了也会有。那会教给孩子们什么？每个人都应该是胜利者吗？

教孩子知道金钱只是交换的媒介，而不要教他们应该得到金钱和成功。交换意味着我给你一些东西，而作为回报你要给我一些东西。我相信你给予得越多，你就会收获越多。当一个孩子得到某种东西而不用交换任何东西时，那就等于播下了应得权益心态的种子。

还要讨论"有舍才会得"的概念。那是另一种方式的慷慨。

我是幸运的。我有两个爸爸，而他们都没有给我钱。当我16岁时，穷爸爸告诉我他不会为我缴纳大学学费，这使得我得到了两年的准备时间，找到了获得我大学学费的方法。那就是我通过申请并获得了国会议员提名就读美国海军学院和美国商船学院的原因。在军校和海军陆战队期间，我们受到的教育是服侍上帝和服务国家。

富爸爸则坚持教育我不要为薪水而工作。他不想让我养成雇员的思维。作为我为他工作的交换，富爸爸给了我世界上最好的财商教育，据此，我得以无中生有，积累起财富，而这是创业家要做的事。

我与唐纳德·特朗普已经合写了两本书。它给我带来的好处是我认识了他的3个孩子。他们聪明、有魅力和有礼貌，没有应得权益心态。他的两个儿子小唐纳德和埃里克（Eric）都对我说："如果我们不做我们分内的事，我们的爸爸会毫不犹豫地炒我们的鱿鱼。"

一天，小唐纳德、埃里克和我的几个朋友相聚在夏威夷的考艾岛（Kauai）。小唐纳德和埃里克正在给他们的妹妹伊万卡（Ivanka）发短信，当他们发完后，我问他们三个人在谈论什么，两个男孩说："我们在分享食谱。"

"食谱？"我问道，"你们知道怎么做饭？你们没有保姆吗？"

两个男孩笑了，埃里克说："我爸妈有保姆，我们没有。我们必须学会做饭和清洗。我们父母分得很清楚，他们的财产就是他们的财产。从小我们就知道，他们期待我们创造自己的财富。我们知道我们拥有很多特权，但我们很少有机会无偿得到任何东西。"

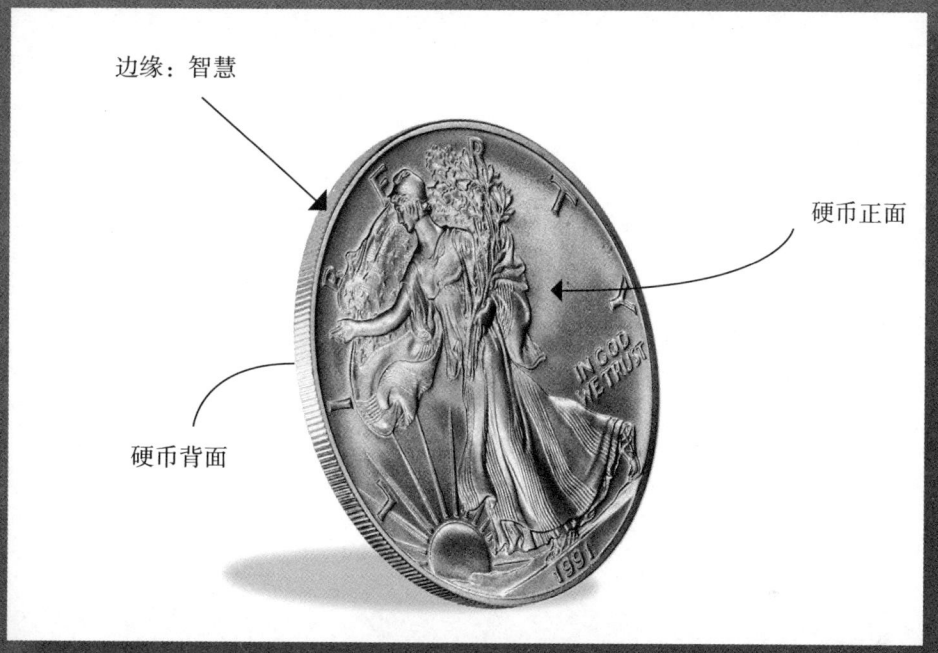

"大脑同时包容两种对立的观念却仍能正常思维，此种能力是判断顶级智慧的标准。"
——弗朗西斯·斯科特·菲茨杰拉德（F. Scott Fitzgerald）

第二部分

换个角度看问题

引 言

富爸爸说学校的问题之一是它教孩子们生活在一个"不'对'即'错'"的世界里。现实情况不是这样的，而且这也不是生存智慧。现实生活中，问题的答案或解决方案常常不止一个。

在学校，标准答案只有一个。老师在给试卷打分时，他们会依据这个标准答案做出判断。

在学校，如果你的正确答案与老师的标准答案一致，你就是聪明的，就是一个 A 等生。

"正确答案是唯一的"这个理念是构成学术教育的基础。

现实生活中的正确答案

在现实生活中，正确答案不止一种。

举例来说，当我问穷爸爸"1＋1=？"时，他回答说是"2"。同样的问题问富爸爸，他的回答则不同，他的答案是"11"。

这就是他们两个为什么一个是穷人一个是富人的原因。

智慧的最高境界

弗朗西斯·斯科特·菲茨杰拉德的一句话揭示了本书第二部分的核心内容：

"大脑同时包容两种对立的观念却仍能正常思维，此种能力是判断顶级智慧的标准。"

探讨硬币的两面不是什么新鲜事。我提议旋转一枚硬币，并且认为所有的硬币有三个面：正面、背面和边缘。根据菲茨杰拉德的说法，最聪明的人生活在边缘之上，因为在那里他们能够看到另外两面。

许多学生怀着只有一种正确答案的理念离开学校。传统教育封闭了学生的心智，而不是启发他们的思维。孩子们毕业时认为他们身处一个要么对要么就错、非黑即白、不聪明就愚蠢的世界。这就是很多人不喜欢学校及 A 等生的原因。如果一个学生从来没有立足于"边缘"这个能够看到两面的有利位置，他们就只能看到硬币的一面，就会只有一个答案、一种观点、一个看法。

穷人与富人

我们在学校学习的文学作品充满着富人和穷人的故事。查尔斯·狄更斯的小说《圣诞颂歌》（A Christmas Carol）描写了一个不快乐的富人斯克鲁奇（Scrooge）的故事，还有罗宾汉劫富济贫的故事，这些书籍倾向于贬低富人、褒奖穷人。

很少有学校推荐学生阅读艾茵·兰德（Ayn Rand）写的《阿特拉斯耸耸肩》（Atlas Shrugged），因为它选择了硬币的另一面，即贬低社会主义、褒奖资本主义。

在探讨金钱问题上着墨最多的众多书籍之中，《圣经》较为公正，它讲的故事让信徒看到了硬币的两面。

硬币的两面

本书第一部分讲的是财商教育。

本书第二部分讲的是如何提高财商，即站在硬币的边缘审视有关金钱的问题，并且看到不止一种观点。

菲茨杰拉德将"同时包容两种对立的观念"作为判断"顶级智慧"的标准。换句话说，学校所授"非对即错"的观念是愚蠢的。事实上，这种"对错"观念容易让人忽视硬币的另一面，更不会去探索另外一面。

在我看来，"对错"观念是所有矛盾、争执、离婚、不幸、侵略、暴力和战争的基础。

直线和曲线

在学校，所有的教学都是直线的，如下图所示：

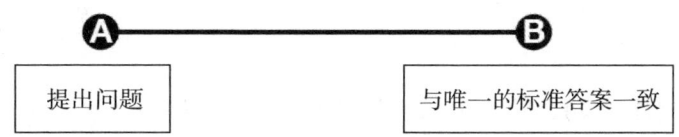

在这种教学方式下，除了标准答案外别无选择。对于学校而言，连接问题和答案的只能是一条直线。

问题在于，生活的各个方面并非都是直线的，不存在如此简单的事情。正如巴克明斯特·富勒（R. Buckminster Fuller）指出的那样："物理学发现不存在直线。"相反，出于纠错和平衡的需要，物质世界是由上下波动起伏的波浪线构成的。

举例说明，美国国家航空航天局（NASA）的阿波罗11号将两位美国人尼尔·阿姆斯特朗（Neil Armstrong）和巴兹·奥尔德林（Buzz Aldrin）送上了月球，在其执行航天任务时，我们可以发现这个普遍理论。在太空中，登月舱飞行于直线轨道的时间只占5%。从A点到B点不是直线（标准答案），相反，95%的飞行时间是调整过程：从左舷向右舷或从右舷到左舷，直到抵达目的地。

想想开车。如果你按照学校的模式（从A点直线到达B点）来开，你对社会就是一个威胁。肯定有一个可以接受的驾驶方式，那就是使用方向盘。

随着你离开学校，很快你就会明白没有什么是直线的。在人生旅程中，你会有起伏（航线修正），你的经历和教育也不会是一帆风顺的。这就是我们要认识到的：人生根本不存在直线。

下图是我人生道路波动起伏的示例：

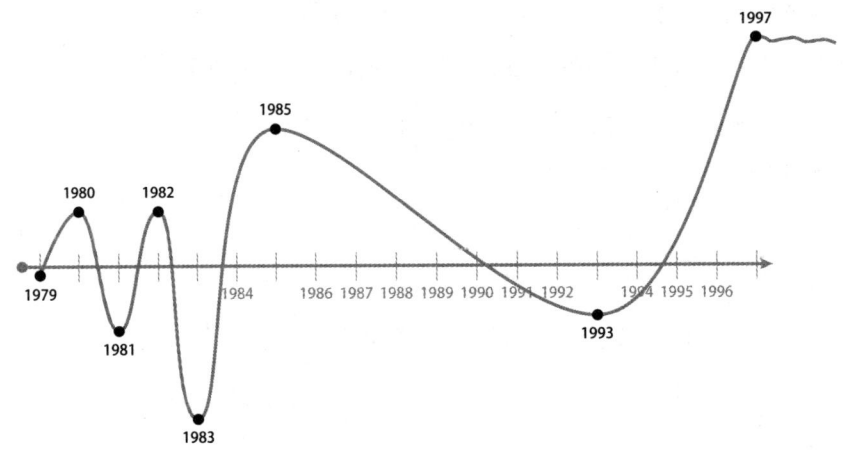

1979年，我的两个朋友跟我合开了生产尼龙钱包的企业。到1980年，日子过得还好。从账面上看，我们已经是百万富翁了。于是，我们开始享受极速赛车和美色。不出你所料，我们没有盯住企业做好管理，到1981年，我们的经营糟糕到了极点。但是，我们开始灵活应对，公司又走上了正轨。我们与夏威夷的广播电台和知名度很高的摇滚乐队合资成立了几家公司。到1982年，我们又恢复了元气。几个合伙人的婚姻出现了状况，再加上其他事情，导致我们的合伙关系到1983年时解体。

幸运的是，我从1981年开始研究创业家精神。更幸运的是，我在1984年遇到了金，我们在那年的年末搬到了加利福尼亚州，开始为一家研修公司讲授创业家精神的课程。公司的业务很火，我们还扩展到了国外，在澳大利亚开设了5家分公司。一天，澳大利亚广播公司（ABC）的一位记者找到了我们，电视网对我们的研讨班产生了兴趣，想报道"我们正在做的有益的事情"。

他们告诉我们的是这些内容，但他们没有说实话。

他们打算揭露他们视为"狂热崇拜"的事件。1993年4月，大卫·考雷什（David Koresh）及其大卫教派的信众（有些是澳大利亚人）死于政府对得克萨斯州韦科镇的围攻。澳大利亚广播公司想揭露那些他们认为在澳大利亚开展类似狂热崇拜活动的美国人,他们的负面性和毁灭性的报道让我们的公司一蹶不振。(有趣的是,我们的研讨班帮助过的所有人立即自发组织了一次联名上书运动。澳大利亚广播公司的高层很快意识到他们陷入了麻烦:他们的报道成了一个不朽的谎言。由于害怕受到起诉,他们停播了该报道。)

虽然我们的确有理由提起诉讼(起因于他们最初的曲解),我们却选择将此次经历当作一个信号,那就是我们应当退一步考虑,并调整方向。

金和我意识到是做出改变的时候了。1994年,我们开始开发《富爸爸现金流》游戏,并于1996年投入市场。1997年,我为《富爸爸现金流》游戏撰写的"营销手册"以书的形式出版,这就是《富爸爸穷爸爸》一书。你们大都知道这个故事的其余内容,一路之上,虽然我们跌了几个跟头,但是,在支持提倡财商教育这项重要的事业中,我们也享受到了成功和个人的满足。

这里的关键是:在广大的物质世界及在你自己独特的人生旅程中,没有什么东西是直线运行的;相反,只有波形线,既有山峰,也有山谷。

我鼓励你照我那样用一条曲线把自己的人生轨迹画出来。当你处于人生的峰顶时,那可喜可贺;反之,当你走到人生的低谷时,要花时间总结经验教训。要向你的孩子们解释生活中的问题大都没有一个标准答案,而是一条有着多种选择的波形线,存在着不同的视角和多种观点。

相反的观点

本书的第二部分将探讨现金流象限中发现的相反观点。例如:

在 E-S 一侧	在 B-I 一侧
税收不利	税收可用
债务有害	债务有益
富人是贪婪的	富人是慷慨的

共产主义者、社会主义者、法西斯和资本家

本书第二部分将会小心翼翼地踏入经济哲学的雷区,这个危险地带包括共产主义、社会主义、法西斯主义和资本主义。许多人都听说过这些词汇,

也知道它们极具情感煽动性。

第二部分将尝试揭示在这些词汇上的情绪化陷阱，以便父母或学校在给小孩子讲授共产主义、社会主义、法西斯主义或资本主义时可以做出更好的决定。

什么是智慧

"智慧"有多种定义和多种含义。本章所称的智慧单指从"非对即错"世界的陷阱中脱身而出的能力，而这种能力也是我们的学校应该提倡的。学生应从尽可能多的方面看到真实的金钱世界。

正如亚伯拉罕·马斯洛在其需求层次论中所述，第五层次"自我实现"是人类生存的最高层次。一个人只有怀着"没有偏见"和"接受事实"的心态面对世界才能达到这一层次，而其中一个事实就是：正确答案不止一个。

达到"自我实现"这一层次也表明此人是慷慨的，同时他还懂得回报而不只是一味地索取。正如在前面的章节中指出的那样，我认为很多人变得贪婪是因为学校没有为他们满足马斯洛的第二层次的"安全"需求做好准备。生活在恐惧之中的人们是不会感到安全的，因此，变成一个索取者而不是给予者实在是出于人的本性。

"如果你的思维不存在偏见，能够接受两种相反的观点，你就会增加才智。如果你的思维不接受相反的观点，你就会被无知所左右。"

智慧，还是无知？思想开放并了解多种观点，这种能力是你有意识的选择。能够向世界敞开心胸的人就能塑造你孩子的未来。

谁应当更聪明：
雇员，还是雇主？

第九章
换个角度看智慧

如果你读过《富爸爸穷爸爸》,你就会知道我的穷爸爸对一件事很心烦:即我替富爸爸干活,而他却不给我报酬。

富爸爸为人很慷慨,他信奉"公平交换",也认为财商教育要比金钱重要得多。

他为他的雇员开工资。大多数情况下,他给他们的工资还挺高,许多人为他工作了大半生。他常说:"我的雇员更看重钱,而不是财商教育,这就是他们之所以做雇员的原因。"

理由陈述

富爸爸不认同"免费"的概念。他认为免费教育不会受重视,这可能就是政府公共教育计划的问题所在,因为它们是免费的。

富爸爸对我的穷爸爸和为政府工作的教师感到十分同情。他常说:"当孩子和父母期待而不是尊重免费教育的时候,教师们怎么还能教得下去呢?"他还感到,虽然免费教育是一种崇高的理念,却是应得权益心态在今天如此盛行的原因之一。孩子们从小接受的教育就是相信"政府会照顾我"。

富爸爸认为他传授给我的财商教育理念和指导远比给我金钱要珍贵得多。这就是他让我干活却不给我钱的原因。作为交换,我必须"免费"为他干活。

问:没有钱你将如何生存呢?

答:利用业余时间打工赚钱。

我的经历

上中学时,我爸妈开始每周给我 1 美元的零花钱。在 20 世纪 60 年代,1 美元根本买不了多少东西。

因为富爸爸不想让我像一个雇员那样思考问题,所以,他不给我开工钱。换句话说,他正在培训我以不同的方式看待钱。他没有告诉他儿子和我应该去做什么,而是让我们自己选择。

富爸爸没有让我去"找工作",而是鼓励我去"找机会",他鼓励我像一个创业家那样去思考。

在他的鼓励下,我发现了很多赚钱机会。例如,因为早晨冲浪比较好,周六早晨我会在 5 点起床和朋友去冲浪。然后,我会去富爸爸的办公室为他干几个小时的活。为了赚钱,下午我会去高尔夫球场当球童,替人背球杆袋,每 9 洞赚 1 美元。但它是一个 9 洞球场,所以,我背两个袋能赚 2 美元。一个周六下午我挣的钱就比每周父母给我的零花钱还要多。此外,我会锻炼身体,为橄榄球赛季作准备。

这样做的好处是我总是在寻找赚钱的机会,而非找工作赚钱。因此,富爸爸训练我以 S 象限中的创业家视角来看待这个世界,而不是当一个 E 象限的雇员。

如果我看见某家的院子里有一堆垃圾,我会前去敲门,商谈由我清理垃圾的费用。对于做生意及自尊来说,这都是一种绝妙的训练。

做一个 S 象限的创业家,我会有非常好的表现。在我为富爸爸无偿干活的同时,我赚了一大笔钱。

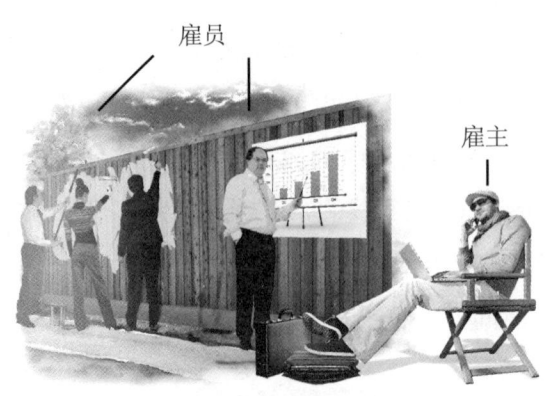

雇员

雇主

更大的机会

一旦富爸爸意识到我在 S 象限中表现良好之后,他给我上的新课程就是转移到 B 象限。在开始上课之前,他让我阅读《汤姆·索亚历险记》(The Adventures of Tom Sawyer)。小说中,汤姆·索亚承担了油漆篱笆的任务,他让他朋友替他工作,而不是亲自粉刷。

富爸爸给我安排的任务是找到一个工作量很大以至于我自己一人没法做的活儿。他说:"S 象限的人承担的任务是他们自己无法做的。例如,律师一个人能做大部分的法律顾问工作,但 B 象限中的创业家承担的是自己不可能完成的任务。这就是他们成为世界上最富之人的原因。"

差不多有一周的时间,我到处寻找一个真正能大发其财的机会。终于,我看到一个人,他正瞪眼看着一块相当大的、长满了高草的地发愣。我走上前问他是不是有什么事情需要帮忙。那位老人说他需要除掉地中的草,过去他是自己做,但现在他年龄太大了。那块地面积约两公顷。他对我说,如果我拔掉那些高草(而不是割草),他会付给我 50 美元。一听到"50 美元",我再也听不到别的什么东西了。当然,我接了那个活儿。然后,他告诉我要在下周末之前干完。

我打电话将这个消息告诉了富爸爸,他给我增加了任务。他说:"就像汤姆·索亚那样,你的工作是雇用其他人干活。你要做的是达成协议、安排人把活做完、拿到报酬、付钱给你雇的人,剩下的就是利润。"

周一到了学校,我招募了10个同班同学以便立即开始干活。当天放学后,只有 6 个人现身于那块草地。直到周二,我的同学也没有干多少活儿。我的"雇员们"太爱玩了,并没有干活。他们在草地上滚着玩,却不拔草。

到了周三,尽管他们都做过承诺,却一个人也不来了。那天晚上,我对富爸爸说了此事,他说:"你最好信守诺言,把活儿干完。"

周四和周五我都是自己在干。到了周六,草地的主人付给我 50 美元。到了下周一,我的"工人们"想要他们那一份报酬。当时我才 15 岁,却是我人生第一次处理劳动争议。不过,我输了。因为每天要在学校看到他们,为了免受骚扰,甚至挨打,那种痛苦可不止值 50 美元,所以,我将钱给了他们。

从长远看，这次经历的价值不可估量。

当我告诉富爸爸干完了所有的活却没有赚到钱的故事时，他只是笑着说："欢迎来到我的世界。"

在为富爸爸收租金时，我与他的顾问一起坐在他办公桌旁，那些都是他的A等生，现在我要与这些雇员打交道，我对商界的观点正在成形。15岁时我已经进入了第二个学习之窗，我已经知道：如果我想当一个创业者，必须要比想当雇员的人学习更多的东西。我的智慧在增加，我的心智已经打开，我开始看到硬币的两面。

在过去，你可以通过当学徒学习技能并谋生，而非上大学。跟大学不同的是，学徒这种方式允许你在学习过程中犯错，并花时间真正学会如何做得更好。因此，唐纳德·特朗普的电视节目《学徒》(*The Apprentice*)广受欢迎也就一点不奇怪了。通过学徒真正掌握自己感兴趣领域的知识，这种计划对我们都有吸引力。

回想往事，我理解了为什么富爸爸从来不付钱给我了。他付给我的是在真实生活中的学徒课程，事后看来，这些课程是无价之宝。

父母行动指南

向孩子解释硬币有三个面。

挑选任何一枚硬币，并把它当作教学用具。向你的孩子们解释学校和传统的课堂常常将注意力放在标准答案上。列举一个问题对应着几种答案的几个例子，以此说明如何从几个不同的有利位置看待同样的事情。

利用硬币，将有头像的那一面形象地描述为一种观点，而背面则代表另外一种观点。

还要与孩子们讨论硬币的边缘，以及智慧是将边缘用作有利位置从而看清和了解多种观点的能力。

现实生活中的挑战和问题很少像学校让我们相信的那样"非黑即白"和"不对就错"。智慧是从边缘之上看清两面的能力。

为什么信贷经理不要求你提供学习成绩报告单?

第十章
换个角度看成绩单

我在学校是一个成绩不好的学生，我的成绩报告单上从来没有出现过骄人的分数。因此，当我意识到信贷经理对财产的现金流远比对我的成绩单上的分数更感兴趣时，我就知道在现实生活中我是有机会的。感谢我的富爸爸，是他让我理解什么是现金流，以及在现实生活中我们的成绩单其实是我们的财务报表。信贷经理能够从财务报表中获得申请人的大量信息。现实生活中，财商要比学校中的成绩 A 和成绩 B 更能为你带来回报。

理由陈述

学校让学生认为好成绩非常重要。在本章，你会明白为什么好的学习成绩在学校是重要的，但在学生毕业之后它就没有那么重要了。

信贷经理不向你要成绩单的原因是他们对你的学术成绩不感兴趣，而是对你的财商感兴趣。

毕业之后，你的财务报表就是你的成绩单，是你作为一个成人的成绩单。

问题在于，大多数学生毕业之后还生活在过去在学校时是 A 等生的荣耀当中。许多人未能关注关乎自己未来的成绩单，即个人的财务报表，由此导致许多在学校取得好成绩的 A 等生在获取体现成年人的财务成绩单上败下阵来。由此，我们也就不难理解，为什么许多在学校学习费劲的学生一旦离开学术环境，步入现实世界之后会变成理财天才。

你的选择和行动取决于在你眼中哪种成绩单是重要的。

什么是财务报表

财务报表由两部分组成：损益表和资产负债表。如下图所示：

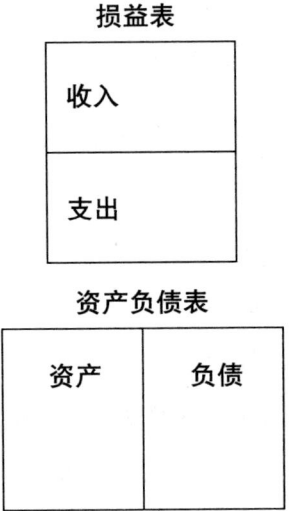

损益表和资产负债表是密切配合的。财商就包括知道和理解两者之间关系的能力。

当大多数学生离开学校之后，他们首先关注的是损益表，那就是寻找工作和领取工资。他们需要获取收入，以此用于生活的开支。下图显示了这一循环。

对于许多美国的年轻人来说，他们的基本开支用在了租金、食物、交通和娱乐上。如果他们的钱花光了，部分人会从父母那里获得物质上的资助。这对增进他们的财商没有多大的好处。

到了24岁至36岁，随着他们跨入第三个学习之窗，许多人开始结婚成家。第一个孩子降临之后，更多的开支便接踵而至。大多数父母都知道，随着孩子年龄的增长，开支也会越来越多。当孩子到来的时候，父母也被迫要学习成长。

在第三个学习之窗期间，人们开始想赚更多的钱。许多人会更认真地工作，有些人会重返校园。到他们36岁时，第三个学习之窗接近尾声，大多数年轻夫妇陷在了"老鼠赛跑"式的生活当中，拼命赚更多的钱以应对日益增加的开支,大部分人成了月光族。

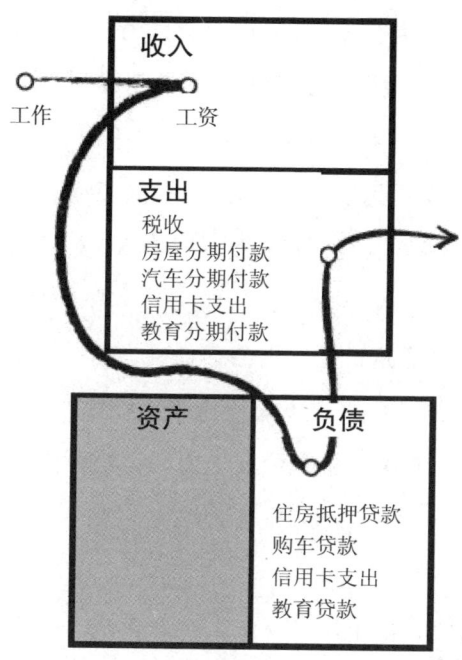

1971年至2007年间,许多人把他们的住房当成了个人的自动提款机,从而在"老鼠赛跑"中幸存下来。因为住房的价值不断攀升,他们便滥刷信用卡,然后申请房产抵押贷款来偿付信用卡的负债。若换用财务术语来说,他们是将短期负债转换成了长期负债,甚至是一生的负债。

之后房地产市场崩溃。由于房地产市场是驱动经济发展的主要力量之一,它的崩溃造成工作岗位开始消失。对许多成人及其子女来说,生活变得更加艰难。这就是父母和老师劝孩子们"上学、得高分、再找一份高薪工作"的结果。如果你听从此建议,你的注意力就会集中于损益表。大部分人终其一生都会跟他们的预算纠缠不清,总是在算计挣了多少钱、花了多少钱。

如果不接受财商教育,大多数人就不会知道资产负债表所具有的能量,则会反受其害。接受财商教育才能让资产负债表如你所愿发挥作用。

许多人由于滥用资产负债表而变得更加贫穷,唯有财商教育才能让他们知道如何利用资产负债表的力量而变得富有。

我的经历

9岁时,我就知道我需要变得富有。与富爸爸一起玩《大富翁》游戏时,我就知道总有一天我会利用资产负债表的力量变成一个富人。

穷爸爸在他30多岁还在他的损益表上耗费精力。他不断地在学校选修硕士和博士课程,想以此赚更多的钱,得到更多的工资。

当我14岁时,我穷爸爸终于通过努力工作攒够了钱,购买了他人生的第一座房子。虽然我只是一个小孩子,每当穷爸爸骄傲地说"我们的房子是一项资产,是我们最大的投资"时,我会感到难为情。因为即使才14岁,我都知道我们的住房不是资产,并且还知道比个人住宅更好的投资是什么。我已经知道能产生被动收入的4个绿房子或1个红宾馆要比这种投资好得多。

资产和负债

穷爸爸希望我走他的老路,也就是上学并重视下图中的损益表部分:

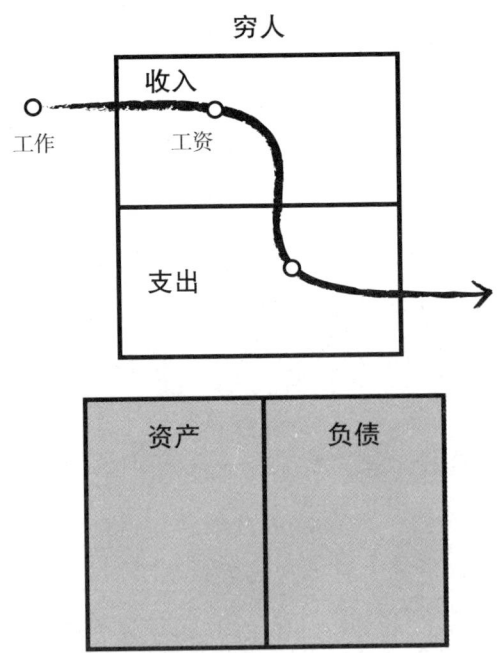

而富爸爸则教我关注资产负债表部分。

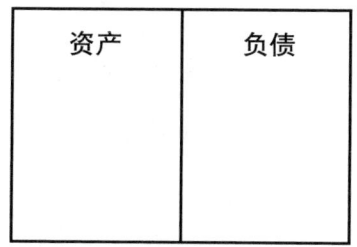

通过与富爸爸一起玩《大富翁》,我知道了绿房子和红宾馆的力量。你不必是一个大学生也能知道资产和负债的区别:个人住宅是负债,而绿房子和红宾馆才是资产。

如果读过《富爸爸穷爸爸》一书,你肯定已经了解了富爸爸对资产和负债的简单定义。它们是:

- 资产会向你的钱包里装钱,即使你不工作,它也照样给你带来收入。
- 负债则从你的钱包向外掏钱,常常需要你更努力工作。

下面这个简单的图解释了资产和负债之间的区别。

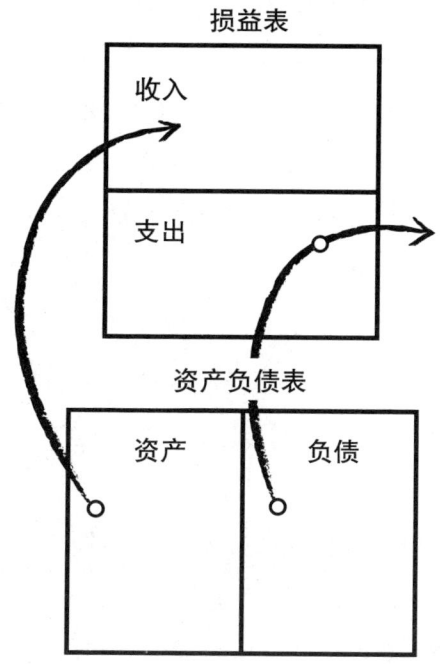

在这个简单的图形中,你能看到损益表和资产负债表之间的关系。这种

关系非常重要，它是硬币的另外一面。对两份报表加以研究才能决定哪些是资产、哪些是负债。

如果你不理解损益表和资产负债表之间的关系，请温习相关的知识或请求别人帮助你理解。你会想到，在学习金字塔中，"讨论"是更高层次的学习方式。

如果你不理解损益表和资产负债表之间的关系，不要感到孤独。很多人不知道这个关系的重要性，甚至不知道两者有什么关系，就算是会计师、律师和首席执行官也未必搞得清楚。

简单说来，"如果不首先查看损益表中的收入和支出，你无法区分资产和负债"。

财务报表没有那么错综复杂。你只需问这个问题："它让我从钱包里向外掏钱吗？"如果是，它就是负债。如果是向你的钱包装钱，那它就是资产。

对未来的警告

《富爸爸穷爸爸》最早于1997年出版，我在书中写道："你的房子不是资产。"于是，我那些做房地产经纪人的朋友就不再给我寄圣诞贺卡了。

10年之后，到了2007年，无数人痛苦地发现他们的住房不是资产，而且认识到了理财领域的另外一个重要词汇——丧失赎取权。

我并不是说"别买房"，我只是说"不要把负债叫资产"。当今世界，经济危机爆发的原因就是因为我们的领导人仍然把"负债"叫作"资产"。

2008年10月3日，乔治·布什总统核准了7 000亿美元的不良资产救助计划（TARP）。这个计划是领导人不懂资产和负债之间关系的一个极好例证。如果那些资产真是资产，他们就不会陷入麻烦，也就不需要救助了。

那些资产实际上是负债，这是真正让人棘手的地方。如果我们的领导人在理财方面比较精明的话，他们该把这个计划叫作"负债求助计划"（LRP），或者叫作"失败者的求助计划"（RPL）。

即使A等生也未必知道资产负债表中资产和负债之间的差异。就像我的穷爸爸一样，大多数人重视损益表中的工资收入。此外，他们还把个人的住宅叫"资产"。

因此，全球范围内发生金融危机也就不足为奇了。当我们的领导人把"负债"叫作"资产"时，你还能期待怎么样呢？他们可是受过最好教育的出类拔萃的人。

什么是资产

富爸爸对资产的定义适用于任何事情，而不只是针对房地产。企业、股票、证券、黄金甚至是人都能被划分为资产或负债。凡从你钱包里掏钱的就是负债，凡向你钱包里装钱的都是资产。

没有负债也不会存在资产。请记住，任何事物均总有两面性。比如，如果花时间把你每月的支出写下来，你会看出你的现金是从哪里流进了其他人的"资产"一栏。

如果你的住房存在房贷，那分期付款就是你的负债。只要你不断地为此抵押贷款供款，你和你的贷款就成了银行的资产。

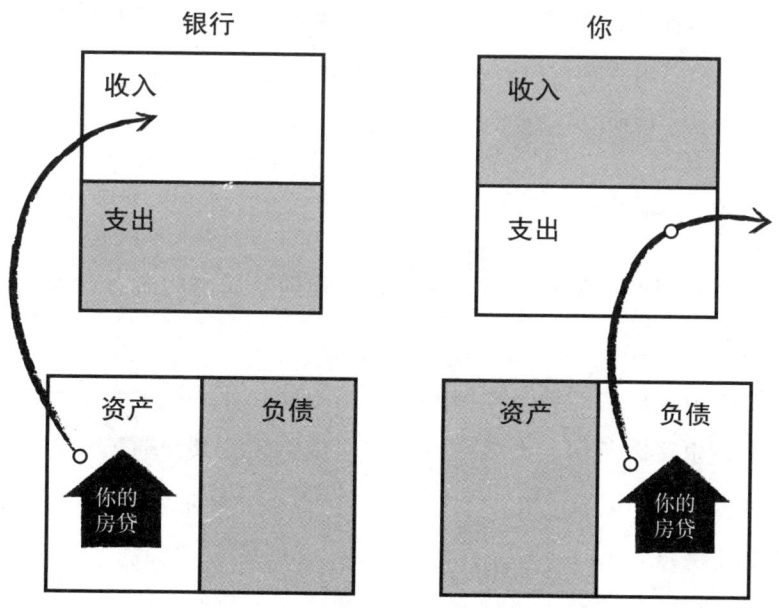

如果你停止供款，那银行的资产就变成了它的负债。懂得这一点至关重要。资产变成了负债是全球金融危机爆发的一个主要成因。

银行需要紧急求助资金仅仅是因为人们不再向银行支付房屋贷款。结果是银行的资产变成了银行的负债。

了解资产负债表的力量对你过上富足的生活十分必要。我们的许多领导人不知道"资产"和"负债"之间的区别,但是你要了解,这一点很重要。

后　果

在前面的章节中,我描述过处于12岁至24岁时期的第二个学习之窗。此时,孩子们通过冒险来学习,却全然不懂做事的后果。年轻人常常经过惨痛的经历后才会认识到他们行为的后果。

似乎金融界人士和政治领导人也是经受惨痛的教训后才能体会到这一点。问题在于,我们纳税人要为他们的金融无知造成的后果埋单。

按照财务术语来说,当一个人无力为抵押贷款供款时,这叫作"丧失赎取权"。当一个国家无法偿债时,这叫作"违约"。

同样含义的不同词汇说明的却是同样的问题。

当人们对那些买不起他们的房子却要借用次级贷款的人而生气时,也应该对那些把钱借出去却再也收不回来的次贷发放者感到愤怒。

这就是为什么要从小接受财商教育的原因。

三个收入阶层

当信贷经理见到某人的财务报表时,很容易看出此人在财力上属于哪个阶层。比如:

在职的穷人一般做的是低薪的工作,因此,开支也是有限的。他们通常没有资产,也没有负债。大多数穷人租车或乘坐公共交通工具。这一阶层的人往往过着温饱的生活。如果有工资的话,也是月月光。如果需要金融服务,他们更喜欢选择典当行或发薪日贷款公司,以获得紧急融资。

中产阶级的收入较高,但开支和负债通常也较多。新汽车、较宽敞的住宅、出国度假,以及攀比心理会影响"开支"和"负债"两栏。

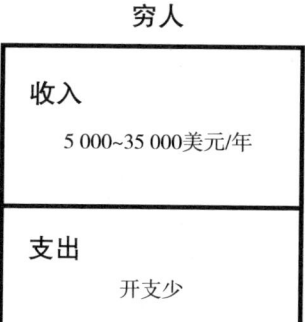

穷人

收入
5 000~35 000美元/年

支出
开支少

资产	负债
0	0

常常有人问我为什么我把401（k）计划放在了负债栏。答案很简单。你的养老金计划是没有资金准备的或资金准备不足的负债，也就是说实际上它是从你钱包里掏钱的。

退休之后，养老金计划开始向你的钱包里装钱，那时它才会变成资产，但愿到时它能提供足够的现金流，以便你的余生还能有钱用于生活开支。

中产阶级

收入
50 000~500 000美元/年

支出
税收
房屋分期付款
汽车分期付款
信用卡支出
追求某种生活方式的开支

资产	负债
储蓄	住房抵押贷款 汽车贷款 教育贷款 信用卡负债 401(k)养老金计划

大部分养老金计划存在着3个问题：

1. 由于市场波动和通货膨胀，你可能永远无法知道你手中的钱实际上价值几何；

2. 你永远无法确切地知道你的寿命有多长；

3. 你永远无法准确地知道你需要多少钱。

显然，许多富人也有工作、开支和负债。但是，为了强调富人、穷人和中产阶级的不同，我有意将薪水和工作分开，并把"支出"和"负债"栏留白。

我想说的是，富人的兴趣集中在"资产"一栏的力量上，而从总体上讲，中产阶级资产较少，负债却很多。真正的穷人则对资产和负债没什么概念。

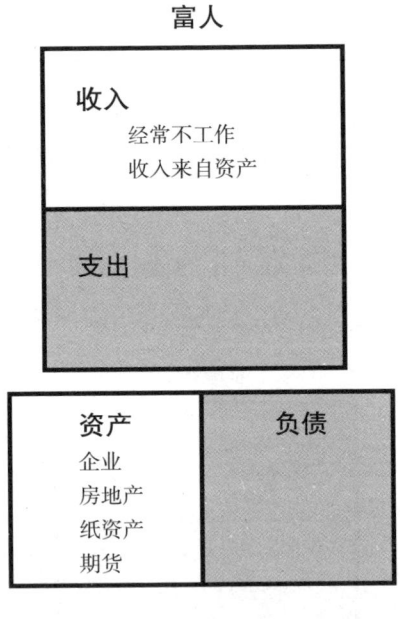

下表是《富爸爸现金流》游戏中用到的一份财务报表。箭头代表资产栏中的"资产"所产生的"收入"。

设计该游戏的目的是要教会游戏者（不分老幼）驾驭资产负债表的力量。游戏者的财商越高，他们就越能认识到资产负债表的力量。在所有的《富爸爸现金流》游戏中，我们都植入了无数微妙的理财课程。每次游戏都有所不同，不同的职业（和收入）、不同的交易纸牌、不同的小玩意开支、不同的市场状况，因此，每玩一次，游戏者的财商就会提高一点。

不管是少儿版还是成人版，或任何一种新开发的"富爸爸"系列用于移动设备端的社交游戏，你玩得越多，信贷经理不看你的学校成绩报告单的理由就变得越明显，你就越能意识到为什么你的信贷经理不在乎你是 A 等生、B 等生或是像史蒂夫·乔布斯、比尔·盖茨或马克·扎克伯格那样的大学辍学生。

职　业：_____　　　　玩　家：_____

目标：努力使您的非工资收入超过总支出，从"老鼠赛跑"进入"快车道"。

损　益　表

收　入

项目	现金流
工资：	
利息：	
股利：	
房地产：	

审 计 师：

坐在您右侧的玩家

非工资收入：_____
（非工资收入＝利息＋股利＋房地产＋企业现金流）

总收入：_____

支　出

税金：
住房抵押贷款：
教育贷款：
购车贷款：
信用卡支出：
额外支出：
其他支出：
孩子支出：
银行贷款支出：

孩子个数：
（游戏开始时孩子个数为0）
每个孩子支出：

总支出：_____

月现金流：_____
（银行结算日）

资 产 负 债 表

资　产　　　　　　　　　　　　　　**负　债**

银行储蓄：		
股票／基金／存单	股数	每股成本

房地产：	首期支付	总成本

住房抵押贷款：
教育贷款：
购车贷款：
信用卡：
额外负债：
房地产抵押贷款：

贷款：

信贷经理想知道：

- 你是否知道如何驾驭资产负债表的力量；
- 你是否知道资产和负债之间的区别；

- 你实际拥有多少资产；
- 你的资产正给你带来多大的收入。

如果你能教给孩子你的信贷经理想知道的上述内容，那么，你就等于让孩子在理财上抢占了先机。

父母行动指南

和孩子讨论：为什么信贷经理不要求你提供学习成绩报告单？

谈论学习成绩报告单，以及它们衡量的是什么，又意味着什么。然后探讨与金钱和财务有关的报表类型。像费寇分数（FICO score）这样的信用评级或信用报告与成绩报告单几乎有着相同的目的。它们传递了一个人在理财方面的信息。如果某人开始购置和投资资产，债权人、银行、抵押贷款公司或汽车特许经销商等贷款者会依据此人的信用分数或个人的财务报告对此人是否值得信贷做出决定。

如果有人寻求商业贷款或财产投资的融资，信贷经理会要求出具财务报表。

财务报表是你在现实世界的成绩报告单。它会向信贷经理透露出你的财力和财商教育水平，以及其他信贷经理认为的重要信息。

如果你有财务报表，请与你的孩子分享，但内容要适合他们的年龄。对于补充有关收入、支出、资产和负债方面的新词汇和概念，这是一个极佳的工具。

《富爸爸现金流》游戏中的"游戏记录卡"（即损益表与资产负债表）其实就是财务报表，随着游戏的开展，游戏者要对其进行填写和更新。《富爸爸现金流》游戏让游戏者（不分老幼）了解财务报表的力量，以及如何从信贷经理的视角来看世界。

付出必有回报。

第十一章
换个角度看贪婪

许多人认为富人都是贪婪的。这是一面之词,其实还有另外一种看法。

资本家常常受此原则的驱使:我服务的人越多,我的效用就越大。资本家以多种方式为人服务,尤其是要迎接自由市场的挑战,用较少的资源生产出更多的东西,这其中就包括提供在价格方面更具优势的产品和服务。依我看,这不是贪婪,而是雄心壮志和内驱力。

假如他们取得了极大的成功,并获得了巨额的财富,我首先想到的是他们创造了就业岗位和给我们的生活带来了创新。在迈步走在致富路上的同时,他们也为其他人的生活带来了富足,我很难将此叫作"贪婪"。

理由陈述

加利福尼亚州的一位政府退休者声称削减他的政府养老金是对"老年人的虐待"。因为养老金被削减,现年 78 岁的布鲁斯·瓦尔肯霍斯特(Bruce Malkenhorst)正在抗议加利福尼亚州公共雇员养老基金(CalPERS)。他的养老金被从每月 45 073 美元(或每年 54 万美元)削减到了每月只有 9 644 美元(或每年大约为 11.5 万美元)。

虐待老年人

布鲁斯·瓦尔肯霍斯特还声称政府没有支付他额外的每年 6 万美元打高尔夫和按摩的费用,这又是一个虐待老年人的例子。他享受了高额的退休金和附加福利,比如定期按摩和免费打高尔夫球,对此他的解释是:"在力所能及的时候,你就要得到你能得到的,我就生活在这样的年代。"

在我听来这就是贪婪。

瓦尔肯霍斯特并不是个例。他想要多少就能赚多少的城市是弗农(Vernon)市的一个小工业城镇,靠近洛杉矶,人口只有100人(根据最近一次人口普查的报告,实际上是112人)。100人如何能够养活这种专职的公务员呢?弗农市的其他6位政府官员也在接受调查。

最终,布鲁斯·瓦尔肯霍斯特需缴纳1万美元的罚款,并偿付6万美元的场地租金费。这种结果,似乎政府工作人员在保护他们自己。

综观全球,"资本家是贪婪的"似乎是人们普遍的情绪,因此,出现了"资本主义的猪"这个词。一个人不必是富人或资本家才会贪婪。贪婪的一个定义是"想要的比愿意给予的多"。

当共同基金把客户收益的80%据为己有时,这就是贪婪。当政治家为给自己带来好处的特殊利益集团"献媚"时,这就是贪婪。当工人期待给他们的工资超过他们的产出时,这就是贪婪。当雇员欺骗雇主时,雇员就是贪婪。贪婪的穷人和贪婪的富人一样多。在我看来,贪婪似乎没有国界,不分阶级。

美国的新内战

19世纪60年代,美国卷入了内战,这是南方和北方之间的战争,为奴隶的经济利益和道德问题而进行的战争。

今天,美国陷入了新的"内战",这一次是公务员与其服务的大众之间的战争。

2012年,威斯康星州爆发了一场斗争,即通过选举罢免新当选的州长。许多工人对州长斯科特·沃克(Scott Walker)削减他们的工资和养老金福利感到愤怒,但该州再也无法支付这些福利。全美国人和所有的新闻媒体开始选边站队。

虽然罢免没有成功,但威斯康星州的斗争将政府雇员享受的高额工资和福利大白于天下。公务员不再是低薪的人民服务员,一旦纳税人意识到公务员的工资超过许多私营企业的工人时,"内战"就蔓延到了其他州。

尽管对加利福尼亚州是美国最具社会主义特色的州之一存有争议，但其政府雇员的养老金总额从1999年至2009年上涨了2 000%。仅2011年一年，加利福尼亚州花在公务员工资和福利上的支出就达到了320亿美元，比过去10年上涨了65%以上。与此同时，在高等教育上的支出却下降了5%。

在宣告破产的加利福尼亚州圣贝纳迪诺（San Bernardino），21万市民中有1/3的人口生活在贫困线以下，使之成为该州同等城市中最穷的地方。但高级警官可以在其50多岁时退休，并在其任职的最后一天一次性带回家23万美元，并获得每年12.8万美元养老金的保证。

当警官或其他公务员退休而享受如此高的养老金福利时，许多城市负担不起雇用新警官的费用。整个国家的警力在缩减，而这可能是主要原因之一。这是公共服务还是个人自助服务？

在市议会选举时，警察工会背地里提供资金支持，而市议会则同意将大笔资金用于支付加入工会的政府雇员的工资和养老金。在圣贝纳迪诺市宣布破产之前3个月，该市议会向正在办理退休的市政府雇员付清了额外的200万美元。换句话说，除了贪婪还是贪婪，这是我们能想到的词。

加利福尼亚的"内战"蔓延到了圣迭戈（San Diego）和圣荷塞（San Jose）等地，因为当地的选民也要削减政府雇员的福利和养老金。选民们再一次怒火中烧，他们厌倦了政府雇员榨取他们。火上浇油的事例是：按照计划，到2014年，养老金和退休者的医疗保健费用要达到圣荷塞公共安全部门薪资的75%和非安全部门薪资的45%。为了给这些高薪的公务员发放工资福利，该市被迫关闭了图书馆，削减公园的服务，暂时解雇其他部门的政府职员，并要求剩下的公务员降低工资。

圣荷塞是美国第十大城市，25年前它拥有大约5 000名公务员。虽然坐落在硅谷的中央，今天的圣荷塞只能负担1 600名公务员的工资。多年来，似乎公务员在为他们自己服务，造成的结果是公务员更少，而服务也越来越少。

这并不只是加利福尼亚州或美国的问题。从许多方面来看，加利福尼亚州的公务员问题与希腊和法国正面临的问题如出一辙，大众为公务员支付了越来越多的工资，得到的却是越来越少的服务。

目前，俄亥俄州政府养老金的负债占其整个国内生产总值（GDP）的35%。居民要削减政府服务，与此同时，许多公务员的工资福利要高于大多数他们的服务对象，享受着有保证的养老金，而慷慨的生活费用还在逐年增加。这是公共服务还是贪婪？

这是怎么发生的

在美国，强大的公共部门工会正寻求定期增加工资。因为大选时需要工会的支持，政治家们只能向工会让步。出于平衡预算的需要，大多数州长和市长在增加工资方面的权力会受到限制。相反，他们送出慷慨的养老金福利，但在该政治家卸任并享受令人惬意的养老金之后，养老金福利就会影响该州的预算年度。换句话说，政治家、官僚和工会窃取了我们孩子的未来。

这就是美国正在进行一场新内战的原因。威斯康星、圣荷塞和圣迭戈的选举标志着这场战争的开始，但它反抗的是贪婪的"政府的猪"，而不是贪婪的"资本主义的猪"。

愚蠢的政府官员

这场新内战的核心是腐败的政府养老金计划。理论上讲，政府雇员及市政府和州政府必须为他们的养老金计划每月缴纳雇主和雇员两方面的供款。他们供款的大小取决于投资计划做出的假设。假设回报率越高，工人和政府需要缴纳的供款就会越少。

州政府所用的假设存在一个大问题。它假设21世纪的股市会比20世纪的股市增长40%。股市在20世纪增长了175倍，而要让他们的假设成真，21世纪的股市必须增长1 750倍。难道政府官员真的如此天真吗？谁相信股市会有如此高的增长率呢？1 750倍的增长如果有可能的话，任何将他们的未来押在这种计划上的人必定也相信"到了21世纪的时候猪也能飞"。

警　告

在2008年金融危机拖垮雷曼兄弟这样的银行巨头之前很长一段时间，沃伦·巴菲特就警告世人要当心衍生品,他称它们是"大规模毁灭金融行业的武器"。衍生品好比是橙汁,橙汁是橙子的衍生品,这就像抵押贷款是一处房地产的衍生品一样。更专业的衍生品定义是:衍生品的价格由其一个或多个标的资产的价格决定或衍生而来,其价值则取决于标的资产的价格波动。

巴菲特常被称为"奥马哈的先知"(巴菲特出生于美国内布拉斯加州的奥马哈)。今天,巴菲特正在发出一个新的警告。他把公共部门退休者的花费叫做"定时炸弹,是对美国财政健康的最大威胁"。

硬币的另一面

萨尔·德奇乔(Sal DeCicio)是我的朋友,他居住在亚利桑那州菲尼克斯,是该市的一位议员。多年来,他都在与政府的贪婪和腐败做斗争,并为此付出了代价。他和他的家人多次受到威胁,但他仍然坚持斗争。我要求他把他在菲尼克斯的斗争写下来。

以下是他的描述:

> 作为一名菲尼克斯的市议员,我发觉政府的首要规则是不为大众服务,而是为自己服务和保护自己。它在我们国家的每个市、每个县和每个州都适用。
>
> 如果你发现政府在一些雇员退休时送给他们50万美元或额度更

高的支票时有什么感受？他们在 50 多岁时退休，并享受慷慨的养老金和医疗保健福利。

知道了这些你会感到心烦意乱吗？如果你发现这都是真的，会不会对政府另眼相看呢？哎，这确实是正在发生的事情。在某种程度上，它正在这个国家的每个城市里发生着。

如果你认为政府企图在保护你和你的家人，那你就错了，他们在让你掏钱保护他们自己，还让你相信他们就像保护自己那样保护你。

让我们举政府中最受人们爱戴的消防员为例。他们从树上救下猫，并在我们向外跑时冲向大楼。他们大多外表英俊和身体健壮，谁不热爱消防员呢？让我们看看这种形象是否与现实相符。

在菲尼克斯及大部分美国城市，工作满 25 年的消防员就可以退休，并领取大约 50 万美元的津贴，另外还有慷慨的退休金、保健和许多其他的福利。

下面是一些统计数字：

- 全职退休时他们会得到 34 万美元。在消防员最后工作的 5 年里，他们正式"退休"了，但还继续工作并领取薪水。由于仍然在职并领取薪水，他们可以再得到一个 5 年的养老金，并放入到向纳税人保证回报为 8% 的账户中。
- 不管雇员供款与否，工资总额的 5% 要存入延迟纳税的 401（a）账户，25 年的职业生涯期间大约为 9.4 万美元，并不包括其收益，并把它作为消防员养老金的补充。
- 通过虚假病假获取的病假工资高达 3.388 万美元。这是一个大骗局。这些雇员被允许年复一年地累计病假，从来没有停止。退休的时候，这些病假就起到了赌场筹码的作用。

他们开始将"筹码"兑换成现金，这更加提高了他们的退休金福利。养老金是以消防员最后几年的工资为基数的，那些兑现的病假及其他手段增加了他们的养老金……这是他们为其余生而得的养老金（80% 到了健在的配偶手里）。工会合同也确保了大多数年长的

（当然是工资最高的）雇员首先得到他们的加班费，这又是一个增加养老金的办法。

- 离职后的健康福利每年约为7.6万美元，政府在消防员用得着它们的时候予以支付。这是消防员。初级公务员的情况又如何呢？下面是他们在入职的头一年获得的几项福利：

　　—— 每年约40.5天的带薪假（节日、休假和病假）；

　　—— 每年教育福利补助费为8 000美元；

　　—— 每周为退职后保健计划供款150美元；

　　—— 养老金缴纳方面，市政府为他们缴纳工资基数的20%，个人只缴纳5%；

　　—— 每月向凯迪拉克医疗保健基金缴纳150美元，用于离职后的医疗保健福利。

那么，这些政府雇员在大萧条期间日子过得怎样呢？当无数的美国人失去工作和住宅的时候，菲尼克斯的公务员却获得了加薪，平均每年增加4.5%，可谓是"逐步提升"。然后，政府宣布对他们实行减薪，让众人感觉他们也像无数其他的美国人一样做出了牺牲。"削减"基本上减少的是他们已经提升的那部分工资，而不是他们的基本工资。解雇的情况又如何？菲尼克斯市有1.7万名公务员，只有15人收到了解雇通知书。

在大萧条期间，每个公务员的退职补偿金从2005～2009年的8.034 7万美元增加到2011～2012年的10.098万美元，上涨了2万多美元，涨幅约为26%。在那些年里，你过得怎么样？

美国大众在经济萧条期间省吃俭用，为的是勉强维持生计、保住他们的住宅。作为纳税人的普通大众要缴纳更多的税收，以确保政府雇员能够得到医疗保健退休金。许多政府雇员的"养老金可以跳转"，意思是说他们在50多岁时退休，再转到另外一家政府机构，有时重新得到的岗位类似于他们刚刚退下来的岗位。他们会得到另外一份养老金，重新开始一个周期。

这些是纳税人要支付的大额公务员福利，还有一些较小的津贴，如免费的公交月票和轻轨车辆的乘车券。政府系统内部几乎不可能解雇任何人，这同样值得注意。菲尼克斯市曾经给一个在死囚牢里的雇员发工资。

如果公务员和私企员工享有同等的待遇，而且他们也需要如同私企员工一样为自己的工作展开竞争，我们这些民众和政府之间的关系将截然不同。要么我们口袋里的钱会更鼓一些，要么我们将获得更多的公共服务，或者是两者兼而有之。同时，那些为我们提供服务的政府公职人员也将对他们提供的服务质量负责，而非对像私企员工对工会负责那样。

致礼

市议员　萨尔·德奇乔，2012年

请注意，我无意批评作为专业人士的公务员。这些政府雇员包括教师尤其是警察和消防员在内，他们履行着这个文明社会一些基本的有时是危险的职责。我理解并欣赏他们的职业精神，他们一年365天每天24小时地保护并服务于我的家人、企业、财产和社区。本书旨在提出问题，质疑在我看来与财商教育缺乏有关的问题。正是这种缺乏导致了应得权益心态，不管我们身处公共部门还是私营部门，这种心态让我们大家吃尽了苦头。

我的经历

我的穷爸爸是一位教师，即真正的公务员。他毕生致力于教育事业。他甚至请了两年假，且减少薪水，为的是参加旨在援助发展中国家的美国和平队（the Peace Corps）。肯尼迪总统一宣布成立该服务组织，他就报了名。虽然做出了很大的牺牲，但爸爸和妈妈在和平队度过的岁月是我的家庭生活中最幸福的一段时光。

但是，随着岁月的流逝，我爸爸内心的痛苦渐增。他对他的同学选择经商而他选择进入政府越来越生气。虽然他在职业上取得了成功，但在财务上却没有成功,而他的某些同学不但品尝了职业的成功,也享受了财务上的成功。对此,他感到愤愤不平。随着他的同学越来越富,我爸爸开始叫他们是"肥猫",而不再称他们为"朋友"。

真实,他对参加教师工会并不积极。但随着对"肥猫同学"的憎恨与日俱增,他参加工会活动的次数开始增加。最终,他成了夏威夷州教师协会(HSTA)的会长,该组织是夏威夷州最强大的工会之一,正是因为得到了此位置,他才得以把对"肥猫朋友"的失望发泄了出来。

要不是我富爸爸的理财课程,我可能会沿着我穷爸爸的道路成长。我可能会一边想着富人是贪婪的一边长大成人。

为什么信贷经理想看你的财务报表

在我12岁那年,我搞懂了财务报表。因为理解了财务报表,我得以区分谁贪婪和谁不贪婪。让我感到痛心的是,我意识到的贪婪之人正是我的穷爸爸,反而不是我的富爸爸。

将穷爸爸和富爸爸的财务报表加以比较,让我很有启发性。下面是对他们的资产负债表进行的比较。

	穷爸爸	富爸爸
创造的工作岗位	0	数百个岗位
提供的住宅	0	数百个单元

我的穷爸爸是一位高薪的政府雇员,直到40多岁时他才拥有了一处自己的住房。之前我们家都是租房子住。虽然他雇用过人,但从来没有创造过任何的工作岗位。纳税人为他雇用的人支付薪水和福利。如果我的穷爸爸雇用了一位腐败的雇员,纳税人就是在为他的雇用过失埋单,但他没有犯过类似错误。在许多情况下,我的爸爸是只能雇用但无权解雇。这就是我们很多政府机构效率低下的原因之一。

与此相反,我的富爸爸创造了数百个就业岗位,每月发放的薪水都要缴纳数万美元的税收,他在房地产上的投资为数百位低收入的租户提供了栖身之所。

穷爸爸看不到富爸爸慷慨的行为。按照他的观点,富爸爸是一个贪婪的人，剥削工人，而且利用像他那样的人发财，因为穷爸爸他们买不起自有住房。

我的两个爸爸是同一枚硬币的两面。每个人都认为自己是对的，而另一个人是错的。

这与美国新内战如出一辙，它们都是发生在政府雇员和纳税人之间、富人和其他所有人之间的斗争。一个人站在哪一边取决于此人对于"贪婪"和"慷慨"的定义。

由于拥有两个爸爸，我得以站在边缘看到硬币的两面。

超越情感

拥有两个爸爸让我避免感情用事，得以切中问题的要害。资本家和其他所有人之间真正的交锋表现在"资产项"上。资本家让资产负债表中的资产项变成个人的财产，而社会主义者不会这么做，他们倾向于将资产项看作是公共财产。

一如往常我喜欢采用图示的方法来说明问题，俗话说"一张图胜过千言万语"。

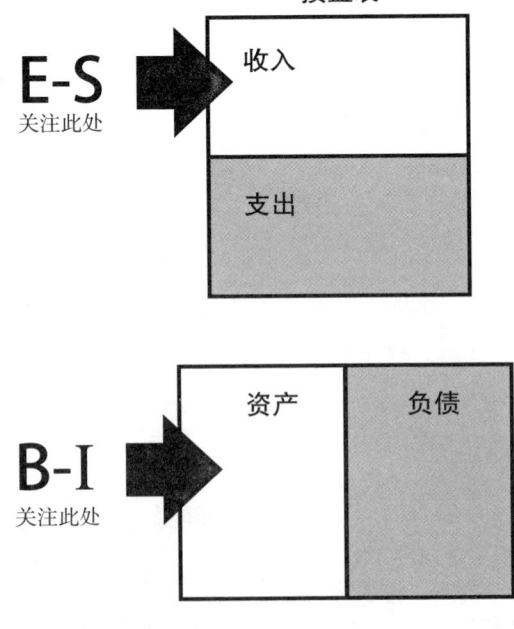

最重要的概念

学校中缺乏财商教育是富人和其他所有人之间出现交锋的原因之一。我认为，如果孩子们了解资产和负债之间的不同，富人和穷人之间的差距就会缩小，或者至少穷人和中产阶级可能悟出富人为什么越来越富的道理所在，从而决定将富人的经验应用到他们的生活当中。

许多人拥护政府"向富人征税"或罗宾汉"劫富济贫"的哲学。许多人认为富人是贪婪的，我则看到了硬币的另外一面。我认识很多慷慨的富人，他们都会毫不吝啬地贡献自己的时间和资源。

如果此次经济危机不能很快解决，历史悠久的仇富情绪很快就会表现在经济、社会和政治行为上。它可能被包装成"劫富济贫"的形式，但核心问题还是学校缺乏财商教育而在某种程度上造成的财务无知。

四大经济群体

当前，存在四类经济群体。

1. 穷人；

2. 中产阶级；

3. 年收入达百万美元的富人；

4. 月收入达百万美元或更多的巨富。

下面是一些富人和巨富对比的例子：

- 医学博士可能是富人；
  医药公司的老板可能是巨富。

- 职业运动员可能是富人；
  给运动员签发支票的运动队老板可能是巨富。

- 住在公寓里的律师是富人；
  投资开发公寓的人成为巨富的机会更大。

年轻人应该了解这些不同之处。这有利于他们看到硬币的两面，这样会有更多的机会选择自己想要的生活。

什么是百万富翁

许多人做梦都想成为百万富翁。问题在于怎样才能算是真正的百万富翁？下面举例说明不同类型的百万富翁。

资本净值百万富翁

这是百万富翁中最大的一个群组，许多中产阶级属于此类人。举一个在1975年用10万美元购买自有住宅的婴儿潮时期出生的人作为例子。当时，通货膨胀刚刚开始。10万美元的房子现在可能会值250万美元，房主拥有它却无任何负担，他们还会有一个价值50万美元的证券投资组合。这个人就是资本净值百万富翁。问题是，因为此类人的资产净值可能不会产生多少现金流，所以，很多人仍然要为日常生活开支担忧。

富爸爸的会计账目并不遵循传统的记账方法，他的记账建立在"现金流"的基础上。如果某物能"产生收入并装进他的钱包"，那它就是资产。如果某物需要"他从钱包里向外掏钱"，那它就是负债。在上面的例子中，250万美元的住宅不是资产，因为他要从钱包里掏钱用于房屋的修理、保养、投保和税收等开支。如果房主出售他的住宅，那这个住宅就是资产，这部分钱就作为资本收益而不是现金流装进他的钱包。50万美元的股票可能会也可能不会从股息中产生现金流。

无数美国人是"资本净值百万富翁"，说明他们只是纸面上的百万富翁，很少有现金流进他们的钱包。

高收入百万富翁

这些百万富翁是首席执行官、高收入的雇员、律师、职业运动员、医生、电影明星和中彩票的人，他们从 E 象限和 S 象限中得到高达百万美元的收入。

虽然因收入而成为百万富翁，但他们中的许多人仍然会担心失去工作或是不管什么原因在停止工作之后把钱统统花光。

现金流百万富翁

这些人从其资产中获得收入,他们是真正的富人。他们不需要工作,这就是史蒂夫·乔布斯不需要工资,而且每年只拿 1 美元薪水的原因。

当人们提到"1% 那些人"时,指的就是真正的美国富人。这群富人大多数属于此类现金流百万富翁。

你正在教你孩子学什么

小孩子通过他们看到和听到的事例和榜样来学习。你要让你的孩子接触多种观点,看到各种思想的两面性,虚心接受新理念和新思维方式。许多父母鼓励自己的孩子"上学并在 E 象限中找到一份高薪工作",而不是学习在 B 象限尽可能为很多人创造高薪的工作。你的孩子会走哪条道路呢?

许多人关注于购买他们梦想中的住房,而不是投资为其他人提供住房。许多人长期投资于自己的养老金计划,而不是投资于能产生现金流的资产。

> **富爸爸的教诲**
>
> 富爸爸鼓励他的儿子和我通过变成"现金流百万富翁"而成为慷慨的富人。因为迈克继承了他父亲的资产,所以,他比较容易能做到这一点,而我则是白手起家。
>
> 今天,金和我提供了 1 000 多个工作岗位,拥有 4 000 多个供出租的公寓单元,还有多本书籍、游戏和油井……这些资产产生了数百万美元的现金流。即使我们停止工作,现金仍然会继续流进我们的钱包。即便在我们去世之后,这些资产仍然会产生现金流,提供给作为我们房地产受益人的慈善机构。
>
> 在我们心中,如果我们想要持续产生现金流,继续让未来的几代人受益,那就必须慷慨。不过,在其他人的心中,我们是贪婪的"资本主义的猪"。

结 语

富人和穷人及中产阶级之间的真正问题在于关注点的不同。富人关注于获取资产负债表中资产项下的资产,穷人和中产阶级则关注损益表中收入项下的收入，即他们能挣多少钱。因此，即使政府官僚在让他们储蓄的购买力贬值，穷人和中产阶级还是会偏向于存钱。许多穷人和中产阶级不仅无视自己在财务问题上的无知，反而迁怒于富人，咒骂他们是贪婪之人。

当父母跟他们的孩子说"好好上学才能找到工作"、而不是说"上学去学习收购资产"时，富人和其他所有人之间的差距就拉开了。

穷人拥有很少的房地产。大多数中产阶级的情况也是如此。请注意，我指的是房地产，这是每个月会把钱装进你钱包的投资。大多数人只拥有工作或职业。

- 大多数人只拥有属于他们的一份工作。
- 大多数人只拥有属于他们的一处住房。
- 大多数人只拥有属于他们的一个养老金计划。

资本主义的真正原则是"服务的人越多越有效"。这就是处于 B 象限和 I 象限的人必须慷慨的原因。如果你想尽可能多地为人们服务，你就必须慷慨。

我们很多人都熟悉《圣经》中的这一节：

> "施予别人，你也会得到施予，他们会连摇带按地往你的怀里塞满东西。你施予的数量会决定你得到的数量。"
>
> ——路加福音，6:38

遗憾的是，很多人想要的是工资多、干活少，并且能早早地退休。难道它不是违反了慷慨的原则吗？

那么，谁必须是最慷慨的人？

当你为孩子提议另外一个观点时，不管他们处于哪个象限，请与他们讨论慷慨的力量、慷慨的原则，以及慷慨和分享的结果，而不是讨论贪婪。

父母行动指南

讨论慷慨的意义和每个人都能做到的慷慨的方式。

要求你的孩子思考他们能够慷慨付出的方式。他们可能会吃惊地发现：虽然很小却有意义的慷慨行为已经成为他们日常生活的一部分。分享玩具，爸爸妈妈忙时耐心等待，对待弟弟或妹妹友善并乐于帮助，在流浪汉之家做志愿者，这些都是慷慨之举。

像亨利·福特、沃尔特·迪士尼和托马斯·爱迪生等最伟大的企业家都是非常慷慨的人，他们为美国和世界创造了无数的工作岗位和巨额财富，让你的孩子了解这一点很重要。这会激励你的孩子学会更加慷慨，而不是相信资本家或富人皆是贪婪之人。

债务能让你致富。

第十二章
换个角度看负债

学生或年轻人得到的财商教育常常只是"存钱"和"别负债"。很多人都说这是明智之举。在本章,你将会弄清楚为什么这些都是过时的理念。事实上,它们等于是在你孩子通向财务自由的道路上竖起的限速标志(或减速路障)。

理由陈述

2012年,新加坡政府借助新加坡主权财富基金购买了菲尼克斯市的一家五星级宾馆,它就在我家附近。这钱是从哪里来的?这些钱来自于用美元购买亚洲制造的电视机、计算机、iPhone智能手机和其他产品的美国人,这些产品会随着时间而贬值。然后,通过购买我们的财富,美元又返回到了美国,而他们购买的资产却会随着时间的推移而增值。

今天,为这家宾馆工作的雇员是新加坡的雇员,而提供资金支持的则是国际银行。

我们失去了财富和工作岗位

这是全球化的一个实例。美国人总是以"省钱"的名义搜寻便宜货,他们将自己挣来的钱送给生产这些低成本廉价品的国家,但付出的代价是失去了就业岗位和美国的财富。这是发展全球经济要交的昂贵学费。

全球化也意味着美国政府已经迫于国际组织庞大的政治、经济力量而屈服了，比如联合国、世界贸易组织、国际货币基金组织和世界银行。特别是，美国经济大部分融入了新兴的世界经济一体化。

历史的教训

理查德·尼克松总统做过的两件事成为我们当代经济危机的导火索。

第一件：1971年，尼克松总统让美元这个世界储备货币脱离了金本位。

金本位转变成了债务标准，世界经济突然兴隆，并持续40多年。通货膨胀爆发，债务人变成了赢家，而储蓄者成了输家。

紧接着，住房价格开始攀升。因为房产"升"值，很多从来没有期望成为富人的房主突然发现他们富裕了。事实上，并不是他们的房价升值了，而是美元升值了。

第二件：1972年，尼克松总统敲开国门，开始与中国进行贸易。

突然间，低价的中国商品开始涌入美国市场。美国的生产制造业改变了方式，美国人开始消费第一而生产第二。随着美国人购买越来越多廉价的中国商品，更多的美国就业岗位"出口"到了中国。美国的工厂关门，有些实际上整体迁移到了工资低廉的国家，比如中国、危地马拉和东欧的一些国家。

美国人的工资不再增长，但只要是他们的住房继续"升"值，美国人就会感觉自己的日子富裕。他们开始刷信用卡来不断地购物，而不是想办法赚更多的钱；并且将他们的住房当成提款机，将住房重新抵押贷款用于偿付信用卡的负债，而不是还清信用卡的借款。

2007年，童话结束。房价下跌，很快就低于其抵押借款的额度。因为经费耗尽，人们失去工作，很多人也失去了他们的住房。

1913年，伍德罗·威尔逊（Woodrow Wilson）总统签署了成立美国联邦储备银行的法案。威尔逊总统是自愿签署的还是受到某种有组织的力量胁迫才批准成立美联储的呢？

这是不是罗斯柴尔德说下面这句话时所要表达的意思呢？

"但能控制一国货币之发行，吾不在乎谁制订法律。"

很多次我问自己：这就是我们学校不进行财商教育的原因吗？这就是我

们学校建议学生努力工作、不欠债和投资政府主办的养老金计划的原因吗？

负债是有利的

普通人认为欠债没有什么好处。对于大多数没有受过财商教育的人来说，欠债就是坏事。这也就不难理解为什么他们会听理财"专家"说的那一套："别欠债；剪碎你的信用卡，存钱，存钱，还是存钱！"

如果一个人受过基本的财商教育，他们就会具备一些财务智慧，能够站在硬币的边缘看到另外一面，而另外一面就是：负债是好事，负债能让你致富，而且债务可能还是免税的财富。

将债务变成黄金

几个世纪以来，炼金术士们都在试图将铅变成黄金。

一千多年前，罗马政府开始将铅掺入到部分金币和银币中。这种欺诈行为加速了罗马帝国的衰亡。

1971年，当理查德·尼克松总统同意美元脱离金本位，基本上就是将债务变成黄金时，他就变成了一个当代的炼金术士。

今天，顶级商学院毕业的最优秀和最聪明的学生在为投资银行效力，比如高盛和花旗集团，它们就是在将债务变成黄金。那些A等生大多数没有受过现实生活中的财商教育，即使经历了2007年房地产的崩溃之后，他们仍然继续将负债打包成资产出售。他们将这种负债加以包装，用漂亮的"纸"包裹起来，并且系上"丝带"，使用普通人很少使用或理解的衍生品、抵押债务证券（CDOs）和抵押担保证券（CMOs）等词汇。他们将这种负债卖给专业的投资者、养老金基金公司、保险公司和政府。购买这些衍生品的许多所谓"专业投资者"都是处于E象限的A等生雇员，而不是处于I象限的人。如果他们的购买出错，大多数人也没有什么风险，因为这跟他们"一毛钱的关系也没有"，个人不用承担任何经济责任。即使赔掉几十亿美元，他们仍旧可以领取工资、奖金和养老金福利。

沃伦·巴菲特称这种类型的衍生品为"大规模金融杀伤性武器"。今天，这个大规模杀伤性武器已经超过了1200万亿美元，它们是定时炸弹，正如我们所知道的那样，总有一天会爆炸，从而毁灭这个世界。

尽管他发出了这种警告，但沃伦·巴菲特的公司穆迪（Moody's）还在收取高额的费用，将次级贷款评定为AAA级，这是最高级别的投资级债券。有一句谚语说得好："母猪的耳朵做不成丝绸钱包。"在我看来，将次贷评定为AAA级相当于买了一个猪耳朵，并把它当成一个丝绸钱包卖给聪明的人。

顶级商学院毕业的A等生处于这一交易的两边，他们在购买和出售这些有毒的债务，却认为它们极其可靠。我再次问自己：这是大规模全球性愚蠢行为中一个令人吃惊的真情，还是合法腐败中的一个故事呢？

这种情况提醒人们：看到硬币的两面非常重要。

好消息是，只要这个世界是"债本位"的，知道如何利用负债的人就会更加富裕。遗憾的是，许多不知道如何利用负债的人会变得更穷。

这就是1973年富爸爸建议我参加房地产投资培训班的原因。当我问他为什么投资房地产时，他回答说："因为如果你想致富，你就必须学会利用负债。"

正如你知道的那样，处理债务堪比处理手榴弹，必须小心翼翼。因为2007年之后，无数的人发现债务会在财务上杀死你。如果你不愿意研究和学习如何利用债务，遵从流行的"不欠债"的建议就是最好的选择。

存钱是愚蠢的

"存钱很愚蠢，欠债才聪明"。对于大多数人来说，这听起来可能有些不可思议。只要政府还在大量印制虚假的美元，为什么要将它们存起来呢？

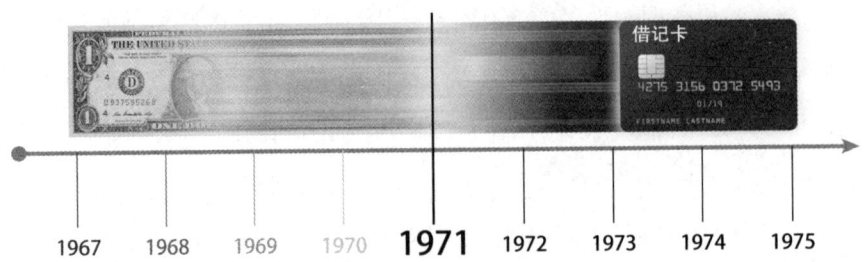

请记住：1971年之后，美元和债务变成了同样的东西。它们都是负债。如果政府停止印钞，并开始提高利率，那么存钱可能是明智的，也许是吧。

利用债务变得更穷

今天,债务就是钱。多年以来,人们都在将债务当钱用。很多人在财务上陷入困境的原因是,他们把债务当钱用于购买负债而非资产。例如,由于利用助学贷款上学、靠抵押贷款购买房屋、接受融资借款购买汽车和刷信用卡购物,导致无数的人在财务上捉襟见肘。这些是人们将负债当钱变得更穷的例子。

如果有人说"我没有钱用于投资",那是因为他们不知道如何把负债当钱用,他们不知道如何利用负债去赚更多的钱。

债务让银行家致富

当你观察银行的财务报表时,会发现你的储蓄是银行的负债,而你的抵押贷款是银行的资产。

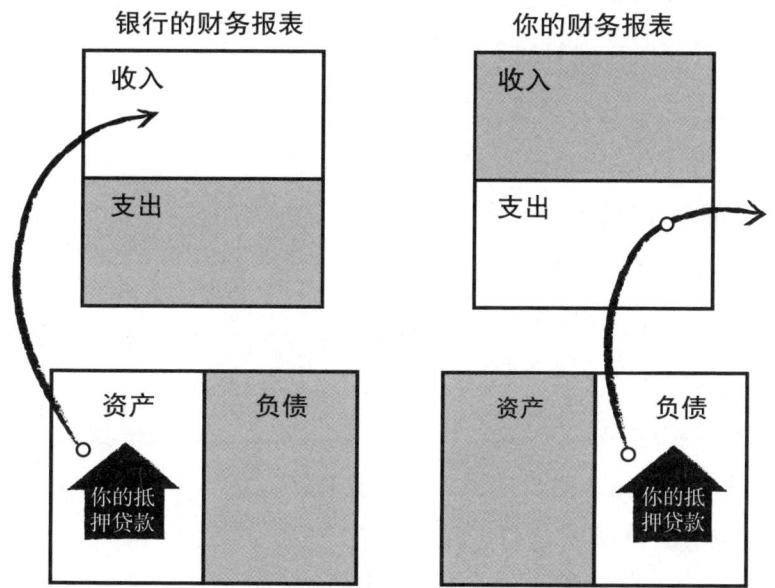

要知道,你能将资产与负债区分开来的方法就是问这个问题:"现金流流向何方?"

如果你要存款,银行会付给你存款利息,但利息是从银行家的钱包里掏出来的,所以,你的储蓄就是银行的负债。但是,如果你抵押贷款或进行任何形式的借款，那就要把钱装进贷款银行的钱包，所以，它们就是银行的资产。

你会注意到银行有其激励计划，鼓励人们使用它们的信用卡。每次我在机场时，航空公司经常要求我签约领取银行的信用卡，以便我能得到奖励积分或里程数，从而忘记为此需要负债的问题。我也见过银行会因为我在它行的储蓄行为而奖励我飞行里程数。银行想要你的储蓄和活期存款账户的唯一理由是：想获得你的借款业务。

利用负债收购资产

由于美元是征税的，而债务是免税的，学习利用哪一个更有意义呢？

2007年，世界各国的银行开始大量印制钞票。他们遵循的就是《大富翁》的规则，印制了无数的电子货币，以防止债务泡沫的破灭，这个泡沫从1971年尼克松将美元变成债务就开始膨胀了。每次印制货币，税收就上升，通货膨胀造成食物和能源价格的上涨，但美元的储蓄和购买力却在下降。

随着物价的上涨和美元的贬值，这对拯救美元有意义吗？随着美元购买力的下降，只是为了更加努力挣更多的美元而重返校园有什么意义吗？随着通货膨胀的严重，难道学会利用负债去收购那些可能会随着通货膨胀而升值并提供现金流的资产不是更有意义吗？

在我看来，学会利用负债而不是不欠债意义更大。

> **富爸爸的教诲**
>
> "你的负债让银行家致富。你的储蓄让银行家更穷。"
>
> 事实上，银行家并不需要你的储蓄。通过部分储备制度，银行得以印制它们自己的货币。
>
> 还记得《大富翁》的规则吗？"银行永远不会破产。如果银行的钱花光了，银行家会按照需要发行货币，随便在普通纸上写个数就行。"

我的经历

今天，我尽可能经常完全利用债务融资来购买房地产，它们是向我的钱包里装钱的资产。纸上谈兵听起来简单，但在现实当中却很困难。我花了一段时间才建立起一份房地产投资商的业绩记录，试图向银行证明我懂得房地产和物业管理。这就是我推荐参加房地产投资培训课程的原因。当你能够利用债务增加你的现金流并变得更富裕的时候，为什么还要为工资而工作呢？

金和我是从小型的一居室房产开始入手的。从失误中吸取教训，并加以研究，因此，我们变得越来越聪明，之后，将我们的所学应用到下一次投资中。一旦我们感到了自信，并且拥有几个能带来现金流的房地产投资组合时，我们就会将游戏升级，盯住小型的公寓楼。

今天，我个人的负债数以亿计，但这些负债没有让我变得更穷，而是更富，每个月都会将很多的钱装进我的钱包，它们是来自现金流的被动收入。

我知道你们中有些人会说：“欠债数亿！你只不过走运罢了。总有一天你会失去一切的。”

我会失去一切吗？肯定会。所以，我才认真地对待自己的教育。在本书前面的章节中我已经做过解释，每个象限都是一间教室。大多数人不是学习做一名I象限的专业投资者，而是接受我们的学校和中介机构的训练，盲目地将他们用来投资的钱交给完全陌生的人，希望并祈祷他们还能把钱还给自己。这种训练几乎就是巴甫洛夫式的条件反射。我的富爸爸把我培训成了创业家，因此，我可以让钱为我工作，不用把钱交给陌生人。依我看，你们那样做才有风险。

硬币的另一面

利用负债是我不需要工作的原因之一。我不必存钱、拥有401（k）计划或依靠社会保障和联邦医疗保险来照顾我。我今天取得的局面是花时间和精力终生进行财商教育、并将所学用于实践的结果。并不是每次投资都会有意外的收获，这过程中常常是有涨有跌。我常常会从犯过的错误中吸取教训。

《富爸爸现金流》游戏是唯一教游戏者如何利用负债致富和产生收入的桌上纸牌实物游戏。正如现实生活中那样，如果在游戏中对负债使用不当，你就会很快破产。好消息是，使用游戏币和游戏债务来玩游戏你会破产，但除了时间，你真的没有损失什么。

如果父母在他们孩子的第一个学习之窗（从出生至12岁）时开始用《富爸爸现金流》游戏（少儿版）教他们，之后在12岁至24岁之间再用《富爸爸现金流》游戏（成人版）教他们，孩子们就会在离开家之前为现实生活做好更充分的准备。因此，他们的孩子也会在理财上占据主动。在这一点上，甚至大多数富家子弟都无法抢先。

> **富爸爸的教诲**
>
> "由于所有的货币现在都是负债，所以，不管是好的一面还是坏的一面，财商教育必须包括负债的课程。"

我建议父母设立"家庭财商教育之夜"，至少每月一次，并使之成为一种惯例。通过玩游戏，以及在家中讨论真实生活中的理财事件，父母和子女之间的关系会更加密切，他们都会为未来世界的不确定性做好充分的准备。父母的众多责任之一就是为孩子们迎接明日之机会做好准备。

正如"学习金字塔"模型描述的那样，模拟是接下来最好的实践。在用真实的负债实际投资之前，多次玩《富爸爸现金流》游戏，你就能够学会利用负债。俗话说得好，"熟能生巧"。将一个游戏用作教育工具，不但你的孩子会建立理财的神经通路，而且你也能增进自己的财商，为孩子的财务未来理清头绪。

领导人需要教育

在我看来，全球经济危机是领导能力的危机，也是非常聪明但缺乏现实世界财商教育之人的教育危机。我们的许多领导人是变成了官僚的A等生，他们很少是C等生。

我们现在的领导人正在试图利用更多的债务来解决巨大的债务问题，他们正在乞求更多的紧急救助资金，以及更多的量化宽松的货币政策（QE），即印制越来越多虚假的货币。他们将增税和增加开支当成解决问题的办法。依我看，这就是财务自杀。

许多人认为负债是问题的根源所在，但问题的产生与债务无关，而是缺乏财商教育。如果我们的领导人受过较好的财商教育，他们会知道如何利用债务让我们和我们的国家更富,而不是更穷。

今天,我认为我们正在经历世界历史上最大的金融危机,它比1929年的大萧条还要严重得多。我担心这次的危机不会有好的结局。如果历史重演,我们可能会遭遇金融崩溃。几千年来,每一个使用欺诈手段的政府都毁掉了它承诺要拯救的经济,它们的手段就是将铅掺入金币,或者使用印钞机来解决金融危机。

> **阴谋和预言**
>
> 关于金钱和投资的主题,我写过两本书:《富爸爸富人的阴谋》(Conspiracy of the Rich)讲述的是我们的财富如何被我们的货币制度偷走,《富爸爸财富大趋势》(Rich Dad's Prophecy)讲述的是我对历史上最大股市崩溃即将在未来10年内爆发的预言。

这就是财商教育至关重要的原因,它能提升你的财商。如果你能看到硬币的另外一面,你和你的孩子会做好更充分的准备,从而在金钱方面做出明智的选择。当众人努力挣扎求生时,你就会因为受过财商教育而得以幸免于难。

问:你在跟这个体系作对吗?

答:我没有对抗这个银行体系。我是它的学生,并利用它来追求我的利益。庞大的银行体系做了大量好事,也带来了很大的伤害。我选择利用它做好事。

问:你在建议欠债吗?

答:那要看情况而定。大多数人已经是有债在身了。每次使用货币,你就是在利用负债。每次政府印制钞票并用于救助银行、补给养老金或拯救整个国家时,我们就会在债务的泥潭里陷得更深。这一问题的答案与对无益债和有利债的理解有关,也与你在如何利用债务致富方面的财商教育水平有关。

自从1971年以来,美元已经失去了其90%的购买力。用不了多长时间,它就会失去剩下的那10%。

阅读本书,你就已经在财商教育投资方面迈出了第一步。你正在认识金钱、债务的力量和税收的力量。许多人利用负债是出于无知,并且是无意之中让他们自己、他们的家庭和国家沦为债务和税收的奴隶。

当我想到事情出现问题、并且希望有一个最好的结局时，不管是共和党还是民主党，我对这些政治领导人能否解决我们面临的问题产生怀疑。对于一个国家来说，问题太多了，远不是一个政党能够解决的。而且，我怀疑有人对这些问题的存在感到非常高兴，或许对我们的学校即使有财商教育也少得可怜这一事实是相当的高兴。不管是有意还是无意，财商教育的缺乏已经把无数的人推向了悬崖，并让他们过着恐惧、担忧和不确定的日子。

不幸的是，我们的领导人不能让我们免于全球危机的摧残。但是，父母却能够让他们的孩子免受领导无能的伤害。因为不管你喜欢与否，债务就是新的货币。我们可以利用债务变得更穷，也可以利用它过上更富裕的生活，选择权在我们手中。

父母行动指南

教你的孩子知道债务有两种：有利的债和无益的债。

无益的债会让你变穷，而有利的债会让你致富。讨论不同的债务：信用卡欠债、你的抵押贷款、助学贷款和汽车贷款。

如果到了一定的年龄，你可以和孩子们讨论利息和利率，以及利息如何影响债务和融资成本。你的孩子也应当知道有利的债可能是免税的，而且能够用它来致富。这意味着，你利用的有利的债越多，你挣的钱就会越多，你缴的税就会越少。

其他可以在家庭讨论的理财问题可能有：信用卡对账单上的利息、你的抵押贷款利率，以及探讨利率的新闻报道。

《富爸爸现金流》游戏是唯一教人认识债务力量的游戏。该游戏提供了这样一种机会：让你借助游戏币从利用债务的行为当中学到知识。这意味着你可以不断实战演习，犯很多的错，损失大量的钱，并且随着对债务力量的认识而变得更加聪明。

如果你的孩子在离开家时理解了债务的力量，他们也许就会永远不再陷入过多无利债务的陷阱中，甚至会利用有利的债务成为极富之人。

为什么税收让富人更富？它是如何做到的？

第十三章
换个角度看税收

每次选民要求"向富人征税"时,恰恰是穷人和中产阶级缴税更多,反而影响不到富人。税收常常被看成是除死亡之外我们无法逃脱的惩罚,或者说是法律责任。事实上,税法还有它的另外一面,它包括了一长串的税收优惠,这些优惠是政府向私营部门的人提供的,他们满足了特定的经济需求,因此可获得税收优惠。

理由陈述

美国宗教领袖和演讲家威廉·博克(William J.H. Boetcker, 1873–1962)最为人所知的或许是他写的小册子《做不到的10件事》(*The Ten Cannots*),它强调了个人的自由与责任。如下所述,其中有我加以强调的内容:

- 劝阻节俭不能实现繁荣。
- 削弱强者不能壮大弱者。
- 推翻大人物不能帮助小人物。
- 拖垮开工资的人不能改善工薪族的生活。
- **消灭富人不能救济穷人。**
- 借来的钱不能构筑可靠的保障。
- 煽动阶级仇恨不能促进手足之情。
- 不能靠超支解决困难。
- 摧毁创始性和独立性不能培养人的品格和勇气。

- 替人们做他们能做而且应当做的事不能为他们提供永久的帮助。

税收偏爱资本家

按照经济学原理,一个人能带入市场的东西有3种:

1. 劳动力;

2. 资产;

3. 资本。

大多数学生上学学的是交易他们的劳动力,A等生也不例外,他们上学是为了找到工作。很少有学生上学去学习出售或开发他们的资产,或学习出售他们的资本。

用富爸爸的术语来表述的话,出卖劳动力的人处于现金流象限的左侧,出售财产和资本的人是在现金流象限的右侧经营的人。

按照本书开篇时的讲述,每个象限的税率如下所示:

各象限的纳税比例

累进所得税税率应用于E象限和S象限,处于S象限的人税率最高。在

E象限和S象限，你挣得越多，缴税就越多。

在B象限和I象限，纳税比例则另当别论。I象限纳税最少。在右侧象限，你挣得越多，纳税反而越少。

区别在于，E象限和S象限的人出卖劳动力，B象限和I象限的人出售他们的资产和资本，并雇用劳动力。你可以回顾《富爸爸穷爸爸》的第一课内容"富人不为工资而工作"。

当父母对他们的孩子说："去上学，得高分，那样你就能找到一份好工作"，父母这是在劝告他们的孩子出卖劳动力，为了工资而努力工作。

上中学时，每当我学习成绩下降，老师会威胁我说："如果你成绩不好，你就找不到工作。"我会说："那好，我不想找工作。"用经济学术语来说，我不打算出卖我的劳动力。

这并不是说富人不努力工作，只是他们努力工作是为了别的东西。他们努力购买资产，而资产会将更多的钱装进他们的钱包，并允许他们留下更多的收入（这要感谢更为优惠的税收政策）。

政府需要帮助

政府需要从位于右侧象限的企业或企业家那里获得帮助，因此它为B象限和I象限的人提供一系列税收优惠，以此作为激励措施。这些是合法的政府税收漏洞。

下面是我自己的简化了的个人资产负债表。

资产	负债
企业	
房地产	
纸资产	
期货	

我的经历

从 1973 年以来，我想方设法创建或购买资产，这是在出售资产和资本。我不想得到一份出卖劳动力的工作。

美国的税法有 5 000 多页专门规定了各种"漏洞"，其实它们并不是"漏洞"，它们是有意设定的税收优惠和激励计划。我会尽可能简单地描述我用过的税收"漏洞"。

我的税收很简单

- 企业：税法会因为我提供了工作岗位而给我提供税收激励。我提供的工作岗位越多，我的收入就越多，反而缴纳的税款越少。从政府的角度考虑，工作的人越多，政府收的税就会越多。
- 房地产：税法需要我提供住房。我提供的住房越多，我赚的钱就越多，缴纳的税款反而越少。
- 债务：房地产的一个优势是债务，而债务就是资本。今天，美元就是债务。如果我不再借款，经济就会放缓。因此，这就是政府希望我负债的原因，也是经济危机期间债务的利率持续降低的原因。我负债越多，我就赚钱越多，而缴税越少。
- 股票：当股票被大多数人看好时，我不投资股票。股票让少数人变得非常富有，却让很多人越来越穷。如果投资股票，你就是把钱寄托在雇员和职业经理人身上，而不是放置在创业家或者说真正的资本家手里。我选择不投资股票的主要原因仅仅是股市没有足够的税收优惠，而且对我来说风险巨大。
- 期货商品：我投资石油产品，而不是投资石油公司的股票。我赚钱越多，缴税越少。

政府希望投资者持续生产石油主要出于以下两个原因：

1. 压低石油价格；

2. 减少对外国石油的依赖。

如果看到《富爸爸现金流》游戏的游戏板，你会注意到它有两条跑道。其中一个跑道叫作"老鼠赛跑"。在"老鼠赛跑"圈内的人投资股票、债券和共同基金。

第二条跑道是"快车道"。现实生活中，确实存在着快车道，它是富人投资的地方。在快车道上，投资者选择更高级的投资工具，比如有限合伙制（LP）和募股说明书（PPM）。这是我选择的投资去向。我占据的优势是我了解创业家，他们是真正的资本家，是公司的创建者，也是公司的经营者。当我以"合伙人"的身份投资时，创业家就会接我的电话。

如果投资股票，我可能永远都不会了解首席执行官，大多数情况下，首席执行官是雇员和职业经理人，而不是创业家或真正的资本家。

简而言之，股票持有者投资的是公司股份。大多数上市公司拥有数百万股份，合伙人投资一定数额的公司股份。多数情况下，合伙人享受税收减免，而股东则不享有此项优惠。

税收激励有很多

税法中有很多税收激励，我列出的只是我用过的。我由此得到的教训是，税法是对资本家的激励计划，他们处于现金流象限的右侧，为大众提供工作岗位、住房。他们还利用资本（债务）生产食物和石油等必需的商品。

> **富爸爸的教诲**
>
> "注册会计师和税务律师有很多，但聪明的却很少。"

在我为获得税收激励而投资之前，总要听取来自税务会计和税务律师的专业建议。

谁缴税最多

税法利用较高的税收来惩罚位于现金流象限左侧的那些人。这些纳税额最高的人如下：

- 只有一份工作的人；
- 只有一处住宅的人；
- 存钱的人；
- 拥有401（k）养老金计划的人。

这些人的一切所得通常要缴纳普通所得税。这些人的收入越多，纳税也就越多。

问：为什么人们的401（k）养老金计划会缴纳更多的税？如何看待老板根据你的贡献大小为你缴纳的那部分免税收入呢？

答：这全取决于你的观点。首先，想必老板为你缴纳的那部分钱也是你的工资。他不是在捐赠。他只是不发给你，然后，让你认为他给了你额外的钱。其次，理财规划师说"当你退休时，你的税负会减少"，乃是因为大多数人计划退休时领到的收入要比退休之前挣的工资少。如果你的收入在退休时较高，那么，你来自401（k）养老金计划的收入就会被按照较高层级的税率征税，因为401（k）的收入属于普通收入。

我在本书的前面章节中讲过，受过财商教育的人总是想方设法将他们的普通收入转化成投资组合收入和被动收入。

安迪·坦纳（Andy Tanner）是我的朋友，也是富爸爸公司的顾问之一。他有一本非常有趣而且让你既愉悦又感到不安的书，书名叫《401（k）的乱局》（*401(k) aos*）。如果你有401（k）养老金计划，你就会想读一读。

学校中的财商教育

学校中传授的财商教育是"上学，找到工作，努力干活，存钱，买房子，不欠债和投资401（k）计划"。从税务的角度看，这是一种次级的财商教育。

如果遵循这种财商教育，你将让你的孩子终生变成税收的奴隶。他们会为资本家打工，以时间换工资，而不是变成资本家。

你孩子的税收教育

无数的人相信"劫富济贫"这一原则，这就是税收的基础，这也是罗宾汉经济学理论的基础。

当尼克松总统宣布美元脱离金本位时，有两件事情必定要发生：

1. 税收增加；

2. 通货膨胀加速。

当政府印制钞票时，他们事实上在发行政府债券、短期国库券、中期国债、长期国债和你我称之为"借条"的其他债券。所有的债券都是负债，所有的债务都要还本，并偿付一定比例的利息。

我们可以用简化的数字来举例说明。如果政府发售 100 万美元的债券，其年利率为 10%，那么，有人就必须每年支付 10 万美元的利息。很多情况下，这个人不是你就是我，我们都是纳税人。

目前，美国的国债为 160 多亿美元，而且这一数字还在攀升。这意味着政府将获得大量的利息和大量的税收，你不必是获得诺贝尔奖的经济学家也能明白这一点。今天，逐渐增加的一部分税款正流向银行和中国等国家，因为它们是持有我们国债的债权人，期望着我们还本付息。

如果政府印制钞票，新的货币会稀释现有的金融资产池，造成的结果是美元的购买力下降，因此，通货膨胀率就会上升。观察下面的金价图，你就会对联邦储备委员会已经印制了多少货币有一定的认识。

2000~2013年伦敦标价日黄金价格走势图

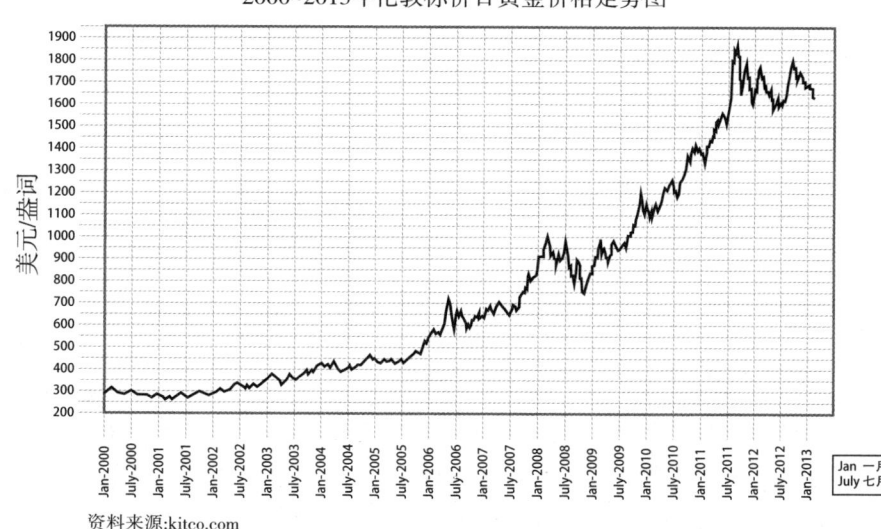

资料来源:kitco.com

从石油价格中你也可以看到这种趋势。这是联邦储备委员会印制较多货币的必然结果。

原油现货平均价格走势图

资料来源:mongabay.com

奥巴马的第二个任期

很明显，奥巴马的思维框架是"向富人征税"，尤其在他第二个任期内更是如此。问题在于，他试图向富人征税越多，穷人和中产阶级就会缴税越多。

问：为什么会这样？

答：因为大多数税法盯着的是"高收入"的雇员。这就是我在前面为什么会讲一个人能出售的东西有三样：劳动力、资产和资本。

随着通货膨胀的加速，收入也在上浮。这表明低收入的工人最终会挣到更多的工资，从而将他们推到越来越高的纳税等级。

虽然总统先生会取得几场胜利，但资本主义的基本原则不会改变。如果你继续扮演聪明的商人，并且像聪明的商人那样做事，那么，因为你做了合伙人，政府不但十分欢迎，而且还会因为你做到了政府

> **富爸爸的教诲**
>
> 税收是你的最大单项开支。
> 真正的财商教育必须包含有关税收的课程：谁纳税，以及为什么有些人会享受税收减免。

读书人俱乐部

助力您的财务自由与心灵自由之路

读书人淘宝店　　　读书人微店

扫码关注

读书人俱乐部淘宝店或微店
即可获赠读书人 **10元**购书现金券
和**500元**人工智能股票软件抵扣券。

还可：

接收富爸爸**每日财商播报**，
第一时间获得俱乐部顾问提供的
投资机会和**理财知识**，
早日实现财务自由。

读书人服务天下爱书人

无法做到的事情而向你提供税收优惠。如果你只是避税，政府就会追查你，他们就是这样干的。

结　语

总之，政府向以下这些人提供减税优惠：

雇主——因为政府需要更多的就业岗位；

债务人——因为美元现在是债务；

房地产投资者——因为政府需要更多的住房；

商品生产者——因为我们需要食物和石油。

如果普通公民做不到政府需要私人做的事，我们就会实行由政府控制经济的经济体制。

这就是通用汽车公司生产不出一辆经济型电动汽车的原因，也是光伏组件制造商索林卓（Solyndra）无法生产太阳能电池板的原因。通用汽车公司在申请破产保护之后，政府注资500亿美元，从而持有通用汽车公司60%的股份，所以它又叫"国营汽车公司"，而曾经接受美国联邦政府5.35亿美元借款担保的索林卓最终也难逃破产的命运，其被人称为"奥巴马的情人"。

就以下问题问问你自己：为什么有些政府提供的住房是世界上最危险的住房？为什么美国邮政服务公司（U. S. Postal Service）会关门大吉？为什么联邦医疗保险不可靠、昂贵且效率低下？为什么我们的政府会破产？为什么我们的学校不能教我们的孩子对他们的钱负责并做出明智选择所需的知识？最后一个问题问到了点子上，它正是本书的要旨所在。

再问一下自己这个问题：如果政府接管了航空公司，你会继续乘坐吗？这就是政府提供税收优惠的原因之一。

父母行动指南

教会你孩子从两个方面看待税收。

真实的情况是，税收能让某些人变穷，也能让其他人致富。

看法不同而已。税收常常被人看作是一种惩罚，也构成了一个家庭的沉重负担,因为它通常是家庭的最大单项支出。富人将税收看成是政府向企业和个人提供的激励计划,因为他们做到了政府想做或需要做的事情。某些值得政府激励的事情包括创造就业岗位与提供经济适用房,以及能源方面的创新等。

当你的孩子年龄足够大,能够理解你每年提交所得税申报表时,你就可以与他们进行与税收有关的谈话了,给他们学习的机会。要与你的孩子一起查看你的报税表复印件,给他们指出哪里记录的是"收入"和"支出",以及逐一列出的扣除项栏目,让他们看你的工资单或工资扣除汇总。这有利于让他们领会像社会保障这样的政府计划是如何获得供款的,以及收入是如何被征税的。也就是说,政府如何从工资总额中拿走税收,以及工资总额与扣税后实得工资之间有什么不同。

我鼓励你教你孩子了解税收这枚"硬币"的三个面,帮助他们理解三者之间的区别。

一种观点是:"木棍和石头可能会弄折我的骨头,但语言从来伤害不了我。"

另一种观点是:"语言比木棒和石头造成的伤害更大。"

第十四章
换个角度看语言

> 在主日学校，有一课很重要："道成了肉身，住在我们中间。"
>
> ——约翰福音，1∶14

语言变成了肉身

现实生活中，语言的确变成了肉身。每个经济阶层的人都有反映并界定其阶层的话语：富人使用富人的语言，中产阶级使用中产阶级的语言，而穷人则使用穷人的语言。这就是所谓的"你想什么就会得到什么"。同样道理，我认为我们说什么和使用什么语言亦如此。

穷人最爱说的话是"我买不起"，富人则会说"我怎么才能买得起"。简而言之，如果你想改变生活，那就改变你的语言。

理由陈述

钱能说话

富爸爸常说："有钱再说话，没钱就走人。"他告诉我们：理财有它自己的专业用语，而这是学校所不教的。"如果你想成为富人，"他建议道，"花点时间学习理财术语。"

富爸爸还说过："一提到钱，就会有很多傻瓜跑来转悠。"因为听信了大量理财傻瓜的话，无数的人陷入了经济危机。学校关心的是教师的用语，即使用动词、算术、名词、历史、化学和物理等词语的语言，而不是教孩子们理财用语。

学校教的那些词语很重要，但它们不足以让学生做好应对真实理财世界的准备。

正如阿尔伯特·爱因斯坦所说：

"傻瓜和天才之间的差别在于天才有节制。"

金融危机是由毫无节制的愚蠢行为造成的危机。

语言能伤人

有一句童谣是这样说的："木棍和石头可能会弄折我的骨头，但语言从来伤害不了我。"

这与事实完全不符。很少有比语言对孩子未来的影响更大的了。语言具有惊人的力量。

- 语言能伤人。
- 语言能让人恢复健康。
- 语言能让人致富。
- 语言能让人变穷。
- 语言能鼓励人。
- 语言能使人气馁。
- 语言能散布谎言。
- 语言能传播真理。
- 语言能引起疼痛。

语言的力量

许多财务问题都是语言惹的祸。由于听从了低劣的财务建议，很多人陷入财务困境，而这些建议胡说八道、不靠谱，提这些建议的人却都认为他们在为客户的切身利益着想。很多情况下，事情并非如此。

销售人员只会拣好听的说。如果客户想听到他们的钱会在共同基金中获取收益，销售人员就会说"此共同基金的年平均回报率为8%"。他们不会告诉你这样的收益只发生在市场繁荣的 1970 年至 2000 年。他们会利用支持他们推销说辞的语言和信息，忽略那些不支持的内容，同时希望客户在理财上见识不足，从而注意不到这一点。

因为把对未来的预期建立在了"股市年均收益上涨 8%"之上，由此导致许多政府的养老基金处于崩溃的边缘。讨论一下这些理财上的胡说八道。因为不理解理财的语言，许多政府雇员受到了伤害。

在理财观念上还有一些其他的瞎扯淡，例如：

"你住的房子是资产。"

"多样化可以降低风险。"

"分散投资于股市、债券和共同基金，并且长期持有。"

许多人错误地认为这些话就是财商教育，可它们不是。大多数情况下，它们只是推销说辞，不过伪装成了财商教育。当房地产经纪人对你说："你住的房子是资产，也是你最大的投资"时，他可能是在对你说："买下这房子吧，我需要佣金。"

如果理财规划师劝你"长期持有某项投资"，他们可能只是说："每个月送我一张支票。我需要佣金。在你退休之前，我会收很长时间呢。"

当理财规划师建议你"投资多样化"时，他们表面上是建议你"避免更糟"，但他们其实是说："因为我不知道哪个投资回报好，哪个投资会完蛋，你要购买不同的产品。（但是，我都会收取佣金。）"

最糟糕的是，人们认为这样就算是他们的投资多样化了，但大多不是。当普通投资者进行多元化投资时，他们倾向于在同一类的资产中进行多样化。他们会购买高成长性的共同基金、新兴市场共同基金和债券共同基金，它们全都是同类产品。从专业角度看，这并不是真的多样化投资，因为所有的投资都在共同基金这同一辆马车上。

当银行家建议你"存钱"时，他们是在说："那样的话，我就能给你一张信用卡，可能还会同意你的住房贷款。"请记住，银行并不靠储蓄赚钱，而是靠放贷赚钱。

理财建议与财商教育

当理财建议（销售说辞或胡说八道）与财商教育混淆的时候，理财问题也就开始暴露了。许多人认为建议和教育是一回事，但二者并不一致。

- 寻求建议表示"告诉我做什么"。
- 寻求教育表示"告诉我研究什么，如此我才能知道需要做什么"。

教育和建议之间的差别似乎很小，但小小的差别常常对一个人的人生产生重大影响。如果你受到的教育无非就是将你的钱交给理财销售人员，你就是一个客户，而不是一个受过财商教育的人。

当伯纳德·马道夫（Bernie Madoff）的宠氏骗局被揭露的时候，许多人在财务上遭受了重创。也许比赔钱更糟的是，他们受过的财商教育少得可怜。

富爸爸鼓励迈克和我用自己的钱犯无心之过。他说："如果你犯错，你就能从失误中吸取教训。如果你的理财顾问犯错，从你交出钱的那天开始，你就傻了。"

请告诉我"我该用我的钱干什么"

我一再被人问到这个问题："我有1万美元，我该用它干什么？"

我的回答是："首先我要做的是不要咋呼。不要让全天下的人都知道你有投资的钱，并且不知道拿它干什么。如果你问理财顾问用你的钱做啥，他们的回答通常如出一辙，'把你的钱交给我'。"

员工的养老金计划

员工的养老金计划甚至更糟。当新员工被录用时，人力资源经理会递给他们一张表格，并且说道："为你的养老金计划的供款选择一个共同基金。"

"去拉斯韦加斯，用你的钱好好玩一玩。你可能会赢，如果那样，至少你在那里还能保全你的本钱。"这样劝你的员工可能比较好。

在前面的章节中，我讲到过先锋基金公司创建者约翰·博格，他告诫投资者：如果他们投资共同基金，投入100%，承担风险也是100%；但是，如果有收益的话，收益只有20%。共同基金会把你80%的收益拿走，其手续费和其他费用在印刷精美的手册中标得一清二楚。

最糟糕的是，即使赔钱，你也要为你的资本所得纳税，可这个资本所得你从来没有得到。怎么会发生这种事呢？比如某基金在10年前购买了XYZ公司的200万股份。在此例中，假定股票从每股10美元上涨到50美元，然后，你买进该共同基金。两天后，股市崩溃，共同基金必须出售XYZ的股份以提升生存所需的资本。你这个新股东必须对40美元的资本利得纳税，即使这部分利得你从来没有享受过或看到过，你仍然要照缴不误。

股市可以说是政府批准的庞氏骗局。先进去的人赚钱，后进去的人纳税。这就是理财顾问说"多元化投资而且长期持有"的原因。还是不靠谱。

说句公道话，只要是追求资本利得的投资，低价进高价出，这样的交易就可以看作是庞氏骗局。许多人认为投资有风险，是因为大多数人的投资是为了资本利得。炒房地产的行家里手在房地产市场崩盘之后挣扎求生，说明他们的投资是想获得资本利得。今天，无数的人在购买黄金和白银，并且希望它们的价格会上涨。这还是以资本利得为目的的投资。

投资的博傻理论

在投资领域，有一种理论叫作"博傻理论"。不管什么时候只要投资者为资本利得而投资，他们都会等待着"更大的傻瓜"出现，希望后来的人比他们还傻，愿意掏更多的钱购买他们手中的股份、房地产或银币。我冒险再说一次：这就是大多数人认为投资有风险的原因。大多数投资者是为了资本利得而投资，当他们为此目的投资时，他们就是更大的傻瓜，却满心希望有比他们还傻的傻瓜步他们的后尘。

这就是语言非常重要的原因。在后面的章节中，我会探究为资本利得而投资（等待更大的傻瓜）和为现金流而投资之间的不同。

我的经历

下金蛋的鹅

在向年轻人解释"资本利得"和"现金流"的区别时,我往往会讲到《伊索寓言》中"下金蛋的鹅"。为资本利得而投资的人是在卖鹅,而为现金流投资的人则是养育并照看好鹅,再去卖鹅的金蛋。

不无讽刺的是,卖金蛋的投资者纳税非常少,有时是零税率。吃烤鹅的话,你的纳税率就会较高。

因为大多数理财专家是销售人员,并不是真的投资者,所以说他们是卖鹅的。

由于大多数成人不知道资本利得和现金流之间的区别,他们认为投资就是买鹅和卖鹅。大多数人不知道如何为金蛋投资。投资金蛋的人保留住产品(鹅),它能产生可供销售的、稳定的产品流(金蛋)。

这就是为什么语言和学习理财术语是你孩子教育的重要组成部分。

宏伟的理财计划

当提到理财时,大多数人等着别人告诉他们要做什么,这常常让我感到吃惊。我开始相信这是因为他们在学校没有接受过财商教育,而这正是大银行和理财服务行业所希望的。你在理财上的无知是它们宏伟理财计划的一部分。

大多数人从经纪人和销售人员那里寻求建议,比如股票经纪人、房地产经纪人和保险经纪人及理财规划师,这些人获利的方式是提供理财建议,而不是提供财商教育。

因此,富爸爸经常说:"他们叫作'经纪人'的原因是他们比你还没有钱。"

沃伦·巴菲特说:"华尔街是唯一乘坐劳斯莱斯之人咨询乘坐地铁之人的地方。"

不管你相信与否,按摩疗法要学习近两年的时间才能领到资质证书,而理财顾问只学差不多两个月的时间就能上岗。

这就是为什么我要说父母应及早开始给他们的孩子进行财商教育的原因。孩子需要了解理财建议和财商教育之间的不同，了解"有人告诉自己如何投资"与"自己知道如何投资"之间的区别。

理财词汇

如果你打算在德国工作，学习德语会有帮助。如果你想当医生，你就必须学习医疗术语。如果你想踢足球，你就需要学习足球用语。当我上大学学习当船员时，我必须学习航行的术语。当我进入飞行学校时，我就开始学习飞行术语。

理财术语

富爸爸教会他的儿子和我理财的术语，当时我才9岁。我把理财的术语教给我的妻子金。因此，金和我很早就退休了，之后，我们得以继续从事提倡财商教育的工作。

金和我发明了《富爸爸现金流》游戏，如此一来，父母可以边学习边教给他们的孩子理财术语了。

好消息是，需要学习的基本理财词汇只有7个。一旦你掌握了这7个单词，你的理财词汇就会增加，你的思维就会不同，你的世界观就会改变。通过玩《富爸爸现金流》游戏，你的孩子会学到鹅和金蛋的不同，以及资本利得和现金流的区别。仅仅理解这两对理财术语，他们就会扭转局面，从而大大增加实现一个更安全、更可靠财务未来的几率。如果他们全部学会基本的7个理财词汇（谁知道他们这一生会走到哪一步呢），他们可能永远不需要工作，即使选择一份工作可能也只是为了体验，而不是为了挣工资。他们会成为老板而不是雇员，他们会成为真正的资本家而不是职业经理人。

现实生活中的成绩单

下表是《富爸爸现金流》游戏中用到的一份财务报表。真正的《富爸爸现金流》游戏是在财务报表上玩的。你的财务报表就是你在现实生活中的成绩单，这正是信贷经理会要求你提供的东西。重复玩这个游戏，你和你的孩子就可以慢慢掌握这7个理财词汇。

理财词汇的基础是从收入、支出、资产和负债等开始的，这是财务报表的基本构成科目。

职　业：　　　　　　　　　　　　　　**玩　家：**

目标：努力使您的非工资收入超过总支出，从"老鼠赛跑"进入"快车道"。

损　益　表

收　入

项目	现金流
工资：	
利息：	
股利：	
房地产：	

审 计 师：

坐在您右侧的玩家

非工资收入：_____
（非工资收入=利息+股利+房地产+企业现金流）

总 收 入：_____

支　出

税金：
住房抵押贷款：
教育贷款：
购车贷款：
信用卡支出：
额外支出：
其他支出：
孩子支出：
银行贷款支出：

孩子个数：
（游戏开始时孩子个数为0）
每个孩子支出：_____

总 支 出：_____

月现金流：_____
（银行结算日）

资 产 负 债 表

资　产			负　债	
银行储蓄：			住房抵押贷款：	
股票/基金/存单	股数	每股成本	教育贷款：	
			购车贷款：	
			信用卡：	
			额外负债：	
房地产：	首期支付	总成本	房地产抵押贷款：	
			贷款：	

如果一个人不理解其中一个或多个基本的理财术语，他们的生活就会被财务所累。例如，在今天，无数的人陷入财务困境，仅仅是因为他们被告知"你住的房子是资产"。对于大多数人来说，他们的住宅是负债。其他人陷入财务困境是因为他们被告知"找份工作"，却不理解普通收入、投资组合收入和被动收入这三种收入之间的区别。打工的收入被视为普通收入，而且是税率最高的收入。

英语拥有100多万个单词。普通人掌握的单词量介于1万至2万之间，这意味着在与词汇量和理财术语相关的智力方面还有很大的提升空间。

理财的7个术语

好消息是，理财的7个最基本也是最重要的术语有可能是你已经熟悉的单词。它们都可以在《富爸爸现金流》游戏中学到。这些词汇如下所述。

- **收入** 正如我们已经论及的那样，收入存在三种基本类型：普通收入、投资组合收入和被动收入。这个事例说明了你的理财词汇通过学习和理解基本单词就会得到提升。
- **支出** 支出或负债是指要从你钱包里往外掏钱的东西。大多数人的第一大开支是税收。其他类型的支出有住宅、食物、衣服、医疗保健、教育和娱乐。
- **资产** 资产是把钱装进你钱包的东西。资产基本上有四类：企业、房地产、纸资产和商品期货。

企　业

世界上许多巨富都是在B象限建立企业的人，比如史蒂夫·乔布斯、比尔·盖茨、拉里·埃里森、理查德·布兰森和拉里·佩奇（Larry Page）。创建一个处于B象限的企业极其困难，它需要接受最高水平的财商教育。如果你成功了，那报酬简直是多到数不胜数。

B象限的企业要求创业家学会多种术语。例如，创业家可能需要会说法律、会计、工程、市场、销售、信息技术、领导力等方面的专业术语，但不必对它们非常熟练，只需要能说和理解某专业的一些重要词汇以支持他们创业成功。

大多数情况下，学校教孩子们成为专家，在越来越窄的领域学习越来越多的内容。创业家需要作通才，这意味着他们必须通晓多种专业术语。

A等生当不了好的创业家，原因在于他们习惯于与其相同或相近专业的专业人士交往。比如，教师与教师交往，而医生与其他医生交流。我的穷爸爸90%的工作时间是与教师一起度过的。我的富爸爸则花90%的时间与各类A等生一起度过，他们是银行家、会计师、律师、建筑师、承包商和MBA。

大学毕业之后，许多A等生继续去研究生学院深造或去职业学院学习，比如医学院、法律学院或牙医学院。而在毕业之后，他们往往加入其他医生、律师或牙医所在的单位。于是，他们变得更专业，更与世隔离，更不大可能与其他专业的人进行交流。

房地产

房地产是第二大具有挑战性的资产类别。房地产是围绕着负债来做的，而负债有其自己的语言。做房地产要求具备物业管理能力和与人打交道的技巧。

房地产的最大优势在于债务和税收，不利的一点是物业管理。换言之，获得贷款容易做到，而管好物业并从中获利很难。物业管理所用的术语有所不同，大多数投资房地产的新手都在这方面碰到了麻烦。

成为职业房地产投资者的妙处在于，你的投资既能赢得资本利得，又能获得现金流，即便有税收的话也很少。（更多内容详见后面的章节。）

纸资产

纸资产是大众投资的资产类别。纸资产的优势在于业余投资者也能轻松介入，这是因为像股票、共同基金、债券和部分封闭的开放式基金（ETFs）等纸资产都是"大小可调的"，即新投资者从100美元起步和从10万美元入手同样容易。

对于纸资产投资者来说，税收优惠数量有限。例如，如果有人通过房地产投资信托基金（REIT）等纸资产投资房地产，他们会丧失真实房地产投资者享有的税收和债务优惠。通过部分封闭的开放式基金投资商品期货情况也是如此。

如果你了解富爸爸公司，你就知道我们是不卖投资产品的。在市场上，你会发现许多销售理财计划的经营商，但这些理财计划常常是培训你使用他们的理财服务和购买他们的理财产品。换句话说，很有可能他们的理财计划只不过是一些伪装的销售说辞，或叫"潜在客户挖掘"。

推销说辞并没有什么错。这就是资本主义，我拥护资本主义。在真正的资本主义环境下，警告的话是"买主自慎"，意思就是"购买者自己要当心，货物售出，概不退还"之类。用它来说明"财商教育比理财建议更重要"可谓是一针见血。真正的教育应当让你对周围的世界认识得更透彻。

商品期货

商品期货是生活必需品。此类商品包括石油、煤炭、黄金、白银和食物，而食物又包括玉米、大豆和猪肉等。每种商品都有其自身的一套术语。

交易石油和食物等商品期货可享受很大的税收优惠。

只要政府还在印制货币，我就会储存金银而不是储存虚假的货币。

哪类资产最适合你

简而言之，如果你想成为企业家，那前面两类资产（企业和房地产）可能最适合你。成为这两类资产的专业人士会给你带来大量的真实生活体验。这些资产类别要求极好的财商教育、应变能力和奉献精神。

如果你不想当企业家，那么，纸资产和商品期货可能比较适合你。

对于创业技能有限的人来说，投资纸资产和像黄金、白银这样的商品期货特别适合。用理财术语来说，纸资产和黄金、白银有着良好的"流动性"。这意味着它们的买卖可以在全世界范围内每天不停地通过电子设备瞬间完成。

你不必具备良好的人际关系就能投资纸资产或金银。因为纸资产和金银等商品期货的投资技巧与课堂训练相似，许多 A 等生在这两类资产交易方面会有不错的业绩。你可以坐在电脑屏幕前与世界各地做交易，而不必与其他人进行互动。除了领导力和人际交往能力之外，创业家还需具备其他技能。

- **负债** 简单地说，负债是从你的钱包里定期向外掏钱的东西，比如房贷、车贷、教育贷款、信用卡欠债等。大多数人获得的是让他们花钱的负债。

《富爸爸现金流》游戏的目标是教会你获得能让你挣钱的负债。

例如，当我购买一处用来租赁的物业时，像税收、维修和房款等负债是用租户缴纳的租赁费来支付的。利润会流向我这个投资者，但前提是，我必须是一个称职的企业家。

- **借款** 借款可以是负债，也可以是资产。如果我以 5% 的利息借给某人 10 美元，这个借款就是我的资产、借款人的负债。

在我看来，只有《富爸爸现金流》游戏是教你使用借款和其他财务杠杆的游戏。其他杠杆包括期权、看涨期权、看跌期权和跨式期权组合（straddle）等。学会利用借款或期权致富是一种不可思议的压倒性竞争优势。

- **现金流** 按照富爸爸的说法，"现金"和"流"是所有理财词汇中最重要的两个词。在学会从财务报表中看到现金的流动之前，你难以分辨"资产"和"负债"及"支出"和"收入"。

我使用了以下简单的图表，以便让读者能够看到现金的流动，所以，我认为《富爸爸穷爸爸》是成功的。

穷人的现金流模式：

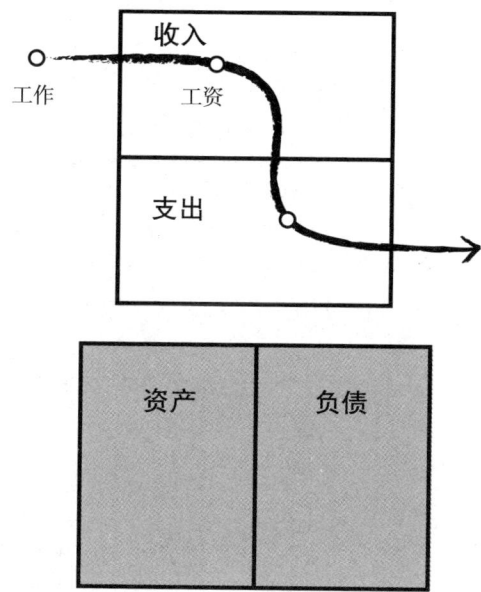

中产阶级的现金流模式：

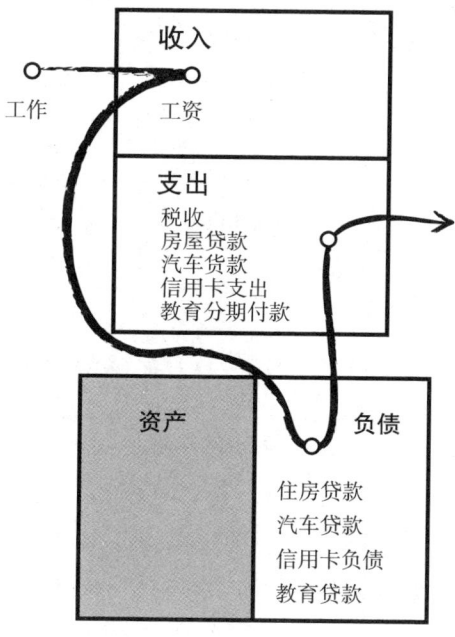

261

富人的现金流模式：

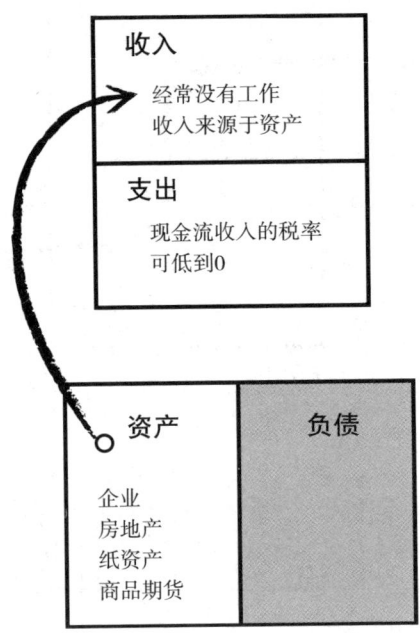

- **资本利得** 当资产增值时，资本利得就会产生。例如，如果你以10美元购进一只股票，而以15美元卖出，那每股的资本利得就是5美元，如果对这部分收入征税，则执行资本利得税率。

该交易看上去如下所示：

	$15.00	每股售价
−	$10.00	每股较低的买价
	$5.00	资本利得利润
−	$0.75	较低的资本利得税，平均为15%
−	$0.18	较低的附加税——3.5%的奥巴马医改税
	$4.07	实际净现金流

如果交易100股，那你的资本利得将是500美元，税负大约是100美元（92.50美元），或者说税负差不多是你所获利润的1/5。

	$1,500	每股售价
–	$1,000	每股较低的买价
	$500	资本利得利润
–	$75	较低的资本利得税,平均为15%
–	$17.50	较低的附加税——3.5%的奥巴马医改税
	$407.50	实际净现金流

回顾一下:投资资本利得是在买鹅和卖鹅。

投资现金流是投资能下金蛋的鹅,然后再卖金蛋。

钱能开口说话

如果你能理解钱对你说的话,你的财商就会提升。

"欠债"这个词既好也不好。如果有人欠你钱,那是好事。如果你欠别人钱,并且还不上,那就是坏事。看到一个问题的两面会增进你的财商。

弗朗西斯·斯科特·菲茨杰拉德说得好:

> "大脑同时包容两种对立的观念却仍能正常思维,此种能力是判断顶级智慧的标准。"

庞大国债的困境

2000年,美国国债达到55亿美元。到2013年,这个数字增长到165亿美元。接下来的国债会是多少,200亿美元吗?

为了让你对10亿美元有个概念,不妨想象一下这事:如果你从2000多年前开始每天花100万美元,你仍然花不完10亿美元。再举另外一个例子说明10亿美元代表着什么:如果从现在开始每秒花1美元,你需要用3.1万年才能花完10亿美元。

美国政府累积的国债已经超过165亿美元,据预测这一数字在未来几年里要达到200亿美元。不出预料,这些债务需要你们的孩子来背负。依我看,这种状况说明了华盛顿的领导人"顶级智慧"的水平如何。

你孩子的未来

请将理财的 7 个基本词汇与传统教育的 7 个基本词汇加以比较。

学历教育的词汇	财商教育的词汇
上学	收入
找工作	支出
努力工作	资产
存钱	负债
不欠债	借款
买住房	现金流
为养老金计划供款	资本利得

假定目前有 4 个 800 磅的大猩猩面对着孩子们,哪种孩子过上好日子的机会更大呢?是只知道学校教怎么做就怎么做的孩子,还是另外掌握了理财术语的孩子?

爱因斯坦对学生说的话

正如爱因斯坦所说:

"教育就是当一个人把在学校所学全部忘光之后剩下的东西。"

对很多人来说,教育就是"一只耳朵进,另一只耳朵出",只不过换了一种说法而已。

我研究了 3 年的微积分。现实生活中我从来没有用到过微积分,也不知道如何用微积分来解决当今的任何问题。

大多数学生毕业离校时会心怀这样的计划:"我会找一份福利好的高薪

富爸爸的教诲

富爸爸说:"就像太阳是太阳系的中心一样,财务报表是理财世界的中心。"

他还说过:"如果父亲的财务报表不漂亮,那整个家庭会受苦。如果企业的财务报表不漂亮,雇员就会受苦。而若一个国家的财务报表不漂亮,所有的公民就会受苦。"

工作，存钱，节俭度日，买一套房子，不欠债，并且投资我的养老金计划。"当他们遭遇800磅的大猩猩时，这些话就变成了肉身，变成了真实的存在。

如果你的孩子完全理解了7个基本理财词汇的定义，他们就为自己打下了一个坚实的基础，据此他们的理财词汇量就会增加。要知道，词汇是财商的基础。

语言变成了肉身

当孩子们玩《富爸爸现金流》游戏时，他们明白游戏中会用到他们的身体、大脑和情感。每次买进或卖出，他们会在心理上、生理上和情绪上将7个基本的理财词汇转变成肉身。

这就像是骑自行车：一旦你学会骑了，你就永远会骑。对于理财关键词汇的基本理解也是如此。

词汇、定义和关系

在玩《富爸爸现金流》游戏时，玩游戏的人不只学习词汇的定义，还会学到词汇之间的关系。例如，如果购买资产，购买之人会立即看到资产增加了他们的收入。如果他们购买负债，他们会看到收入在减少。理解词汇和交易之间的关系要比简单地记住定义更有力量。

今天，美国、日本、英国和法国的财务报表重病缠身，经济肿瘤已经扩散。让你和你的家人免得这种致死疾病的最佳方式就是拥有健康的个人财务报表。

父母行动指南

讨论语言的力量，以及为什么我们的语言非常重要。

富爸爸禁止他儿子和我说"我买不起"。富爸爸说："穷人说'我买不起'的次数比富人多"。而在我家里，我时常能听到"我买不起"这句话。

语言具有力量，它可以让人信心倍增，也能让人垂头丧气。它们能激励人，也能蹂躏和摧残人。语言具有不可思议的魔力，我们有能力选择自己所使用的语言。

扩充你孩子与理财相关的词汇可以在他们年轻的时候开始，并贯穿他们的一生。在你玩介绍资产、负债、现金流、资本利得等新词汇的游戏时，要花时间找出它们的定义，并弄懂它们的意思。鼓励你的孩子在日常对话中使用这些新词汇。

随着年龄的增长，手边要常备一本理财词典，每天选择一个词语，查看它的解释，讨论定义，并在每天的对话中至少使用3次。

随着岁月的流逝，理财术语会变成你家庭用词的一部分。

问：上帝爱谁更多一些？

答：富人，中产阶级，还是穷人？

第十五章
换个角度看上帝和金钱

穆斯林真主穆罕默德说的这句话让我驻足,引我思考:

"一个人的真正价值体现在他为这个世界做的好事。"

我认为,无论我们用上帝赋予的才能和天赋做不做好事,上帝都在看着我们在做什么。因此,上帝爱谁更多一些呢?最有可能爱的是那些把天赋(才能、时间或财富)与世人分享的人。

理由陈述

《圣经》讲了很多有关金钱、财富、借钱、债主、慷慨和贪婪的故事。事实上,据说《圣经》中涉及金钱的章节比讲述其他内容的章节都要多。

《圣经》中与人产生共鸣的章节很多都涉及人们处于硬币的哪一面,以及他们如何看待自己和世界的内容。

- 穷人倾向于倾听讲述金钱是罪恶的章节。
- 中产阶级倾向于信奉对于拥有的金钱要感到满足和感激的章节。
- 富人倾向于相信上帝如何奖赏富人而惩罚穷人的章节。

《圣经》中涉及穷人的章节

浮现在我脑海中的几个章节:

耶稣回答:"如果你想达到十全十美的地步,那么去卖掉你所有的财产,把钱分给穷人,这样你在天国里就会有财富了,然后你来跟随我。"

年轻人听了这话，就垂头丧气地走了，因为他有很多钱。

耶稣对他的门徒们说："我实话告诉你们吧，富人要进天国实在太难了，我告诉你们，富人进天国比骆驼穿过针眼还要难。"

——马太福音，19：21—26

你们这些富人，听着，你们要为就要降临到你们身上的苦难痛哭、悲伤。你们的财富已腐烂，你们的衣物也已经被虫蛀。你们的金、银生满了锈。那锈就是指控你们的证据，它将像火一样吞噬你们的身体。你们是在末日里积蓄财富，人们在你们的地里工作，但是你们却不付给他们报酬。那些为你们收庄稼的人在呼喊着控告你们。现在，万能的主已听到了他们的呼声。你们在地上过着奢侈淫逸、纵情享乐的生活，你们就像牲畜一样养肥了自己，为屠宰的日子做好了准备。你们给无辜的人定罪，并杀害他们，他们也没有反抗你们。

——雅各书，5：1—6

《圣经》中涉及中产阶级的章节

只要他们顺从他，侍奉他，他们就能安享天年，欢度余生。

——约伯记，36：11

敬畏主使人生活安宁，高枕无忧。

——箴言，19：23

《圣经》中涉及富人的章节

愚人有钱又有什么用？难道无知的人能用钱买来智慧？

——箴言，17：16

银币的寓意

注意：一袋银币是一大笔钱，今天它可能值10万美元或者更多。

  天国就像是一个要离家旅行的人，他叫来他的奴仆，让他们看管他的财产。他根据各人的能力，按比例把财产分给他们管理。他给第一个奴仆5袋银币，给第二个奴仆2袋，给第三个奴仆1袋，然后出门了。

  得到5袋银币的奴仆立刻着手工作，用这5袋银币赚回了5袋银币。

  同样，得到2袋银币的奴仆也赚回了2袋银币。

  但是，得到1袋银币的奴仆出去在地上挖了个坑，把主人的钱藏了进去。

  过了很长一段时间，主人回来了，跟他们对账。得到5袋银币的奴仆走到主人面前，多交上5袋银币。他说："主人，你让我管理5袋银币，我用它们赚回了5袋银币。"

  主人对他说："干得好，你是个值得信赖的好奴仆。你在小事情上赢得了信赖，我会让你管理更多的事情，进来和我一起分享快乐吧。"

  得了2袋银币的奴仆走过来，说："主人，你让我看管2袋银币，我用它们赚回了2袋银币。"

  主人对他说："干得好，你是个值得信赖的好奴仆！你在小事情上赢得了信赖，我会让你管理更多的事情，进来和我一起分享快乐吧。"

  得了1袋银币的奴仆走过来说："我知道你是个苛刻的人，你要在没有栽种过的地里收获，在没有播种过的田里收庄稼，我害怕，所以我找了个地方，把你的银币埋在那里。这就是你给我的那袋钱。"

  主人对他说："你这个懒惰的恶奴！你知道我在没有栽种过的

地里收获，在没有播种过的田里收庄稼，那么，你就该把我的钱放在放债人的手里，这样在我回来的时候，至少还能得到我的钱生出的利息！你把这袋钱拿走，交给那个掌管10袋银币的奴仆。只有充分利用手中一切的人，才能得到更多的东西，甚至得到比他所需要的还要多。如果不充分利用自己所有的人，就会失去一切。你们把这个没用的奴仆赶到外面的黑暗里去。在那里，人们都将切齿痛哭。"

——马太福音，25：14—30

问 题

哪节内容与你最能产生共鸣，是有关富人、穷人还是中产阶级的那节？

我的经历

虽然我并非虔诚的宗教徒，但我的精神教育和宗教教育给我很大的帮助。当我在个人生活、战争和企业处于非常困难的时期，这种教育让我存活下去并引导我前进。

当我在本章中提到"上帝"时，我并不是指某种特定的宗教意义上的"上帝"（God）。我指的是神灵，而不是人类。我信仰精神上的上帝。我把"GOD"取意为"大家共同的导师"（General Overall Director）的英文首字母缩写词。

我喜欢史蒂夫·乔布斯说过的一句话：

"有很多门可以进入天堂。"

我也喜欢马克·吐温说过的一句话：

"我不喜欢就天堂和地狱表明我的态度，要知道，我在这两个地方都有朋友。"

我还特别喜欢乔尔·欧斯汀（Joel Osteen）牧师的评论：

"我打算让上帝裁决谁去天堂、谁下地狱。"

我也支持个人宗教自由，包括不信仰上帝的自由。我不喜欢人们将他们的宗教强加于我，而且我也不打算将我的信仰强加于你。

小镇的新牧师

我的宗教教育是在我 10 岁时开始的,当时一位新牧师来到我们的镇子。他来自得克萨斯州,是一位清秀的年轻单身汉。他穿着牛仔靴和牛仔裤,常常斜背着他的吉他,随时准备弹奏和唱歌。演讲时,他讲授生活经验,而不是宣讲地狱和诅咒。

小孩子喜欢他,他就像是花衣魔笛手。后来城里的年轻人开始走进教堂,而不是被父母拉着去。

虔诚但观点老派的社区信徒感到了不安,后来不到 18 个月新牧师就离开了镇子。在此期间,我人生中第一次有了去教堂的期待。我学到了很多关于上帝、金钱、宗教信仰和精神的知识。

伊卡博德牧师到来

这个年轻的牧师被"伊卡博德牧师"取代。孩子们以华盛顿·欧文(Washington Irving)短篇小说中的伊卡博德·克莱恩(Ichabod Crane)给他取了这个名字。欧文的小说为《睡谷的传说》(*The legend of the Sleepy Hollow*),该书于 1820 年出版。

"伊卡博德牧师"又高又瘦,鼻子尖尖的。小孩子感觉他才智平庸,只会不断地宣讲天谴。虽然他瘦得皮包骨头,但胃口很大,和小说"睡谷"中的伊卡博德别提有多像了。

自从他家搬来后,教堂似乎每周都有百味餐。我们小孩子认为他举办百味餐是因为他想占便宜,他想用这种方式养活他家的那 6 个孩子,填饱他那食量惊人的肚皮,以证明信众的慷慨。

他的布道常常会讲到金钱、贪婪、富人、穷人的仁慈等。他经常引用《圣经》中的这两句话:

"富人进天国比骆驼穿过针眼还要难。"

"贪图钱财是万恶之源。"

精神教育与宗教教育

不久我们的孩子就会明白精神教育和宗教教育的不同。

"伊卡博德牧师"传授的是令人畏惧的宗教教育。他是一个教条主义者，属于不对就错、非好即坏的思维方式。在他眼中，生活不是黑的就是白的，没有灰色地带。他对其他宗教不太容忍，相对于年轻牧师，他的演讲更强势。

同样的宗教，不同的启示

- 年轻牧师谈的是对上帝的爱，而伊卡博德牧师谈的是对上帝的畏惧。
- 年轻牧师把钱当作慷慨的结果来谈论，而伊卡博德牧师把钱当作贪婪的结果来谈论。
- 年轻牧师谈论的是我们内心的上帝，而伊卡博德牧师谈论的是我们之外的上帝。

认识宗教这枚硬币的两面是一种了不起的教育。6个月之后，我不再去伊卡博德牧师的教堂，我不喜欢他对宗教的理解，开始寻找新的精神导师。

精神教育

年轻牧师更注重精神教育而不是宗教教育，除了教我们《圣经》和耶稣之外，他还花时间教我们认识每个人内心的精神力量。

他常说："我们有能力在地球之上创建我们自己的天堂或地狱。"我不知道这是否真实，但这是一种有用的信仰。他还让我们知道"上帝已经把这种力量给了我们，能否发现并使用这种力量取决于我们自己"。

宣讲我们内心的上帝确实让一些虔诚而传统的社区信徒心烦意乱，这就是年轻牧师在这里没有待长的原因之一。我不知道为什么这会让他们感到困惑，但事实如此。

在越南，我多次目睹了年轻牧师谈到的我们内心的精神力量。正如一位朋友说的那样："我能活到今天全是因为死人在不断地战斗。"

我们很多次将枪炮和火箭弹从武装直升机上拆掉，使之变成一个救护直升机。我们所做的是救命的事，但它比杀生更加危险，也更需要勇气。正如机长所说："当我们关心别人胜过关心自己时才会做到最好。"

在企业

我继续在企业中应用年轻牧师的教诲，要不是他讲的那些，在从现金流象限 E-S 向 B-I 跨越的过程中我可能不会幸存下来。为了金钱，很多邪恶的、贪婪的和不顾死活的人什么事都能干得出来。就像是为了 30 个银币就背叛耶稣的信徒一样，这个世界到处充斥着现代犹大。说不定你这一生就会碰到一两个犹大。

> **富爸爸的教诲**
>
> 富爸爸常说："我认为上帝不在乎你是富人还是穷人，无论如何上帝都会爱你。但是，如果你想致富，那就小心选择你的教堂和你的牧师。"

现代犹大

当《富爸爸穷爸爸》成为世界畅销书之后，我的生活发生了改变。随着名声和金钱滚滚而来，来自朋友、企业合伙人和现代犹大的诉讼也是纷至沓来。这就是《富爸爸穷爸爸》的第五章（第四课）叫作"税收的历史和公司的力量"的原因，如果你是个富人或者想成为富人，这一章非常重要，需要好好读读。第四课讲的是富人通过叫作"法人实体"的保护性载体来规避犹大，保护自己的利益。

我的穷爸爸说："我的住房和我的汽车都在我的名下。"我的富爸爸常说："我不想自己名下有任何东西。"他把他的财富保存在法人实体之下，而这个法人实体则使他免受朋友、合伙人和犹大的官司缠身。

《富爸爸如何创办自己的公司》（*Run Your Own Corporation*）的作者是我的朋友、律师兼富爸爸公司的顾问加勒特·萨顿（Garrett Sutton），在这本书中他更加详细地讲述了富人如何使自己免受现代犹大伤害的做法。

致富之后并不表示你的麻烦到头了，我说这一点是想给诸位提个醒。新的问题会以各种方式层出不穷。走法律程序和为你自己、你的公司和你的钱辩护简直是现代地狱。

俗话说得好:"如果正在穿越地狱,那就继续走下去。"

无数人陷入困境

2007年房地产危机爆发之后,无数人的个人财务陷入了地狱般的境地。很多人困在了里面,而不是继续走下去。为此,他们归咎于富人。

在助学贷款和低薪工作的压力下,许多年轻人也陷入了财务困境。如果他们个人不做出改变,即使受过高等教育,也会终其一生无法脱困。

阿尔伯特·爱因斯坦说过下面充满智慧的话:

"想象力比知识更重要。知识仅限于我们现在已知和理解的东西,而想象力则包罗未来所能知道和理解的万事万物。"

闯地狱的课程

回首往事,我意识到我需要4种不同的教育才能熬过这个人间地狱。它们是:

1. 大学教育;
2. 职业教育;
3. 财商教育;
4. 精神教育。

父母行动指南

讨论宗教和信仰在你家庭中起到的作用,以及你的信仰如何影响你对金钱的看法。

在宗教信仰领域,我们会发现很多有影响力的课程。不管你信仰上帝或是信奉其他宗教,这些参考和课程可以向你展示有关金钱及其在我们生活中发挥作用的其他观点。

要考虑讨论与上帝和金钱相关的慷慨。与你的孩子一起讨论选择,以及如何选择将你赚来的每一块钱用于开支、投资或缴付什一税①。讨论诚实和正直的概念,以及你的宗教信仰。讨论诚实和正直是因为它们与生活和商业交易有关。与你的孩子讨论精神财富以及回报的重要性。

---

① 什一税源起于旧约时代,它是由欧洲基督教会向居民征收的一种主要用于神职人员薪俸和教堂日常经费以及赈济的宗教捐税,这种捐税要求信徒要按照教会当局的规定或法律的要求,捐纳本人收入的十分之一供宗教事业之用。由征收什一税而建立的制度亦称什一税制,简称什一税。——编者注

1. 银行；
2. 证券交易所；
3. 保险公司；
4. 政府税务部门；
5. 养老基金。

它们的真正目的是什么？

第三部分

确立你孩子的压倒性竞争优势

引　言

财商教育好处多多。作为父母，你在家中进行的财商教育会给你孩子的生活带来以下3种压倒性竞争优势：

1. 赚到更多的钱；
2. 让更多的钱留在自己手中；
3. 让更多的钱免遭损失。

合法掠夺

19世纪50年代，法国政治经济学家弗雷德里克·巴斯夏（Frederic Bastiat）指出：

"每个人都想让国家负担他们的生活费用，却忘记了国家需由每个人掏钱才会维持下去。"

巴斯夏还指出：特权阶级将政府用于"合法掠夺"。今天，众所周知的"政治分肥、军方订单、投资大而作用小的建设"等已经成为富人合法掠夺的代名词。富人对国家法律的制定具有一定的影响力，这就不难理解为什么存在很多向总统、参议员和众议员提供"特殊交易"以满足他们特殊需要的游说者了。

从银行到制药公司，从农业集团到石油公司，这些规模最大的公司有能力影响法律，而且全都打着帮助人民的旗号。美国的401（k）养老金计划和罗斯个人退休金账户就是"合法掠夺"的例证。在我看来，这就是学校不开设理财课程的原因。

学校唯一同意的财商教育似乎是教孩子们"存钱并投资包含了股票、债券和共同基金在内的401（k）计划"。这等于在指导人们将金钱直接送进世界上最富银行和最富之人的金库里去。但我并不是说这就不好。站在一个能够看到硬币两面的位置，我能看到事情的全部。当现金流进大型投资银行时，我和我的合伙人就可以从中借钱，从而投资我们的个人项目，比如公寓和油井。

巴斯夏说过，富人的合法掠夺激起了下层阶级的反抗，并利用社会主义式的合法掠夺来向富人以牙还牙。社会保障、食物券、福利、联邦医疗保险及现在的奥巴马医改都是社会主义式的合法掠夺。正是大公司的合法掠夺才造成了工会的出现。今天，最大的工会成员不再是工厂的工人，而是未组成工会的政府雇员。美国最大的工会是教师工会，包括美国全国教育协会（NEA）。这个组织并不关注你孩子的教育，而是关注赚更多的钱来为华盛顿的游说者支付费用。

巴斯夏劝告资本主义者和社会主义者要停止所有的合法掠夺。像大多数学者一样，他生活在一个空想的世界和一个理想的国度。实际上，他做出了预言，如果被不正当地利用的话，任何集团的合法掠夺都会掉转矛头、请君入瓮，转而攻击它原先保护的集团。

换句话说，当资本主义利用合法掠夺来让自己更加富裕时，他们会失败。这就是华尔街的雷曼兄弟等大银行及房利美和房地美等许多由政府资金支持的企业会陷入困境，并且不得不被政府接管的原因。你可能还记得，这种接管是发生在执行官们（职业经理人）侵吞了数以亿计的工资和奖金之后的事。

这种社会主义的掠夺体现为社会保障、联邦医疗保险和政府养老金，正是它们造成这些政府计划走向了破产。

老百姓被夹在这些合法掠夺的"巨兽"之间，他们没有政府和大型现金池作为保护。

当沃尔玛、家得宝（Home Depot）等大型公司来到小镇后，许多小的家庭企业就会倒闭。受过世界顶级商学院培训的职业经理人管理着这些大公司，它们取代了在美国和世界各地的小城里生意兴隆的"夫妻店"。我们再也感受不到原来家庭经营店铺的温暖，取而代之的是冷冰冰的经营管理。我们感受到的是"所有人都是利己主义者"，而不是"我们在这里一起生活"。这些公司巨头创造了新的一类工人阶层，即有工作的穷人，而不是创造了高薪的工作，工资不增反降。工资降得越多，就会有更多的人依靠政府的资金和医疗支持才能存活。

俗话说："当大象打架时，小动物们就会受到践踏。"

如果你没有接受过财商教育，不管工作多努力或者工作时间有多长，你多半会受到践踏。

铁路与石油

在19世纪70年代经济大萧条期间，宾夕法尼亚铁路公司的拥有者汤姆·斯科特（Tom Scott）开始在宾夕法尼亚州铺设自己的石油管道。这让约翰·洛克菲勒（John D. Rockefeller）感觉不爽，因为他垄断了石油管道。洛克菲勒关闭了他在匹兹堡开设的一家炼油厂，以此作为报复。结果让斯科特损失巨大。

斯科特和洛克菲勒都赔了钱，但双方的工人也有损失，他们丢掉了工作。

斯科特解雇了工人，并大幅降低剩余工人的工资。出于报复，愤怒的工人将他的铁路车库付之一炬，斯科特的企业帝国摇摇欲坠。随着更多的工人和家庭生活拮据，19世纪70年代的大萧条进一步恶化。

今天，自由贸易协定成功地将美国大量的工作岗位送到了国外，估计有250万个之多，这些国家可能有、也可能没有劳动法、最低工资标准、健康福利和工人补偿法。

沃尔玛、通用电器、微软和苹果等公司成为赢家。

输的一方是美国工人，他们没有多少选择，只能在沃尔玛或亚马逊购物，购买通用电器和微软的低价产品。苹果公司则使用自己的商店和其他零售商销售其产品。

这就是你孩子的财商教育在今天变得更加重要的原因。

这就是大多数美国父母希望他们年轻的孩子考个好分数，从而在某个大型公司找到工作或者当律师、医生的原因。

即便他们找到了 E 象限中的高薪工作，或者成为 S 象限中高收入的专业人士，如果缺乏财商教育，他们一生赚到的一大部分钱很有可能会通过合法的掠夺被人取走。

随着全球经济的恶化，合法掠夺只会增加。我们的法院积压着大量诉讼，人们在起诉其他人，主张他们享有更多工资的权利。涉毒犯罪和暴力、绑架和入室抢劫已经成为当今的生活现实，但这并不是人们的本意。对很多人来说，犯罪生活似乎是他们唯一的选择。白领犯罪也呈上升趋势，白领犯罪让我损失的钱比我在大街上遭人抢劫而损失的要多得多。

2012年的总统选举就是"合法掠夺"仍然大行于世的表现。一方面是富人要求削减社会事业的开支，并且维持国防开支不动；另一方面是穷人要求政府投入更多的钱用于失业救济、联邦医疗保险和社会保障。

正如巴斯夏所说，两个方面都存在合法掠夺。我再重复一次他说的话：

"每个人都想让国家负担他们的生活费用，却忘记了国家需由每个人掏钱才会维持下去。"

换句话说，我们不再是资本主义。今天，我们更像是社会主义国家，依靠政府来满足我们个人的生活所需。

正如前英国首相玛格丽特·撒切尔（Margaret Thatcher）所说：

"一般来说，社会主义政府会造成金融混乱。他们总是花光其他人的钱。这是他们的一个鲜明特征。"

本书的第三部分集中讲述让你孩子具备压倒性竞争优势的重要性，以及如何具备这些优势。财商教育是你和孩子遭遇大象打架时最好的自卫武器。

谁想成为百万富翁?

第十六章

财商教育造就的 10 个压倒性竞争优势

通过回顾财商教育的 10 个压倒性竞争优势，以及它们如何影响你孩子的生活，本章将对前两个部分加以总结。重温这 10 个压倒性竞争优势会为你理解本书第四部分中的"成为美联储"做好充分的准备。

理由陈述

我称之为"压倒性竞争优势"的东西是你通过财商教育获得的竞争优势。作为父母，这些理财课程你也可以应用，并能从中受益。你在自己家安排家人之间进行的终身学习会让你的孩子终生受益，并让他们过上富裕的生活。

压倒性竞争优势一：改变金钱和生活的能力

如你现在所知，收入分 3 类。它们是：

- 普通收入；
- 投资组合收入；
- 被动收入。

大多数人毕业之后找到工作赚的是普通收入，它是 3 种收入中税率最高的。

当一个人将钱存成活期存款、定期存款或存入 401（k）账户时，他就是在为普通收入工作。将普通收入转变成投资组合收入或被动收入则需要财商。

简单地回顾一下大多数人典型的收入模式：

- 穷人为普通收入工作。
- 中产阶级主要为投资组合收入工作。

这包括资本利得，以及在住房、股市和养老金账户投资上的增值所得。

- 富人为被动收入工作。

这意味着不管他们工作与否都有现金流入。

小时候，我经常看电视剧《贝弗利山的土豪》(*The Beverly Hillbillies*)。该情景喜剧讲的是一个穷人打兔子时发现了石油。"黑金"（即石油）让他们成为暴发户，于是全家搬到了贝弗利山，并且学习适应富人及其令人羡慕的生活方式。

拥有被动收入类似于在你家的后院钻探到了石油。就像石油（或资产）不断流出一样，金钱会滚滚而来。钻到的油井越多，石油或现金流就会更多地装进你的钱包。

我喜欢将"下金蛋的鹅"这个故事解释成讲述投资组合收入和被动收入的童话。如果你把鹅吃掉，那你就吃掉了投资组合收入，即资本利得；如果你养着鹅，你就会得到越来越多的金蛋或被动收入，表现为现金流的流入。

问：为什么知道如何转变收入形式很重要？

答：因为1971年之后，货币不再由黄金作为担保。今天世界各地的中央银行正在印制大量的钞票，这意味着你的收入会越来越贬值。

有能力转变你的收入形式，表明你更有能力跟上你所赚收入的贬值速度。

当年轻人学会转变他们的收入形式后，他们的生活就会从穷人的方式转变成中产阶级直至转变成富人的方式。他们可能会在头脑中钻探石油，而不是为工资而工作。这正是史蒂夫·乔布斯、沃尔特·迪士尼和托马斯·爱迪生做的事。

单词教育产生自单词的演绎。

> **富爸爸的教诲**
>
> 今天，通过印制更多的货币，政府积极地降低他们货币的购买力。政府希望在他们国家生产的产品不会很贵。如果工资增长，而货币仍然保持坚挺，产品在国际市场上的价格就会昂贵，相应地出口就会放缓。
>
> 较低的工资意味着我们可以出口更多的产品，从而让更多的工人保持就业。日子较穷但不会失业。
>
> 这就是你的孩子需要知道如何将他们的收入，特别是普通收入转变为投资组合收入或被动收入的原因。

演绎意味着引导，而不是灌输。遗憾的是，我们的教育体制对挖掘孩子的理财天赋不感兴趣。他们想把更多的东西塞进你孩子的大脑，在大多数情况下，这些"材料"预先就确定了你孩子将来的生活就是当雇员。

压倒性竞争优势二：更加慷慨的能力

这个世界存在太多的贪婪，其主要原因可以在马斯洛的需求层次论的第二层次"安全"中找到。

如果受过坚实的财商教育，你的孩子就有更大的机会抵达马斯洛的第五层次"自我实现"。达到"自我实现"之后，孩子会变得更加慷慨，给予大于索取。

只要他们在第二层次上感到财务上不安全或不确定，孩子仍旧贫困，通常这会导致贪婪。

猫　王

当我还是小孩子时，美国著名摇滚明星埃维斯·普里斯利（Elvis Presley）几则慷慨的故事登上了新闻。其中一个故事说的是，一位女士羡慕他佩戴的宝石，于是，他微笑着摘下他的戒指，送给了她。

很明显，他认为要与他人分享他的福气，并把它们送给很多人和很多慈善机构。他选择的受益人是多种多样的，不存在年龄、种族或宗教的偏好。他眼中只看到需求。有一部电影叫《200 辆凯迪拉克》（200 *Cadillacs*），其中就记录了他的慷慨之举。

根据马斯洛的需求层次论，埃维斯抵达了这个金字塔的顶端。通过分享在歌唱方面的天赋，他走到了需求层次的顶层，给予越多，他就得到越多。

我的摩门教朋友告诉我一句话："上帝不需要得到，但众人需要给予。"这可能就是摩门教信仰影响很大的原因。他们不仅宣扬什一税，而且切实缴纳什一税。这是必需的。

什一税的意思是"将收入的 1/10 上缴教会"。许多人说："当我有钱了我就交什一税。"我们认为，他们没有钱的原因就是他们没有交什一税。

压倒性竞争优势三：较低的税负

你越慷慨，纳税就会越少。这样说可能有一点过于简单了，但其原则是准确的。

正如本书第一部分和第二部分所述,税法是政府的指导方针。如果你做了政府想做的事,政府就会给你税收优惠或者说税收激励。

大多数人只有一套房子,但政府会给予那些提供住房的人以税收减免。同样,政府对创造就业岗位的人也提供税收减免。大多数人离开学校之后就会去找工作。

大多数人努力工作以期不欠债。政府对那些利用债务的人提供税收减免,这是因为美元现在是债务。如果人们停止借债,经济就会放缓。大多数人消费食物和石油等商品,政府就对生产食物和石油的人提供税收减免。

谁纳税最多

你还记得本书开始时现金流象限的那个图吗?它显示了每个象限中的所得税税率。

如果你的孩子更加慷慨,使用他们的资源和财富支持经济发展,并协助政府提供这个国家所需要的住房、就业岗位、特殊商品或服务,财商教育就可以让他们在税收方面获得压倒性的竞争优势。

各象限的纳税比例

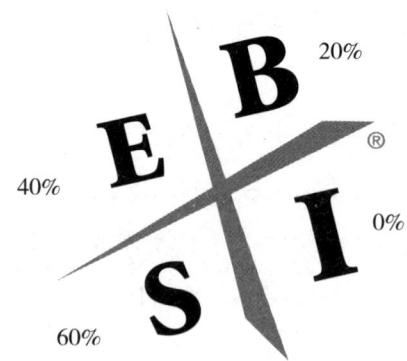

压倒性竞争优势四:利用债务致富

1971年之后,美元变成了债务,成为美国纳税人的借条。

作为父母,你比我还清楚我们的学校是不教学生理财或债务方面的知识的。大多数孩子大学毕业之后,背负着大量的助学贷款和信用卡欠债。结婚之后，房贷、车贷和消费信贷会进一步加剧他们的负债。

如果受过财商教育，你的孩子会了解债务分成"有利的债"和"无益的债"。有利的债让人致富，而无益的债让人更穷。

因为债务是新注入的资金，而财商教育会教会你孩子利用债务致富，使得他们在生活中可以不必说"我买不起"或"我没有钱"。

在学习利用债务购买房地产这样的资产时，你的孩子要学会更加慷慨，选择那些能满足社会需求的投资类型，比如选择提供经济适用房。当他们这样做时，他们就会赚取被动收入，而且纳税越来越少。

压倒性竞争优势五：增加你的财力

在理财领域，几乎每一个半瓶子醋的专家都会劝你"量入为出"。对于受过财商教育的人来说，这确实是一个糟糕的建议。再说了，谁想量入为出呢？生活中有太多美好的东西需要享受了。依我看，量入为出扼杀了你的勇气。

当孩子离开家后，生活开支就会扑面而来。离开爸妈的资助，租房、食物、衣服、交通和娱乐等花销就会吞没他们和他们的工资。如果旅游、购物或者突发紧急情况，他们只能依赖信用卡了。现在他们有了另外一项开支，即高利率的信用卡付款。

如果他们结婚了，意味着有两份收入，直到孩子出生之前，两个人可以像一个人那样过简朴的生活。孩子降生后，他们的一居室公寓就变得太小了，就会热切地讨论购买自己的第一套房子。

如果没有受过财商教育，他们会认为"我们的房子是资产，也是我们最大的投资"。听了银行和房地产代理商散布的有关理财的鬼话，年轻的夫妇就会迈一大步，买下他们第一套房子，而这常常超过了他们的购买能力。

有了新家之后，开支会增加。他们现在需要家具、电器和汽车。如果发生紧急情况，比如房屋漏水或车辆出现故障，只能靠刷信用卡来解决问题。

他们告诉自己"我们需要量入为出"，然后，努力工作以还清债务。不欠消费债务是个好主意。问题在于，由于缺乏财商教育，很少有人能想到利用债务购买能产生现金流的资产可以增加他们的收入。

在没有接受财商教育的情况下，大多数孩子离开家之后会像他们的父母一样步入同样的"老鼠赛跑圈"。我与世界各地的父母交谈过，我知道他们想为孩子们做更多的事情。

老鼠赛跑

常言道："老鼠赛跑的问题在于老鼠眼看着就要取胜。"

许多理财规划师会劝你为孩子的教育办理助学贷款。在美国，它们被称为"529 理财计划"。虽然想法不错，政府却要求该计划的投资对象主要是共同基金，这是最昂贵和效益最差的存钱方式。这是另外一个巴斯夏所谓的"合法掠夺"的例子，也是另外一个大公司制定法律并把更多的金钱装进他们自己钱包的例子。

如何打败老鼠

要学会打败老鼠，而不是按照老鼠告诉你的那样去做。通过增加你的财力而不是量入为出地过日子就是打败老鼠的方式。

教会你孩子增加财力会让他们获得压倒性竞争优势。

如何增加财力

我喜欢汽车，如果我有更多的车库，我会购买更多的车辆。问题是汽车是负债。要想购买更多的汽车，我的办法是首先购买资产增加我的财力，然后让资产产生的现金流来偿付我的负债。

在此，我要借用一个简单的例子来说明问题，之前我在一本书中曾经讲述过它。

几年前，有一款限量版保时捷敞篷车上市，其价格为 5 万美元。我手里有这个钱。但问题是，如果我购买了保时捷，我就是购买了负债，并失去我的 5 万美元。当我与妻子金谈论这事时，她没有告诉我不要买保时捷，而是简单地说了一句："购买一项能够买起保时捷的资产。"

我付给经销商 5 000 美元，要求他为我保留保时捷 90 天。

时间不长，我终于在得克萨斯州发现了一个小型仓储公司，我用 5 万美元现金外加银行贷款买下了它。小型仓库租金产生的现金流足以偿付购买保时捷的分期付款。

今天，我拥有了一辆保时捷，车款已经付清。一旦还完车款，我就利用小型仓库产生的现金流去购买我想玩的其他东西。几年前，我们出售了小型仓库，将这部分免税的获利再投资去购买公寓楼。保时捷没有让我们变得更穷，而是更富。当我购买宾利车时也如法炮制。

这就是增加你的财力，即用你的资产购买你的负债的例子。金和我虔诚地遵循着这一做法。

另外一个例子是我们的海滨别墅。在购买我们在夏威夷海滨的别墅之前，我们用了好几年的时间购买更多的公寓楼。公寓楼（我们的资产）产生的现金流用来购买我们的海滨别墅（负债）。负债没有让我们更穷，创建资产以购买我们的负债让我们更富。

量入为出并没有让大多数人幸福，生活的乐趣应该是享受。教你孩子追求美好的生活，过上更加富裕的生活，而不是量入为出。让他们享受生活的梦想给他们带来前进的志向和动机。

如果你的孩子很早就采用这种办法，他们就会打败老鼠，逃离"老鼠赛跑圈"。所要做的就是接受一点财商教育，学会用你的资产购买你的负债，这是一个强大的压倒性竞争优势。

> **金钱和幸福**
>
> 富爸爸说："说'金钱不能让你幸福'的人是躁狂抑郁症患者。"

换句话说，如果你购买能够为你的负债付款的资产，那么，即便负债也会让你更加富裕。

压倒性竞争优势六：提高你的情商

当我通过首先购买能产生现金流的房地产来购买保时捷时，我就是在现实生活中玩《大富翁》。金和我从小绿房子起步，慢慢开始购买较大的财产，比如小型仓库。

大多数人没有遵循这一方法的原因是，他们缺乏情商。

在本书前面，我介绍过加德纳的多元智能理论。作为回顾，我在此将它们列出。

1. 言语－语言能力
2. 逻辑－数理智能
3. 身体－动觉智能
4. 视觉－空间智能
5. 音乐－节奏智能
6. 交往－交际智能
7. 自知－内省智能

情商经常被人称为"成功智力"。

高情商的一个象征是"延迟享乐"。很多人生活贫困的原因就是他们不能做到延迟享乐。大多数人会倾其所有，借钱购买保时捷或丰田普锐斯，这是在利用无利的债务。

通过教会你孩子首先购买资产，然后再用这些资产购买负债，你就是在提升孩子的成功智力。

> **为什么金钱没有让你致富**
>
> 身价亿万美元的运动员走向破产似乎是不可能的。然而，美国《体育画刊》（*Sports Illustrated*）发现：78%的全国橄榄球联盟球员在退役两年后大多会破产或生活拮据。这怎么可能呢？
>
> 有几个因素会导致一个人从暴富到突然再次勉强糊口。吓人的消费习惯、低劣的投资、过分地慷慨大方和养育子女可以让最富裕的运动员变成穷人。
>
> 这种事可不是只发生在全国橄榄球联盟的球员身上，估计60%的前美职篮（NBA）的球员也会在退役5年之后破产的。

压倒性竞争优势七：了解不同的致富路径

成为百万富翁的道路有很多，下面就是其中的几条：

- 你可以为钱而结婚，但我们都知道这么做的人是哪种人。
- 你可以买彩票中大奖。如果没有无数人的屡买不中，也就没有中奖者，因此，彩票是为输钱的人准备的。
- 你可以在有奖游戏《谁想成为百万富翁》中取胜。设计这个游戏节目的人必定是个A等生，只有A等生才会想到知道正确答案就会致富。很少有人因为知道正确答案而变成富人。许多人起初会犯错，犯很多很多错，但会从中吸取教训，他们就是这样变成百万富翁的。
- 你可以成为职业运动员。问题是许多职业运动员在退役5年之后会倾家荡产。如果他们赔掉了数百万美元，随着年龄的增长，他们难以再赚回来了。

- 通过培养财商你也可以成为百万富翁。

不同类型的百万富翁

许多人声称自己是百万富翁。当我听到有人这样说时，我首先要问的是："你是哪种百万富翁？"下面是不同种类的百万富翁。

资产净值型百万富翁

2007年次贷危机发生之前，有很多资产净值型百万富翁。例如，他们的住房估价在300万美元，欠债为170万美元，表明剩余净值为130万美元，因此，他们成为资产净值型百万富翁。

房地产市场崩溃之后，他们的住房现在减值一半，只剩下150万美元，因为他们的房价已经低于抵押贷款额，表明他们不再是百万富翁了。

许多股票投资者属于此类百万富翁。他们在股市投入数百万美元，却很少从投资中得到现金流。他们只是纸面上的百万富翁。

高收入型百万富翁

许多首席执行官、医生、律师、职业运动员、电影明星等是高收入的百万富翁。这表明他们的年收入超过100万美元。此类百万富翁的问题在于税收。大多数人的税率处于最高税级。

继承型百万富翁

此类人常被称为"幸运精子俱乐部"。他们生在豪门，他们的问题就在于手中不缺钱。许多家族财富会被第三代人挥霍一空。创造财富的祖父把钱传给了后代，却没把守住并让这些钱增值所需的知识传授下去。

现金流型百万富翁

从其投资中赚取百万美元或更多而不用工作，这种人就是现金流型百万富翁。成为现金流型百万富翁有很多绝妙之处,其中一个就是债务和税收会对你偏爱有加。债务和税收对其他类型的百万富翁不利。

我知道要想成为百万富翁,我最好选择成为现金流型的。我知道自己不具备特别的学术、唱歌、表演或运动才能。从 9 岁开始,我知道我必须找到自己的成功之路。这就是我喜欢《大富翁》游戏的原因。我知道我能做到。从小事做起,比如先购买绿房子,既积累了资产又增强了自信,我在现实生活中玩起了《大富翁》。

当与你的孩子谈论金钱时,重要的是要讨论不同类型的百万富翁,以及哪种类型最适合他们。成为百万富翁的可能性会激励他们学习、研究并为实现他们的梦想而奋斗。他们有梦想很重要,正如富爸爸所说:"你的天赋会在你的梦想中发现。"

通过激励你的孩子追求梦想而不是寻找一份稳定的工作,你就能让他们获得压倒性的竞争优势。要记住,语言的激励产生自语言的精神。如果你点燃了孩子的精神火焰,他们的天赋就会脱颖而出。

压倒性竞争优势八:保护你的资产

许多穷人和中产阶级骄傲地说:"我的房子登记在我的名下"或者"我的汽车归在我的名下"。这叫作"所有权的骄傲"。

但是,富人并不想在其名下有什么资产。他们保护资产的方式是"法人实体",其形式有 S 类公司、有限责任公司和 C 类公司等,在此仅举几例。

富人利用这些法人实体形式保护自己免受两类掠夺者及其两类策略的伤害:

1. 政府(税收);
2. 平民(诉讼)。

如果你或你的孩子打算成为富人,而在你成为富人之前,重要的是采用某种法人实体。如果你是富人,却没有掌握这些实体形式,你就会失去一切。

躲开掠夺者的袭击

掠夺者有两类。一类是政府。如果没有公司实体的形式保护你,你就要缴纳越来越多的税收。另一类是人群中的贪婪之人,他们是长着两条腿的掠夺者。

正如我在本书之前分享的那样，在名利让我引人注目之前，我生活得很平静。我的高曝光率（再加上我看到什么事情就直言不讳的脾气）让我受到了一些不必要的关注，我和我的妻子被当成了财力雄厚的目标人物。2000年以来，我们已经被起诉了好几次。

这里的教训是：如果你想让你的孩子富有，在他们致富之前要教会他们资产保护。俗话说得好："你不可能在出事之后再购买意外险。"

压倒性竞争优势九：年轻时就退休

沃伦·巴菲特警告人们说：即将到来的养老金危机要比次贷危机严重得多。

随着世界各地婴儿潮时期出生的人接连退休，他们绝对会遭遇谎言、不胜任和欺骗的狂风暴雨，在它们的共同作用下，他们的黄金岁月变成了黑暗的深渊。各国已开始呼吁中央银行对养老金实行紧急救助。

对于无数退休者来说，他们的问题可能是寿命太长而金钱不足。换句话说，他们知道他们的退休金有多少，但不知道他们能活多长时间。随着通货膨胀的上升，许多人会出乎预料地更快地花光他们的积蓄。

你的孩子可以选择"年轻时就退休"，最好的方案是从小时候就要开始财商教育。如果你的孩子想年轻退休的话，在他们年轻时就开始学习并将理财课程和终生学习的价值观慢慢教授给他们，就会让他们获得压倒性竞争优势。财商教育是为未来做准备的关键一步，从而让你孩子在人生旅途中得到自由和选择。如果打下了金钱和投资的基础，你的孩子就不会像许多婴儿潮时期出生的人那样终其一生不停地工作。

我和金于1994年退休，当时她37岁，而我47岁。我们早早退休的原因是想检验我们的投资。万一出现失误和投资失败，我们仍然还很年轻，可以挽救我们的错误。可是，我们的投资策略极好，尤其是在经历了2007年次贷危机的压力测试之后，证明我们没有失败。

刚刚露出苗头的养老金问题可不妙。在美国50个州中，49个州政府的养老金计划资金不足。最要命的是，社会保障和联邦医疗保险也即将破产。

到2020年，养老金危机会表现为世界性的危机。婴儿潮一代的黄金岁月不再风光。不久的将来，肯定是三代同堂或四世同堂，全家人共同生活在同一个屋檐下。

压倒性竞争优势十：利用《补偿法》

美国《补偿法》规定：我的补偿随着我经验的增加而增加。换言之，我变得越聪明、越有能力，我的工资就会越高。例如，职业运动的新手开始时薪酬较低。如果他们的经验越来越丰富，他们的报酬就会逐步增加。如果没有进步，他们常常就会被运动队裁掉。

因为无数失业的年轻人无法获得有价值的从业经验，所以，这场金融危机将会持续很长时间，它造就了迷惘的一代，因为24岁至36岁的年轻人在他们第三个学习之窗时失业。

通过教会你孩子寻找导师和愿意以无偿工作来换取工作经验，你就能够给予他们压倒性的竞争优势。这正是我所做的事情。我从为富爸爸免费工作当中学到的东西要比在学校里学到的还要多。我认为无偿工作是我今天能够获得财务自由的原因。

有很多成功人士愿意教下一代人，这会令你大吃一惊。成功人士知道他们给予得越多，他们就会收获更多。大多数不成功的人士不知道这一点，或者不相信它是真的。目前，有很多良好的导师计划可供年轻人选择。

我从富爸爸那里学到的主要技巧是用于B象限和I象限的本领。基本的技巧如下所述：

- 知道如何筹集资金；
- 知道如何领导别人；
- 知道如何进行交易设计；
- 知道如何利用债务赚更多的钱。

我的经历

1974年，我在夏威夷檀香山的施乐公司找到一份销售工作。这是我成人之后的第一份工作。我用了两年的时间努力克服害羞和怕被拒绝的心理，以及害怕被公司解雇的念头。四年之后，我在檀香山施乐公司的销售代表中稳居销售业绩榜前5名。虽然我赚了很多钱,我知道到了我从E象限转移到B象限的时候了,我产生了开办一家公司的想法。那就是后来的我的尼龙钱包公司。这项投资开始时赚了很多钱,但后来却失败了。虽然失败的痛心和金钱的损失非常大,但我知道我正在获得B象限和I象限的经验。当我辞职离开施乐公司的工作进入B象限时,我才28岁,正处于人生的第三个学习之窗。那是一次信心的跃升,自那以后我多次经历这种跃升。在信心跃升方面,大多数创业家都是专家。

边干边学

我进入施乐公司是为了学习如何做销售。作为一个刚刚开始学当资本家的人,我知道首要的是要学会如何筹集资金。今天,这仍然是我主要的工作。如果你问任何一个创业者,他们会给你讲同样的话,他们首先要从客户、投资者和雇员的劳动中筹集资金。

唐纳德·特朗普和我推荐你可以从网络营销公司入手获得同样的技巧和经验。我们知道,如果具备良好的推销能力、克服胆怯心理并培养领导力,你就会有较大的机会在B象限和I象限取得成功。《补偿法》也适用于网络营销业。但是,大多数人早早地就退出了,无法从经验中学到什么有价值的东西。

今天,《补偿法》仍然适用。对于我来说,多年在B象限和I象限的教室里打拼已经得到了回报。我的压倒性竞争优势在于我的富爸爸用了几年的时间教我如何作准备,你也可以为你的孩子做同样的事情。

两份工作

你的孩子至少要有两份工作:一份由他们做,另一份让他们的钱来做。在今天看来,这比以往任何时候都重要。至于我,我的职业是教学,但所教的内容是B象限里的知识,它与E象限学的知识截然相反,在E象限你可以发现大多数教师的身影。我的钱在I象限里的工作是投资企业、房地产、知识产权、石油、黄金和白银。

其他人的才能

对于创业家来说,领导力非常重要。在军校、海军陆战队、体育运动队和我的企业中,我学到了很多领导力。

你的孩子可以通过很多方式获得领导力。每当他们参与团队活动时,他们就会学到这些技巧。首先要学会的是,在能够成为好的领导者之前,他们必须先做好的追随者。有很多人(特别是S象限的人)想当好的领导者,但他们却是极坏的追随者。

许多A等生缺乏这种能力,这就是他们易于成为S象限的医生和律师的原因。

其他人的钱

如果你知道如何利用别人的钱购买你的资产,你的回报就会无穷无尽。这一点会在本书第四部分"成为美联储"中加以详述。如你所知,如果你利用其他人的钱,政府会向你提供很多税收减免。这是财商教育给你孩子带来的另外一个压倒性竞争优势。

利用别人的钱获利是世界各地的人都在做的事。最大的企业和最高的大楼都是利用别人的钱建成的。简而言之,世界上的资本家是利用别人的钱致富的。

请记住,现金流是这样的:

当E象限和S象限的人向储蓄银行、投资银行或保险公司存钱时,金融机构随后会让那些钱周转起来。当E象限和S象限的人根据理财规划师的建议将他们的钱存而不动时,B象限和I象限的人却总是在让这部分钱运转起来。这是因为你存放的钱不是积极地为你工作,而是在为B象限和I象限的人卖力。

E象限和S象限的人就是提供劳动力和通过储蓄账户、养老金计划提供资金的"其他人"。当你建议你的孩子"上学，找个工作，存钱并投资养老金计划"时，你是在建议你的孩子成为被B象限和I象限的人雇用和利用的"其他人"。

教育体系的目标是培养"其他人"。如果你不想让你的孩子成为金钱世界的"其他人"，那么，就应该由你这个父母在家中给你孩子提供财商教育。

结　语

象限就是教室

要记住，每个象限就是讲授不同技巧的教室。尽早教会你孩子了解不同的象限，以便他们可以为将来进哪个教室做好准备。

象限比职业更重要

还要记住，象限比职业更重要。虽然我从来没有梦想过当教师，尤其是当我因为成绩不好而退学时更无此念，现在我却是教师。但我是B象限和I象限的教师，不是E象限和S象限的教师。区别在于，我想赚多少钱就赚多少钱，缴纳很少的税收（但合法），并且不需要依赖工资或养老金度日。

如果让你孩子获得上述10个压倒性竞争优势，他们就会获得其他的生活优势。

财商教育的财务优势：

- 赚更多的钱；
- 手中留下更多的钱；
- 让更多的钱免受损失。

财商教育的精神优势：

- 心灵更加平静；
- 更慷慨；
- 掌控生活的能力更强。

现在，我们转而探讨研究生院，进入第四部分中的"成为美联储"。

父母行动指南

向你的孩子解释为什么学习理财的知识会让他们在生活中获得压倒性的竞争优势。

教育事关平等，无关乎公平。父母如此重视孩子的教育，乃是因为他们知道教育有能力让他们的孩子获得谋生的优势。财商教育是其中的重要组成部分，教你的孩子了解金钱能让他们在某专业领域具备压倒性的竞争优势。他们会学到大多数孩子不学的东西，学到学校老师不会讲授的东西。

花时间解释收入的不同类型，以及为什么理解它们之间的差别很重要。如果到了适当的年龄，你可以帮助孩子将普通收入和税收关联起来，就像我们在第十三章的"父母行动指南"中探讨的一样。

因为很少有学校开设财商教育课程，如果父母有机会将家庭变成教室，那就在"家庭财商教育之夜"培养起这样一种氛围：欢迎孩子提出问题，让他们从每个生活挑战或挫折中吸取教训。

如果在你家中能形成一种积极学习的气氛，你就是在赋予孩子一种巨大的压倒性竞争优势。在强有力的财商教育支持下，你的孩子就可以自由地追逐他们的梦想。你等于为孩子开启了一扇大门，使得他们根本不必工作或不需要工资成为可能。

为什么不印你自己的钞票?

第四部分

资本家的研究生院

引 言

许多企业家的梦想是开办一家公司,并且"使其上市"。上市意味着通过股票发行将企业的股份出售给大众。这正是苹果公司和脸谱网上市时史蒂夫·乔布斯和马克·扎克伯格所做的事。一旦他们推动自己的公司上市,他们就启动了印刷机,印制出数百万股公司股票,于是,他们变成了亿万富翁。

对于许多创业家来说,向大众出售公司的股份是他们从研究生学院毕业的典礼。你的毕业礼物是现在你可以合法地印制自己的钞票了。这也意味着你可能不需要借钱了。通过发行更多的股票并把它们出售给大众,你可以印制更多的钞票。类似于你取得了资本主义专业的博士学位。

2004年3月9日是我人生中最快乐的日子。我与几位朋友合办的一家公司在加拿大的多伦多证券交易所上市。该公司是位于中国的一家矿业公司,探明的金矿储量价值达50亿美元。

虽然我的梦想实现了,但我的教育仍在继续。一旦中国政府意识到我们发现的金矿储量价值几何时,博弈就开始了。谈判期间,政府的一个高层官员让我们明白,如果我们想在这家公司里待下去,就必须让几个人"高兴"。谈判长达5年,最终还是没有谈拢,我们面临的选择是:要么做些非法的事,要么卖掉公司。我们出售了自己的股份,离开了那家从1997年起我们就在建设的公司。

我无意指责中国政府或中国人。我在中国的经历提醒了我,也让我想起富爸爸说过的话:"官僚只知道如何花钱,他们不知道如何挣钱。如果他们知道如何赚钱,他们就是资本家了。"他还说:"在资本主义国家里,资本家是富人。在社会主义和共产主义国家里,官僚是富人。"

在美国,许多官僚正在变成富人,这不是一个好兆头。它标志着腐败在蔓延,依我看,其根源在于我们教育制度的失败。

在本书开始时,我引用过弗兰克·伦茨博士《美国人到底在想什么》一书中的一段话:"那么,如何让一代美国人为创业成功做好准备呢?别再提 MBA了。大多数商学院教你如何在一个大公司(官僚机构)中取得成功,而不是教你如何创办自己的公司。"

另外,他的研究发现:

- 81% 的人称"大学和中学应当积极培养学生们的创业技能";
- 70% 的人称"我们经济的成功和健康依赖于创业技能"。

我同意伦茨博士的说法。大多数教师本身就是雇员,他们如何能够教孩子们创业呢?如果教师的确来自于商界,他们最有可能是职业经理人,或者是从来没有从零开始创业的官僚,更不用指望他们通过发行股票使公司上市了。

我所担心的是,我们的学校正在大规模地培育越来越多拥有高级学位的官僚。如果这种情况继续下去,不仅腐败会越来越严重,而且会有更多的创业者选择离开美国。

这就是我认为财商教育对于你的孩子非常重要的原因。我们需要创业家,我们需要长大后开办企业、创造就业岗位和学会如何印制自己钞票的人。

为自己印钞票的方法

开办一家公司并使其上市是印制自己钞票的方法之一。

另外一个普遍的方式叫做"股市技术交易",即利用空头、看涨期权和看跌期权、保护性封顶保底(collar)和跨式期权组合等交易策略。对于任何投资计划或战略,我总是建议在实施之前要接受相关理论教育并进行实践,而且是大量实践。

你不必进入股市也可以印制钞票。每当我写完一本书，我就是在印制我的钞票。当我将图书版权授权给出版商，他们将我的书翻译成其他语言并出版发行之后，我甚至能赚更多的钱。这些钱会以版税支票的形式定期从世界各地源源而至。

孩子们可以采用一些方式培养他们自己印制钞票的神经通路。下面列举5个简单的例子：

- 当孩子摆出一个卖柠檬汽水的小摊，并以此换钱时，他们就是在为自己印制钞票，它所呈现的形式就叫作"卖柠檬水啦"。
- 当一群孩子聚在一起上演戏剧时，他们卖出的票就是另外一种为自己印制钞票的方式。
- 如果一支业余摇滚乐队制作了一张流行的CD，销售这张CD就是他们印制钞票的方式。当他们到各地巡演并卖票时，他们就是在印制更多的钞票。
- 当有人为智能手机或平板设备开发了一款应用程序，并因此得到收入时，应用程序就是他们的印钱方式，因为每下载一次就会分钱给他们。
- 销售女童子军饼干是关于印钞票和像慷慨的资本家一样思考的重要一课。

我的观点是：给自己印钞票这种事可以在家中传授和鼓励，不需要老师教你孩子学习这种课程。另外，让一位学术官僚（雇员）讲授创业家精神就好比是我设法教你孩子当脑外科医生一样，其结果可能是损伤大脑。

父母可以采用很多方式教会他们的孩子为自己印钞票，既有很简单的办法也有很复杂的方法。

一个人只受限于他或她的想象力。

学习指南《富爸爸唤醒你孩子的理财天赋》是本书的补充。在教你孩子理财的课程，以及如何成为知道怎么为自己印钞票的资本家的过程中，这本指南会对你有所帮助。一旦你孩子学会了为自己印钞票，他们可能再也不需要为别人打工了。如果他们工作，只是因为他们想工作。这是父母能给他们孩子的不可思议的礼物。

仅仅是鼓励你孩子摆一个卖柠檬水的小摊或者在麦当劳打份闲工，你就能在家中让你的孩子抢先一大步获得竞争优势。麦当劳是学习做一个有一天为自己印钞票的创业家的极佳之地。

伟大的商学院

许多人拿在麦当劳"做汉堡包"开玩笑，认为那是最基础的工作，这是因为大部分人处在 E 象限。

对于那些想在 S 象限或 B 象限赚更多钱的人来说，麦当劳是最好的商学院之一。

当年轻人问我如何获得真正现实世界的经商经验时，我建议他们在麦当劳干临时工并研究它的运营体系。尽管存有疑义，但麦当劳拥有世界上最好的商业体系。

从收银员、厨师、看门人（如果可能的话）一直到值班经理，我建议他们尝试每一个可能的工作岗位。在一个小的零售店面里，年轻人能够在不同的部门获得全面而"亲身体验"的生意经，这可以为他们经营自己的企业做好准备。

在麦当劳打工可以让他们获得涉及企业 80% 的经营经验。如果他们为一家传统的企业打工，他们只能获得一个部门的经验，比如会计部门，而不会获得其他部门的经验。

如果他们以 E 象限的思维来看待麦当劳，那回报当然少得可怜。如果他们以 S 象限或 B 象限的思维来看待麦当劳的工作，他们就会认为他们的工作经验是无价之宝。

如果你十分热衷于健康，我可不是在推荐麦当劳的食物，我是在推荐他们的运转体系。正如我的富爸爸所说："我们大多数人能够做出比麦当劳更好的汉堡包，但很少有人能够开办一家比麦当劳更好的企业。"

请记住富爸爸的教诲："它不是职业……它是象限。"今天，我是一位在 B 象限和 I 象限的教师，这就是我比大多数教师挣钱多的原因。在 B 象限和 I 象限里教学是我为自己印钞票的方式。

本书在最后的第四部分集中讲述财商教育如何能够教你和你的孩子"成为美联储"，为自己印制钞票，缴纳更少的税收，做更多好事，更加慷慨，而且为你及家人提供保护，而不是被激增的通货膨胀和较高的税收击垮，被即将逼近的金融风暴折腾得更加贫穷。

第十七章
成为美联储

2007年次贷危机之前,我觉得很少有人注意到美联储。2007年之前,美联储是一家不引人注目的机构,悄悄地掌控着美国及世界经济。虽然现在很多人听说过美联储,但其角色及如何发挥作用在很多人眼里仍然是个谜。

美联储的功能定位是"有效地促进就业最大化这一目标的实现、稳定物价和平滑长期利率波动"。

很明显,在履行职责方面美联储陷入了麻烦。我们拥有数十亿美元的财政赤字就是因为美联储的失职,它印了越来越多的钞票,而不是致力于解决深层次的问题。

理由陈述

今天,甚至是无家可归的人都知道美联储,"终结美联储"的标语已经出现在很多无家可归者的露营集会地。2011年9月17日,"占领华尔街"运动在纽约市靠近华尔街的祖科蒂公园(Zuccotti Park)兴起,在此期间,参与者打出了很多要求关闭美联储的标语。今天很多人了解了美国联邦储备银行不属于联邦,不是银行,也没有储备,甚至不是美国的,拥有它的是世界上最富有的人和银行。美联储有权印制钞票,尽管美联储主席本·伯南克不承认这一点。

美联储要做的事就是凭空开出支票,购买美国长期国库券(T-bonds)和其他资产,以避免经济的崩溃,之后货币流入最大的银行和流通环节。然后美联储收取债券利息，而利息是由纳税人支付的。美联储回收的货币又怎么样了呢？这就是几十亿美元债务的问题所在。

2009年，前总统候选人和得克萨斯州议员罗恩·保罗（Ron Paul）写了一本名为《终结美联储》的书。他多年来一直在批评和反对美联储，并把美联储看成是一个准犯罪组织，是由世界上最大的私人银行组成的联合企业。虽然我同意罗恩·保罗的看法，并认为没有像美联储这样的中央银行会让这个世界更好，但我选择不把时间花在抗议上。我宁愿提高我的财商，站在硬币的边缘上看美联储，这是让我看清两面的有利位置。因此，我得以看到美联储也做过很多好事，尽管很多人认为这些事造成了一定的损害。

虽然我理解争论的双方，但看到甚至是无家可归者都在抗议美联储，这种高度觉醒让我受到鼓舞。

20世纪60年代，当我还是个中学生时，林登·约翰逊总统发起了"伟大社会"计划，促生了联邦医疗保险、医疗补助和《美国老年人法》的出台。伟大社会计划是特意用来拯救穷人的。在共和党总统理查德·尼克松和杰拉尔德·福特的领导下，伟大社会计划进一步扩大，到乔治·布什总统（小布什）任期内，这种扩大达到了最大化。面对两次竞选的挑战，布什总统通过了联邦医疗保险D部分，即《老人医疗保险处方药的改善和现代化法案》。这使得"联邦医疗保险＋选择"计划（Medicare＋Choice）增加了处方药的承保范围，通称为"差额保险"（MA）。联邦医疗保险可能是美国目前最昂贵的社会福利计划。这一决定取悦了制药公司和老年选民，小布什因此赢得了连任。

我的经历

现在我们拥有了奥巴马医改，它有可能是最糟糕的总统政策。我认为许多人会同意奥巴马医改不只是与医疗保健计划有关，它还与金钱和权力有关。写进计划的法律与医疗保健毫不相干，却都与向政府输送更多的权力有关，而这种权力的转移是以更多地侵入到我们的私生活为代价的。最近几个月来，我们在主流媒体上越来越多地听到"社会主义"和"共产主义"的字眼，也就不足为奇了。

拯救中产阶级

在2012年总统竞选期间，奥巴马总统和米特·罗姆尼都放出了豪言壮语，承诺"拯救中产阶级"。我问自己："又该怎么拯救穷人呢？"

美联储使得穷人和中产阶级的生活更容易了还是更艰难了？有一点似乎确定无疑，那就是美联储绝对让富人的生活更上了一层楼。

不无遗憾的是，很少有政治家有勇气同美联储较量。非但不与美联储较量，我们的政治领导人反而大谈量化宽松的货币政策（QE）。这是美联储要"印钞"的行话。

冲出悬崖

在2012年的最后一周，美国政府陷入共和党和民主党的论战之中，新闻充斥着有关"冲出财政悬崖"的报道。一方谈论削减开支，而另一方则谈论向富人征税。依我看，双方达不成一致意见的原因是他们知道他们解决不了我们的问题。政治家知道他们缺乏能力，他们可能知道要做什么，但缺乏做事的勇气。

因此，立法者只好用绷带将美国的金融伤口包扎再包扎，再次踢皮球，将问题推给下一代立法者和美国人。这正是富兰克林·罗斯福做过的事。在最近一次经济大萧条期间，他创立了社会保障和其他福利计划。他的解决方法及林登·约翰逊总统的联邦医疗保险计划构成了当今的问题。不管喜欢与否，在很早以前我们就开始冲出了"财政悬崖"。

在最近一次大萧条期间，无家可归者的家庭搭建起来的帐篷城被称为"胡佛村"，是以赫伯特·胡佛（Herbert Hoover）总统的名字命名的。如果历史可以借鉴的话，量化宽松政策就是印制更多的钞票来解决我们的问题，这意味着数百万乃至更多的人会无家可归。

虽然我赞成罗恩·保罗"终结美联储"的观点，但我选择利用富爸爸的财商教育，那就是"成为美联储"。诚如富爸爸经常说的那样："帮助穷人的最好方式就是不要成为他们中的一员。"他常说："你越努力地去帮助穷人，就会有更多的穷人因此产生。"富爸爸信奉授人以渔,让他们为自己印制钞票,而不是由政府印制越来越多的钞票。

在下一章中,你将学到如何成为美联储,而不是终结美联储。

父母行动指南

教会你孩子自己印制钞票的方法。

因为没有钱才为富爸爸打工(他不给工资),这有一个好处,那就是当需要想出自己挣钱的办法时,我必须学会自己动脑子。

据说"贫穷会带来创造力"。正如我在《富爸爸穷爸爸》中讲的故事那样,我开始"赚钱"的方法是熔化旧牙膏皮并制作铅镍币。在商船学院学习时,我用帆船上的旧帆缝制成彩色的尼龙钱包,并赚了一些外快。因为皮革钱包受到风雨的侵蚀会腐坏,而我的尼龙钱包深受水手的欢迎。

我的观点是,贫穷促使我要创造性地找到为自己印制钞票的方法——写书、开发游戏、开办像"富爸爸"这样的教育公司、投资租赁房地产和石油。在你的帮助下,你的孩子也可以像我一样。

资本家的研究生院

第十八章
我如何为自己印钞票

下面要讲述的是我用来为自己印制钞票的方法。我尽可能简单描述，但恐怕会让你失望，因为这并不是一个简单的方法。

我希望你尽量跟上我的思路，理解我的解释。如果你没有完全弄懂，不必担心，大多数人一时都难理解。如果你想进一步搞清楚它是怎么回事，我建议你找一个也想学习此种方法的朋友，你们一起研读我说的话，并讨论这一方法。

当我想学新东西时，我会与几个朋友聚在一起，集体讨论感兴趣的各种话题。诚如他们所说："三个臭皮匠赛过诸葛亮。"如果你想学习为自己印钞票，那就记住"众人拾柴火焰高"。

共同研究让我的学习达到最佳效果。这就是总有一个聪明而且富有经验的顾问团队聚集在我身边的原因。

遗憾的是，若是在学校，这就叫"作弊"。

理由陈述

有一种情况似乎如影随形，当我解释"成为美联储"这一方法时，总会有人站起来说"这事你可做不到"。我的回答一成不变："或许你做不到，但我能。我每天都在做。"更准确地说，我已经将投资、知识产权和资产变成了运载工具，不管我继续工作与否，月复一月，年复一年，它们不断地将钱装入我的钱包。这就是"成为美联储"，或者说"印制你自己的钞票"。

当然，每个人都"成为美联储"是不可能的，但确实存在一些手段，任何人都可以利用，从而改善自己的财务状况。推荐如下：

1. 做创业者——拥有自己的企业；
2. 组建一个由顾问、律师、会计师和其他创业者组成的团队；
3. 搞明白如何利用债务致富；
4. 弄清楚税法；
5. 培养高情商；
6. 为法律、伦理和道德品质及实践活动设定高标准；
7. 做房地产投资者；
8. 做商品期货投资者；
9. 拿出时间专门接受财商教育，并将所学付诸实践；
10. 培养良好的沟通交流和人际交往能力。

我的经历

让我说一说我是如何创建自己的美联储的吧！

1973年，从越南战场返回家时，我不知道我能不能在富爸爸的世界里有所作为。我至少对上述10项要求有个基本的了解，这些是他对立足于商业世界的指南。我知道有保障的工作和稳定的工资并不在他的名单之列，我知道其中的缘由。当时年仅25岁的我还知道"创建自己的美联储"可不是一件容易做到的事。

虽然我不喜欢上学，但我确实想学习做一个资本家。这就是我的优势，就跟你一样，我想学习，而渴望学习是学习的关键。

在我研究选择创业之路需要做什么的时候，我意识到我翻开了自己生命的新篇章。就像飞行学院一样，它是一个与毛毛虫变成蝴蝶非常相似的蜕变过程。当我从越南返回时，我知道我将要踏进一个新的蜕变阶段，这与飞行学院的经历非常相似。在新的过程中，我清楚地知道：没有较稳定的工作，没有稳定的工资收入，如果我跌倒或者失败，也没有人能扶我一把。很像在飞行学院一样，在变成创业家的过程中我会坠机、燃烧和死亡。

在我揭示如何成为美联储之前，下述几点非常重要，请务必牢记心间。

第一点：三种收入

我在本书前面提到过三种类型的收入。让我们回顾一下：

1. 普通收入；
2. 投资组合收入；
3. 被动收入。

收入的三种类型很重要。这是为什么奥巴马总统300万美元的收入税率近20.5%，而米特·罗姆尼2 100万美元的收入税率为14%的原因所在。正如我们在前面章节中讲述的那样，奥巴马总统赚的是普通收入，而罗姆尼关注的是投资组合收入。

我预料史蒂夫·乔布斯每年只拿1美元工资的原因只是因为他不想要普通收入，他关注的是投资组合收入和被动收入。

大多数人只知道普通收入，要想成功做到"成为美联储"需要对三种类型的收入有足够的了解。

第二点：四种货币

为了理解"成为美联储"这个方法，重要的是首先要理解货币史和四种不同的货币形式。这四种货币形式是：

1. 商品货币；
2. 储备货币；
3. 部分储备货币；
4. 法定货币。

我们深陷其中的金融危机是法定货币造成的，法定货币没有黄金和白银的支持，支持它的反而是政府的承诺。（我不确定我们是否想看一看政府遵守承诺方面的信用记录。）美联储和世界各国的中央银行印制法定货币。成为美联储的方法需要颠倒历史，要从有能力印制自己的钞票并利用这种"法定货币"收购企业、房地产和油井等真正的资产开始起步。然后，利用这些资产产生的现金流购买更多真正的资产，比如房地产和金银等商品货币。这正是资本家要做的事。

从货币史中得到的教训

1. 商品货币

几千年前,人类的第一种货币是商品,表现为金、银、盐、贝壳和牲畜等。事实上,"capital"(资本)一词就是从"cattle"(牛)这个词演化而来的。

现代银行家使用"in kind"这个英语短语,而"kind"一词源自于德语单词"kinder"(孩子),它也是"kindergarten"(幼儿园)这个英语单词的来源。当牛的主人将牛作为贷款的附属担保物留给银行家时,等于允许银行留下牛犊作为贷款的利息。

若用金融术语表达的话,"in kind"的意思就是"以同样的实物偿付"。很多年前,它表示用牛犊偿付利息,今天它则表示用金钱来偿付利息。

当商品被用作货币时,"物物交换"这个词就很好地反映了这一交换过程。

2. 储备货币

第二类货币是储备货币。在穿越沙漠到外国购买货物时,商人会将他们的金子或牛寄存在信得过的银行家那里,让他们代为保管,而不是携带着金子上路,因为那样太危险。

接受委托的那个银行家会发行纸币,说明在他那里保管着黄金和牛。商人穿越沙漠,在购物时用纸币付款,这些纸币暂时就叫作"储备货币"。

3. 部分储备货币

时间不长,受托的银行家就意识到了商人并非真的需要或想要他的黄金或贵重物品。

大多数银行的客户乐于拥有受托银行发行的纸币,它就是几张纸或借条。纸币较轻、可以折叠、携带方便,而且比起搬运成袋的黄金风险还比较低。

银行家灵机一动,他开始借出"部分储备货币"。这就是说,如果银行家在其金库中有价值 1 000 美元的黄金(来自于存放者),他就可能向市场投放价值 10 000 美元的部分储备纸币,并收取利息。随着部分储备货币的引入,银行开始印制钞票。

此事一旦发生,货币供应量扩大,因此,市场得以兴隆。在上述例子中,部分准备金是黄金价值的10倍,这就意味着银行中每份价值1美元的黄金对应着流通中的10美元纸币。

当然,除非所有的储户想同时提取现金,否则,每个人都会高兴。今天,如果所有的储户纷纷从银行提款,这就叫作"挤兑"。

2008年,雷曼兄弟倒闭之后,乔治·布什总统签署了"不良资产救助计划"并使之成为法律。他尽其所能防止出现大规模的、受恐慌驱使的挤兑。

全球经济负债几十亿美元就是这么来的。各国政府印制了几十亿的美元、日元、欧元和比索,以防止出现对金融系统的全球性挤兑。因为借出了他们并不拥有的货币,银行家是在作茧自缚。

4. 法定货币

1971年,当理查德·尼克松总统将美元脱离金本位时,美元就变成了法定货币。今天驱动着世界经济发展的动力正是这种货币。法定货币是以政府宣布为准的货币。"Fiat"一词来自于拉丁文,意思是"政府规定如此"。

简而言之,政府开动印钞机,将一张纸变成货币。今天,用电子脉冲就能实现这一功能。他们甚至不需要纸。

由于是法定货币,随着更多的钞票被印制出来,有两件事情会发生:

- 税收增加;
- 通货膨胀加重。

本质上讲,印制钞票是对穷人和中产阶级的双重征税。这就是穷富之间的差距越拉越大的原因,也是《富爸爸穷爸爸》第一章取名"富人不为工资工作"的原因。为什么大家要为法定货币而工作呢?

印制法定货币可能对美国经济有好处,只是好景不长。法定货币使得工资处于较低的水平,让我们生产的产品价格低廉,从而我们得以扩大出口。如果政府不使其法定货币贬值,产品价格就会越来越高,失业率会上升,势必出现社会动乱。法定货币也意味着政府用较廉价的美元来偿付债务。这表明即使货币在贬值,但随着收入的增加,并递增到更高的纳税等级,政府反而收取了更多的税收。

当我在1973年离开海军陆战队时,每年2.5万美元的工资被认为是不错的中产阶级收入。今天，它被看成是"穷人的收入"。

如果我们不断地印制法定货币，用不了多长时间，年收入 25 万美元会成为贫困线的收入，一条面包将会卖到 50 美元。历史上多次发生过这种事情。人们挣到更多的工资，进入更高的纳税等级，从而缴纳更多的税收，结果只能是变得更穷。

因此，"成为美联储"十分重要。你想尽可能多地印制钞票（你自己的法定货币），尽可能少地合法纳税，并购买尽可能多的资产。这些资产会产出更多的法定货币，最终又变成商品货币或金银。

这就是富人所用的方法，它说明了为什么富人会越来越富，而穷人和中产阶级不停地为生活而拼命挣扎，却变得越来越穷。富人不为工资而工作，而穷人和中产阶级离开工资却不能活。

我能变成美联储吗

离开海军陆战队之后，我到施乐公司工作，白天上班做销售，晚上和周末开始创办公司。我成为创业者，尽最大努力实现了"成为美联储"整个过程的第一步。我知道，如果我成为 B 象限的创业家，我就能比处在 E 象限或 S 象限时赚的钱更多。

我经历过一连串的成功和失败。我的第一家大企业生产的是尼龙钱包，不过它很快就倒闭了，留给我的是 100 万美元的债务。之后，我进入摇滚乐行业，为杜兰杜兰（Duran Duran）、平克·弗洛伊德（Pink Floyd）和警察（The

---

为什么银行喜欢借钱的人

在现代金融体系中，你每在银行中储存 1 美元，就会允许银行借出 4 美元。当我投资房地产时，我是在帮助银行借钱给我。请记住，你储蓄的 1 美元是银行的负债。当我借钱时，我的 4 美元的负债就是银行的资产。

额外的 4 美元是从哪里来的呢？无中生有。这就是较小的银行如何印制钞票的方式。它是构成部分储备体系的一部分，该体系允许银行借出的钱超过他们掌握的储蓄额度，但他们必须保留一部分，比如，总储蓄的 1/4 因此成为部分储备。如果没有人向银行借贷，银行还要为你的储蓄掏钱，它也就不想要你的储蓄了。在金融危机最为严重时，储蓄者的钱就会大量涌入银行。当银行无法对外放贷时，少数银行就会开始向储户收取利息，以保证他们的资金安全。

Police）等乐队制作特许商品。很快我在摇滚行业取得了成功，但接着又失败了。虽然我知道每次失败会让我变得更加聪明，但失败也让我极其痛苦。

这就是情商和精神教育对于学习过程至关重要的原因。很多次我想放弃，很多次我想欺骗、撒谎或偷窃，但我仍然坚持面对每一天和每一个问题。随着机会的增加，我变得更聪明，获得了更多的经验，并提升了自己在法律、伦理和道德方面的品质。

最终我做到了。但没有我的妻子金和真正的朋友，我也许不会成功。就像在飞行学院一样，这是一个蜕变过程。今天，我拥有了自己的"美联储"。

下面是我成为美联储所做的事。

1. 印制自己的法定货币

1996年，金和我开办了富爸爸公司。我们从投资者手里筹集了25万美元。一旦公司成立并经营起来，我们就要给投资者支付利息。

今天，该公司已经在超过55个国家开展了业务，总收入达到数百万美元，并在全世界范围内提供就业岗位，它正在印制自己的（法定）货币。

因为投资者最初投入公司的钱已经收回，所以，再收到的所有钱都是无限的回报。无限的回报就等于印制货币，就像美联储所做的事情一样。我们每年都会设计新产品，再次会有更多的钱流入。即使富爸爸公司关门大吉，现金仍然会因为图书、游戏版权的存在源源而至。

2. 利用部分储备货币投资房地产

银行家喜欢房地产，所以，房地产是一种极好的投资。房地产贷款比商业贷款容易很多。房地产投资是部分储备货币。我在房地产上每投入1美元，比如建设公寓楼或商用地产，银行

这事你做不到

每当我解释我们如何印制自己的钞票时，我总会碰到有人说："这事你做不到"或者"在我们国家你可做不到"。

我向他们保证这在每个国家都能做到。我回答道："可能你做不到，但在你们国家有人正在做。在每一个自由国度几乎都有相应的税法在发挥着作用。下次当你看到一座大型写字楼、宾馆或住宅工程时，要提醒自己拥有这些大楼的人正在做这种事。"想想他们是如何做到的？

就会贷给我另外 5 美元。因此，比例是 1∶4。

我把"部分储备货币"叫作"以 1 带 5"，因为我把自己的货币供应扩大了 500%。有人称它为"杠杆"，也有人叫作"其他人的钱""负债"等。有时，彼之砒霜，吾之蜜糖。

我们的目的是赚回我们的美元（法定货币）。这意味着我们要从权益债务比的 1∶4 变成 0∶5。比率 0∶5 表示资产中没有我的一分钱，负债率是 100%，而且资金通过银行融资所得。通过借到 1 美元，我们从部分储备货币变成了纯法定货币。房地产正在利用 100% 银行的钱印制我们的货币。我们没有投入一分钱，再次获得了无限的回报，实际上这是在印制 100% 的法定货币。

补偿法

1973 年，参加完 3 天的房地产培训班之后，我用 1.85 万美元买下了我的第一个房地产。我投入的钱不到 10%，而且是通过信用卡支付的。这是我第一次 100% 利用融资所做的投资。

2005 年，金、我、我们的伙伴肯·麦克尔罗伊（Ken McElroy）和罗斯·麦卡利斯特（Ross McAllister）做了我们第一次的共同投资：全部通过融资，投资额有几百万美元。作为首付，金和我投入了 100 万美元。我们对房产进行了修缮，并加盖了新的公寓。租金上涨，基于它所产生的额外收入，银行向我们再次发放了贷款。（如果是小型房地产投资，银行会根据投资者的财力贷款。如果是大型的房地产投资，银行会更多地考虑该财产的生财能力而忽略投资者的财力来贷款。）随着该财产的新贷款到账，金和我收

> **金钱如何改变象限**
>
> 当我在 B 象限赚钱时，我会立即在 I 象限加大投资。这样做，我会进一步减少 B 象限收入的税负。
>
> 如果我花费 B 象限产生的收入，我不会这样富裕，而且我要缴纳更多的税收。
>
> 例如，如果我在 B 象限赚了 10 万美元，我要么投资房地产项目，要么投资石油和天然气项目。我不但购买了更多的资产，获得更多的现金流，而且会再次降低税率。

回了我们的 100 万美元的投资，因为它是负债，所以是免税的。（如果它是普通收入，我们要缴纳差不多 50 万美元的州税和联邦所得税。）

今天，我仍然拥有该财产。它 100% 是由银行融资所得，我们仍然每月获得现金收入，而且按照较低的被动收入税率纳税。银行成为我们的合作伙伴，100% 提供投资所需资金，但我们会 100% 地享有它的增值、分期付款和折旧。银行归还我们投资的 100 万美元，我们再将其投入到其他公寓项目，然后再重复这一过程。这就是我喜欢银行的原因。假如你是他们的好伙伴，它们就是你的最佳搭档。因为我们正在做政府想做的事情，即雇用员工、利用债务和提供住宅，税务部门也是我们的好伙伴。

> **货币流通速度**
>
> 大多数人，特别是 E 象限和 S 象限的人会将他们的钱存入银行、购买保险或放入养老金账户中。而 B 象限和 I 象限的人会借走这些钱，购买资产，然后拿着这些资产产生的利润投资另外一项资产，周而复始，从而推动资金的运转。
>
> 他们的动力源自于收到越来越多的钱，而缴纳越来越少的税。仅仅因为他们做到了政府想做的事。他们提供就业机会、住宅、食物和燃料，并利用债务赚取更多金钱。
>
> 简而言之，E 象限和 S 象限的人存钱，B 象限和 I 象限的人让钱周转。若用金融术语表述，就是"让资金运转起来意味着购买更多的资产"，即所谓的"货币流通速度"。

我在 1973 年的初次投资租金与我现在所做的投资其核心原则是一致的，只是交易额的"0"数改变了。这是《补偿法》起作用的例子，该法规定：随着教育经历的增加，你的补偿也会增加。

只要我们用自己的钱进行投资，我们收到的现金流就是部分储备货币。而经过融资，改成全部利用负债，从我们把自己投入的钱收回时起，我们收到的现金流就是纯粹的印制货币。我们就是美联储。

银行是最好的伙伴

如果谈及投资伙伴，我认为银行是最好的。银行投入大部分或全部资金，并让我留下所有的利润，以及像分期偿还、增值和折旧等税收优惠。大多数合作伙伴希望分享利润和税收优惠，但银行并不这样做。

如果分期偿还、增值和折旧等词对你来说是新词汇，而且在你的金融词典中也找不到，请翻到本书后面的词汇表，并把它们记录下来，与你的报税员或税务专家进行讨论，听他们为你更详细地解释这些重要词汇的含义。

3. 我把现金流转化成商品货币

许多所谓的专家把黄金叫作"历史的野蛮遗迹"。他们是正确的。它是幸存了几千年的遗迹。

许多人正在购买黄金和白银，以便将他们的法定货币变成商品货币。问题在于，这样做他们购买的不是产生现金流的资产。他们的法定货币直接被当成"历史的野蛮遗迹"隐藏了起来。因为它躲在保险箱中无所事事，它对社会或经济没有多大的贡献。

由于成为美联储，我印制自己的法定货币，并收购企业、房地产和油井等资产，它们既服务社会又产生现金流。我们只用自己富余的钱购买金银，我们不储藏法定货币（虚假的货币）。

因为美元不再是真正的货币，反而是一个正在贬值的货币，储藏美元对我来说毫无意义。如果我们需要美元现金，那么，黄金和白银具有流动性，而且可以快速和容易地转化成美元。

由于成为美联储，我已经将货币史颠倒了过来。我从法定货币开始，最后返回到商品货币。

两个爸爸

我在生活中有两个爸爸是一件幸事。他们是我最好的老师，我从他们那里学到的东西比在学校里学到的还要多。我从穷爸爸身上学到了学习的重要性和价值，从富爸爸那里学到了慷慨的力量。

从9岁开始，通过玩《大富翁》，我的C等生（资本家）教育开始了。这是一个A等生（学者）或B等生（官僚）很少看到的世界。

随着年龄的增长，我已经看透了世事，纵观全局：生活质量不取决于学校考试分数的高低，它与你选择研究什么有关。

父母行动指南

与你的孩子一起探讨和体验真实的理财世界。

作为父母,重要的是教孩子采取行动,并边做边学。

学习理财的最好办法就是在现实生活中亲身体验。金钱几乎关乎我们的每一个决定:晚饭吃什么、去哪里给车加油,以及如何为牙齿治疗付款,诸如此类。

下面列举几例:

- 带你的孩子去杂货店购物,讨论家庭预算和养活全家需要的花费。
- 带他们去房地产办公室,参观一项投资项目,讨论如何评估一个投资机会。
- 带他们去出售金银币的钱币店,解释其价格是如何决定的,为什么金银可能是好的投资对象。
- 带孩子去一个理财规划师或股票经纪人的办公室,让他们悄悄地倾听别人的对话。
- 将真实的家庭状况和问题当成学习的机会。

在穷爸爸的家里,我们从来不讨论理财问题,也不允许我们在理财上犯错误。在穷爸爸看来,承认你有麻烦或犯了错意味着他愚蠢或失败了。换句话说,他将学校文化带到了我们的家里。而在富爸爸看来,理财问题甚至与金钱有关的错误都是学习的良机。

当真实的理财问题或错误在你家发生时,花些时间进行讨论,并从本书或其他资源中吸收新信息,从硬币的另外一面寻求智慧。

从硬币的另一面寻求智慧,等于你是在教孩子增加他们在生活各个方面的聪明才智。

穷爸爸认为知道正确答案足矣。在他看来,知道哥伦布在1492年发现美洲就够了。富爸爸则认为要知行合一,你知道的就是你能做的。富爸爸宁愿试着做哥伦布,而不是记住他扬帆起航的日期。

恰如学习金字塔给我们的提示那样,实战和模仿都是行为导向式的和体验式的学习方法。它们不仅有趣,而且更容易记住所学知识与经验。

当真正的理财问题或错误在你家发生时，花些时间加以讨论，并从本书或其他资源找到新的信息，这会帮助你从另外一个角度看问题。通过从两个方面和多种观点中寻求智慧，你就是在教你孩子增加生活各方面所需的聪明才智。

谁在教你孩子钓鱼？

最后的思考

家庭就是教室,它是孩子学习的最重要场所。生活的基础是在家中打造的。遗憾的是,富家子弟们是在不健康或不支持他们发展的家庭环境中长大的,他们看到或感受到了虐待、毒品、撒谎、怨恨、歧视包围着他们;而穷人的孩子则生活在更加艰难的贫困生活中。

因为父母是孩子最重要的老师,所以我才为父母写这本书。即使父母没有受过多好的教育,他们仍然能够鼓励孩子学习财商知识。即使父母遭受了虐待或忽视,他们仍然能够抱住自己的孩子,并让孩子感到安全和爱。爱是我们所有人必须给予的礼物,并且不需要付出任何代价。不管富裕还是贫穷,它都能走进千家万户。

本书是我写过的最重要的书之一,因为我知道真正爱孩子、关心孩子的教育和未来的父母们会阅读它,我则竭尽全力做到简单易懂。

理解每枚硬币的三个面、从多角度看事情、不排斥其他的观点,它们的重要性我还强调得不够。通过教会孩子如何纵览全局,而不只是简单、片面地看到对和错,父母就能增加孩子们的才智。

我已经强调过战胜贪婪的慷慨的重要性,并努力解释美国税法是如何实实在在地奖励慷慨的。我分享了我对教育的认识,教育是终生的事情,而不是学期结束时的考试分数;从我们所犯的错误中吸取经验教训,而这些错误恰恰就是设计好了的让我们学习的机会。

赶上变化

世界范围的金融危机是由很多原因造成的，学校缺乏财商教育是其中之一。促生这种经济动荡的另外一个重要原因是一个叫作"加速的加速度"概念，或者称之为"变化加速度"。如果换一种说法，学校未能让学生成功只是因为教学体制赶不上社会的变化。我们目前的教育体系是在农耕时代建立起来的，到了工业时代只是对其略加修正。依我看，在这个发展迅速、日新月异的信息时代，其满足今天孩子生存所需的能力已经严重不足。

在一个加速发展的世界，今天的新事物可能不到两年就过时了。好消息是，大多数孩子已经有所规划，试图赶上加速发展的步伐。而若看看这枚硬币的反面，则是大多数学校和老师还没有做此打算。无须惊讶，许多学生被诊断患上了"多动症"（ADD）。我认为，很多情况下，"多动症"只不过是"无趣"的新名字而已。

目前大学生活的现状使得父母要承担起老师的责任，这一点比以往更加重要。这就引出了一个问题：父母如何让他们的孩子乐于学习呢？

答案之一是游戏。孩子会花几个小时在电脑、游戏机、游戏盘和智能手机上玩游戏。我就是通过每天玩几个小时的《大富翁》才学到一些有关企业和投资的最有意义的课程的，包括富爸爸公司在内的许多公司投资教育工具和产品的研发，采用的也都是对于今天的孩子学习最为有效的学习形式。我认为孩子们想学习，每天他们都会在周围的世界中发现新鲜而令人兴奋的东西：理念、创新及让他们着迷的人。作为教师和父母，我们的职责就是让学习变得有趣、吸引人并以经验为依据，以便让课程体现现实生活，让学习变得相关、真实和有用。

其底线是你的孩子在家中学到的东西比在学校学到的多。作为父母，通过让你的孩子向生活中必须承受的一切敞开心智，你就能把你的家变成世界上最令人愉快的教室。如果帮助他们发现自己特殊的天赋，并且支持他们的梦想，等于你赠给他们了一件无价之宝。

iPhone 和 iPad 会取代老师和传统的学校吗？我认为不会。但是现在，通过移动设备和为适合孩子学习速度而打造的教学内容,有前瞻性的父母就能够为他们孩子的学习提供有益的补充,以此促进孩子的发展。在大学学费和学生贷款激增的今天,这种电子学习的方式为传统教育模式提供了一个能够负担得起的替代品,这是一个好消息。

信息时代的世界

在这个信息时代,教育这个皇帝确实没有穿衣服。感谢当今企业家的创新,人们可以负担得起并享受到高质量的教育。就像亨利·福特制造了几乎每个人都能买得起的汽车那个时代一样,今天真正的资本家正在教育上做着同样的事情。

不管是贫穷还是富裕,不管是第一世界国家还是第三世界国家,史蒂夫·乔布斯和比尔·盖茨这样的创业家已经将家庭变成了一流的大学。触摸一个按钮或敲击一个键就能以光速进入到信息世界。技术已经改变了世界,依我看,这是有史以来最大的变化。一个没有围墙或边际的世界,这是之前从来不曾存在过的。它对你的孩子也是开放的。

奥普拉·温弗瑞在电视方面发现了她的天赋,托马斯·爱迪生在他的实验室里发现了他的天赋,泰格·伍兹(Tiger Woods)在高尔夫球场发现了他的天赋,而甲壳虫乐队在夜总会发现了他们的天赋。这些天才都没有完成过学业。

正如600年前火药和大炮将国王和王后的城墙轰塌一样,移动设备会把我们今天所知的神圣的教育城墙轰倒在地。这并非是不可思议的事情。你的孩子会从世界的各个地方选择他们想学什么,而不是政府告诉我们要学什么。正如史蒂夫·乔布斯从里德学院退学才开始选择旁听他想学的课程一样,你的孩子也可以追随自己的内心和精神,它们会在以后的生活中激发他们的热情和梦想。这条道路可能会引导他们成为创业者,他们的企业会"印制钞票",让他们的钱为自己工作;而不是让他们成为一个雇员,在一个高失业率和低工资的世界里终生辛苦地为钱而忙碌。

不知是有幸还是不幸,新事物取代旧事物可能意味着更大的全球混乱。学校的改变是缓慢的,教师工会不希望有所改变。他们希望维持现状,这对他们可能有利，但对你的孩子和纳税人不利。

世界在1971年发生了改变。当尼克松总统让美元脱离了金本位时，货币规则改变了。我们的学校却没有因之而改变。真可悲，或许说真丢脸。今天，即使钱不再是钱，我们的学校还是继续教孩子们存钱。在富人利用债务致富时，学校劝告学生不要负债。甚至在房地产市场的崩溃摧毁了无数家庭的财务基础之后，学校还在教孩子们"你的住宅是资产"。学校一直给孩子灌输这样的观点：税收是一个人的"最大开支"，而不是机会和激励。我认为打开未来的钥匙掌握在父母的手中，换句话说，世界的未来确实存在于我们的家庭、内心和我们孩子的大脑中。这是有史以来最伟大的人类变革，但我认为我们现在站在了悬崖边上。

会有混乱吗？是的。会有暴力吗？可能。会有恐惧吗？当然。会有选择迎接未来的挑战并抓住全部机遇的新创业家出现吗？肯定。

问：父母能做什么？

答：聪明地利用与你孩子一起待在家的时间。要记住三个学习之窗、多元智能概念、学习金字塔、游戏的力量和马斯洛的需求层次论。要知道，即使最初在创造一个适合孩子学习、发挥你的教育才能的家庭环境方面迈出最小的一步，也可以使你和你孩子更好地控制财务未来。重要的是，父母让家庭变成了一个允许孩子犯错、尝试新事物、提出问题的学习场所。也许你们可能不知道所有的答案，但你们可以共同学习。要在这个加速发展的世界里培育一个拥抱变革的环境。

或许最重要的是你要为孩子树立一个榜样，他或她可能是一个思想开放的人，可能是站在"硬币"的边缘并且看到其两面的人（这枚"硬币"可以是一个想法、争论的问题或某种主张，或者是你们正在思考或探讨的问题）。这就是智慧，而这种智慧能够影响你未来的财力，并且真正地提高你孩子的生活质量。

太多的人怀着不对即错、非黑即白的世界观从学校毕业，许多人认为生活的试卷只有一个正确答案。现实生活中，生活是一个充满多项选择题的试卷，其中每一个选项都可能是正确的。

我写这本书是因为我想扩展父母观察世界的视野，使得他们可以看到硬币的不同面。看到争论问题的另外一面会增进一个人的才智。它也表明生活在不对即错、非黑即白世界里的人可能受过高等教育，却不够聪明。

例如，当谈到财富时，说"向富人征税"的人无法看到硬币的另外一面。他们看不到当政府增税时，增税对象是那些说"向富人征税"的人。政府并没有更多地向富人征税。

再举一个例子，当人们说"富人是贪婪的"时，他们往往看不到自己的贪婪，以及富人可能是慷慨的。当父母劝告他们的孩子"上学再找到一份工作"时，他们可以更明智地劝告他们的孩子学习如何为其他人提供就业岗位。

> **出卖你的灵魂**
>
> "只要你需要钱，你就总要出卖部分灵魂。"
>
> ——无名氏
>
> 为了获得选票，政治家们开始"捕食"穷人，向他们提供应得权益计划，比如社会保障、联邦医疗保险和现在的奥巴马医改等。
>
> 公司执行官会想方设法保住他们的高薪工作，获得奖金和养老金，比如食品行业的经理人会向过于肥胖的人群出售肥肉、糖和盐。
>
> 银行家会向没有受过任何财商教育的人提供信用卡、共同基金和助学贷款，以赚取手续费、利息和佣金。

在我看来，教育的最大问题之一是我们的学校教孩子为工资而工作，而不是教孩子如何让钱为他们工作。

学校不但不教孩子如何让钱为他们工作，反而建议孩子将他们的钱交给银行或投资于共同基金公司、房地产代理商和养老基金，而正是这些人引起了经济危机。我并非评论金融服务业的好坏，而是想说"缺乏财商教育是经济危机的核心所在"。

所有的孩子天生都对金钱怀有极大的兴趣和好奇心，那么我们为什么不利用这种兴趣来激发孩子的理财天赋呢？

大众教育委员会

1902年，约翰·洛克菲勒成立了大众教育委员会（GEB）。他创建这个委员会似乎是想取代美国的教育系统。我常常想，这可能就是我们的学校不教授财商教育的原因。

约翰·洛克菲勒、约翰·皮尔庞特·摩根（J. P. Morgan）、科尼利厄斯·范德比尔特（Cornelius Vanderbilt）、华盛顿·杜克（Washington Duke）和利兰·斯坦福（Leland Stanford）常被叫作"强盗资本家"，他们之所以承办教育似乎是为了"看住"穷人和中产阶级最优秀和最聪明的孩子。他们教育这些孩子，然后雇用他们当职业经理人来运营他们的企业。很显然，这些强盗资本家似乎不想让孩子们了解太多金钱的知识，免得激励出一代创业家，反而不利于这些强盗资本家获得源源不断的人才流，他们需要稳定的员工和经理人为他们所用。

为什么A等生和B等生为C等生打工

简而言之，A等生是学者或专家，比如律师、医生、会计师、教师、工程师和记者。B等生是官僚，常常管着学生。A等生和B等生都只研究硬币的一面。

但是，C等生是资本家，他们必定是研究硬币3个面的学生。这就是许多A等生和B等生为C等生打工的原因。

"我应得的"

缺乏财商教育是应得权益心态越来越严重的主要原因，在我看来这似乎是显而易见的。从当选的官员、普通公务员到加入工会的工人，从军人、公司雇员到穷人，越来越多的人正在往应得权益的拖车上跳，心中怀着一种信念，那就是这个世界应该对他们的生活负责。随着美元购买力的持续下跌，许多曾经收入颇丰和自给自足的中产阶级将加入到穷人的行列。

赤裸裸的"教育"皇帝

在我看来，我认为我们不只是面临着经济危机，还面临着教育危机和应得权益危机。

当你看到社会保障、联邦医疗保险及公司和政府养老金等方面存在的数万亿美元无资金准备的负债时，很明显我们陷入了人的危机，而它是由功能出现障碍的、过时的教育体系造成的。美国和世界可能会印制数万亿仅仅靠信任支持的货币，努力授人以鱼，而不是授人以渔，却始终拒绝承认教育这个皇帝是一丝不挂的。

所有的硬币都有3个面。教你孩子捕鱼就是教你孩子认识每枚硬币的3个面。这是一个终生教育的过程，这个过程具有让你孩子从穷人或中产阶级转变成全球企业家的力量，从而让他们与世人分享新理念、新产品和新服务。

今天，父母在孩子教育中的作用比以往更加重要。如果你对你孩子未来的财务状况和财商教育给予足够关心，尽你所能让他们获得压倒性的竞争优势，我个人自当非常感谢。对很多人来说，我期望这意味着你能走出舒适区，愿意接受其他观点，并且自我承诺接受更多的财商教育。

> 每个孩子长大后都有可能成为一个富人、穷人或中产阶级，而父母有能力影响他们的孩子成为哪一类人。

感谢你阅读本书，感谢你在孩子的财商教育中扮演一个积极的角色。

财商教育具有改变生活的力量。

尾 声
奥巴马会见乔布斯：A 等生与 C 等生的会面

2010 年秋，史蒂夫·乔布斯同巴拉克·奥巴马总统会谈了 45 分钟，此时的乔布斯正在与癌症抗争。

以下内容摘自沃尔特·艾萨克森（Walter Issacsonn）的《史蒂夫·乔布斯传》。

政府需要做更有利于企业的事。他（史蒂夫）描述了在中国建立工厂是何其简单，还说这在当今的美国几乎是不可能做到的，主要原因是监管过严和不必要的费用支出。

乔布斯对美国的教育体系予以抨击，称它陈腐得不可救药，并被工会的规章制度削弱。在撤销教师工会之前，教育改革几乎看不到希望。他说："教师应该被当作专业人员，而不能看成是工业流水线上的工人。校长应该有权利基于他们的表现聘用或者解雇他们。"

"这也太荒唐了，"他补充道，"在美国的课堂上，仍旧是老师站在黑板前照本宣科。所有的书、学习材料和成绩的评定都应该是数字化的和互动式的，而且是为每一个学生量身定制的，并实时反馈。"

谢谢你，史蒂夫·乔布斯。

——罗伯特·清崎

词汇表
富爸爸的定义

时代（Ages）

农耕时代（Agrarian）：国王拥有土地、财产和在土地上劳作的农民；

工业时代（Industrial）：1950～2000年，新的富人拥有产品（工厂），农民变成了工人（雇员）；

信息时代（Information）：2000年至现在，新的富人（创业家）拥有企业，并创造出知识产权（IP）。

升值（Appreciation）

指经过一段时间之后资产价值的增加。升值的理由有很多，包括需求增加和供给的减少，或者是通货膨胀或利率变化的结果。它可用于所有类型的资产，比如股票、证券、货币或房地产。它与"贬值"相对应。

资产（Asset）

不管你工作与否，它都会将钱装进你的钱包。

煤矿中的金丝雀（Canary in the mine）

谚语式的警告，预示着坏事即将来临。因为金丝雀能够感知很小浓度的瓦斯，矿工们会用一只装在笼中的金丝雀来勘查新的煤层。只要鸟儿还鸣叫，气流就是安全的。如果鸟儿死亡，那就表明矿工要立即撤离。

资本（Capital）

财源或资产，该单词来源于"cattle"（牛）一词，"牛"是早期形式的资本。

资本家（Capitalist）

能印制自己的钞票，并提供工作岗位的人。

资本利得（Capital gains）

基本词语，低价购进，并希望高价卖出。投资资本利得也是"赌博"，即预期会升值的投机买卖。

现金流（Cash flow）

通过资产产生的收入并流进你的钱包。

CBO

美国国会预算办公室（Congressional Budget Office）。

商品（Commodities）

最早的货币，如金、银、石油、天然气、盐和牲畜。直到今天，它们仍然在使用。

货币（Currency）

大众普遍接受的金钱形式，包括硬币和纸币，由政府发行，并在一个经济体内流通。它被用做商品和服务的交换媒介，是贸易和汇率的基础。

债务（Debt）

无益的债（Bad debt）：为追求时髦的玩意（负债）而借的债，并且需要自己而不是其他人来还的债务；

有利的债（Good debt）：也叫作"杠杆"，即利用其他人的钱购买资产，并由其他人来偿还，比如租户。

债务率（Debt-to-GDP ratio）

即一个国家的国债（现金流出数量）占其国内生产总值（现金流入的数量）的比率，该比率越小，表明一国之经济越健康。

贬值/折旧（Depreciation）

"Depreciation"含义有二：其一是"贬值"，即由不利的市场环境造成的资产价值的减少；其二是"折旧"，即将实物资产的成本在其整个使用周期中进行分摊的方法。企业折旧长期资产是为了实现税收和记账两个方面的目的。货币和房地产是可以贬值的两种资产。

衍生品（Depreciation）

其他东西的产品（或副产品），如橙汁是橙子的衍生品。技术性更强的衍生品定义是：其价格取决于或源于一种或多种标的资产的证券。衍生品本身只是双方或多方的合约，其价值取决于标的资产的价格波动。

华而不实的东西（Doodads）

《富爸爸现金流》游戏中用它表示负债的物品，即我们想要、但并非必需品的物品。

教育（Education）

"Education"一词源自于"educe"，意思为"引出，使显现"。我们的教育体系似乎是将思想、事实、信息等灌输进我们孩子的头脑中。

创业家（Entrepreneur）

冒险解决困难的人。

《雇员退休收入保障法案》（ERISA）

1974年通过的美国法律，即"*Employee Retirement Income Security Act*"。它导致了401（k）计划的产生。它成为雇员要为自己的退休金负责的转折点。

联邦储备银行（Federal Reserve Bank）

全球私人银行家的联合体，控制着美国的货币供应。它创建于1913年。它不属于联邦，也不同于普遍意义上的银行，更没有任何的货币储备。

法定货币（Fiat currency）

政府印制、发行的不能兑换成黄金或白银的纸币，其购买力源于政府的权威和信誉。随着政府印制越来越多的法定货币，一定时间之后，它们的价值往往会贬低到一文不值。

财务报表（Financial statements）

财务报表是现实生活的"成绩报告单"。财务报表显示资产负债表和损益表之间的现金流。

天赋（Genius）

Genius可以分解成Genie-in-us，表示我们所做的是神奇的。我们的天赋是我们的特殊才能，在孩子的梦想实现之旅上常常能发现他们的天赋。

343

Golden rule

传统的意思是黄金定律：你们愿意他人怎样对待你们，你们也要怎样对待他人。另外一个定义是"黄金法则"：谁有黄金谁定规则。

政府支持企业（GSE）

"GSE"是"Government Sponsored Enterprises"的首字母缩写词，比如房利美和房地美。

高频交易（HFT）

"HFT"为"High Frequency Trading"的首字母缩写词。它为股市用语，是一种每分钟可交易9 000手的电脑程式化交易。

恶性通货膨胀（Hyperinflation）

导致一国货币最终一文不值的快速通货膨胀时期。

收入（Income）

普通收入（Ordinary）：一般是工资、佣金和费用，其税率最高，它表明你是为了得到工资而工作。

投资组合收入（Portfolio）：也叫"资本利得"收入。

被动收入（Passive）：也叫"现金流"，通常是税率最低的收入。被动收入意味着金钱为你工作。

知识产权（Intellectual property）

新型财富，为自己印制钞票的一种方式。

负债（Liabilities）

从你钱包里向外掏钱的东西。

有限责任公司（LLC）

保护企业和投资的法人实体，即"Limited Liability Company"。

MBA

即工商管理硕士，全称为"Master's degree of Business Administration"。想沿着公司管理阶梯向上爬的人拿它当回事。

货币（Money）

商品货币（Commodity）：像金银那样的实物、真实货币；

储备货币（Reserve）：纸币或信用的定金；

部分储备货币（Fractional reserve）：银行贷款超过持有数量的能力；

法定货币（Fiat）：借据，可以无限印制的虚假货币。

多元智能（Multiple Intelligence）

霍华德·加德纳提出的理论，意思是说每个人都有其独特的才智或独特的组合才智。他确认的7个天赋是：言语–语言智能、逻辑–数理智能、视觉–空间智能、音乐–节奏智能、身体–动觉智能、交往–交际智能和自知–内省智能。

网络营销（Network marketing）

在一个成熟的商业体系中低风险获得销售培训的方式。

OPM

"OPM"即"Other People's Money"，其他人的钱。

OPT

它的含义有二：即其他人的时间（Other People's Time）或其他人的才能（Other People's Talents）。

庞氏骗局（Ponzi scheme）

一种以查尔斯·庞兹的名字命名的诈骗。它利用新投资者的钱向前期投资者高额回报。迟早有一天，整个欺诈系统会失灵，后来的投资者会血本无归。（社会保障常被叫作"政府支持的庞氏骗局"。）

政治分肥（Pork）

"Pork"是"猪肉"的意思，常比喻政府向富人提供的福利计划或富人因支持政党上台而分到的好处。

房地产（Real estate）

字面意思是"皇家土地"，源于西班牙单词"real"，意思是"皇家的"。

富人（Rich）

富人拥有财产和产品。他们对资产感兴趣，并且让钱为他们工作。

盲点（Scotoma）

因视觉受阻、缺失或存在缺陷而看不到的地方。

不良资产救助计划（TARP）

"TARP"即"Troubled Assets Relief Program"，乔治·布什总统于2008年签署此计划，以利政府刺激经济。

财富（Wealth）

用富爸爸的术语来表述，它是指在不工作的情况下你能够存活的天数。

401（k）

美国政府资助的退休金计划，资金从雇员的工资中扣除，并常常投资共同基金。提取401（k）时按照最高的普通收入税率征税。

迅速提高财商的三个方法

方法一：阅读"富爸爸"系列书籍

财富观念篇	《富爸爸穷爸爸》
	《富爸爸财务自由之路》
	《富爸爸提高你的财商》
	《富爸爸女人一定要有钱》
	《富爸爸杠杆致富》
	《富爸爸我和埃米的富足之路》
财富实践篇	《富爸爸投资指南》
	《富爸爸房地产投资指南》
	《富爸爸点石成金》
	《富爸爸致富需要做的6件事》
	《富爸爸穷爸爸实践篇》
	《富爸爸商学院》
	《富爸爸销售狗》
	《富爸爸成功创业的10堂必修课》
	《富爸爸给你的钱找一份工作》
	《富爸爸股票投资从入门到精通》
	《富爸爸为什么A等生为C等生工作》
财富趋势篇	《富爸爸21世纪的生意》
	《富爸爸财富大趋势》
	《富爸爸富人的阴谋》
	《富爸爸不公平的优势》
财富亲子篇	《富爸爸穷爸爸（少儿彩图版）》
	《富爸爸发现你孩子的财富基因》
	《富爸爸别让你的孩子长大为钱所困》
	《富爸爸穷爸爸（漫画版）》

财富企业篇	《富爸爸如何创办自己的公司》
	《富爸爸如何经营自己的公司》
	《富爸爸胜利之师》
	《富爸爸社会企业家》

方法二：玩《富爸爸现金流》游戏

风靡全球的《富爸爸现金流》游戏浓缩了《富爸爸穷爸爸》一书的作者——罗伯特·清崎三十多年的商界经验，让我们在游戏中模仿和体验现实生活的同时，告诉游戏者应如何识别和把握投资理财机会；通过不断的游戏和训练及学习游戏中所蕴含的富人的投资思维，来提高游戏者的财务智商，最终实现财务自由。

方法三：关注读书人俱乐部微信

北京读书人俱乐部微信公众号由北京读书人文化艺术有限公司运营，为"富爸爸"读者提供符合富爸爸理念的各种理财资讯、产品和工具。读书人文化是一家专业图书策划与出品公司，一直致力于为读者提供幸福生活的知识。从2000年成立至今，读书人文化已在投资理财、文化生活和少儿教育三个领域确立了自己的文化理念和品牌，先后策划出品了"富爸爸穷爸爸"系列、《谁动了我的奶酪》《金字塔原理》《空谷幽兰》《中国的品格》《莲花次第开放》《一心一意来奉茶》《小狗钱钱》《儿童自我成长小百科》等优秀图书。同时，公司也以自身积累的图书和作者等优质文化资源为载体，不断拓展相关衍生产品与服务，如培训讲座、投资工具和影视作品等。读书人文化将秉承"读书人当为天下爱书人服务"的理念，用更多优秀图书和产品，助力读者的财务自由与心灵自由之路。

readers-club
扫码关注读书人俱乐部
获取更多相关资讯

读书人淘宝店
扫码关注读书人淘宝官方品牌店
获取更多优惠信息

《富爸爸穷爸爸》

作者:〔美〕罗伯特·清崎

ISBN:978-7-220-10291-2

定价:48.00元

世界上绝大多数人奋斗终身却不能致富,因为他们在学校中从未真正学习关于金钱的知识,所以他们只知道为钱而拼命工作,却从不学习如何让钱为自己工作……

——罗伯特·清崎

清崎有两个爸爸:"穷爸爸"是他的亲生父亲,一个高学历的教育官员;"富爸爸"是他好朋友的父亲,一个高中没毕业却善于投资理财的企业家。清崎遵从"穷爸爸"为他设计的人生道路:上大学,服兵役,参加越战,走过了平凡的人生初期。直到1977年,清崎亲眼目睹一生辛劳的"穷爸爸"失了业,"富爸爸"则成了夏威夷的有钱人。清崎毅然追寻"富爸爸"的脚步,踏入商界,从此登上了致富快车。

清崎以亲身经历的财富故事展示了"穷爸爸"和"富爸爸"截然不同的金钱观和财富观:穷人为钱工作,富人让钱为自己工作!

《富爸爸穷爸爸实践篇》

作者：〔美〕罗伯特·清崎 〔美〕莎伦·莱希特

ISBN：978-7-220-10300-1

定价：48.00元

  如果你的投资已经没有任何价值，如果你已经厌倦了那些陈词滥调的财务建议，如果你担心自己要无休止地工作下去，永远无法退休，或者，如果你只是想多花一些时间来陪陪家人，那么你可以从本书中找到答案。

——莎伦·莱希特

  1999年4月，《富爸爸穷爸爸》在美国出版，仅仅半年时间就创下100万册的销量。2000年3月，韩语版面市；2000年6月，登陆澳大利亚；2000年9月，简体中文版面市，连续两年半名列畅销书排行榜前10名……一时间，全世界范围内掀起了一股"富爸爸"热潮，无数的读者因为实践"富爸爸"的建议，获得了经济上的成功！

  本书是《富爸爸穷爸爸》的实践篇，书中选取了22个具有代表性的成功案例，既有初次创业者，也有失业者、退休者，甚至是事业的失败者和破产者。他们现身说法，讲述自己的创富故事，为你展示如何一步一步地走上财务自由之路！

《富爸爸财务自由之路》

作者：〔美〕罗伯特·清崎　〔美〕莎伦·莱希特
ISBN：978-7-220-10295-0
定价：45.00元

为什么有的人可以用较少的劳动获得较多的收入？为什么有的人可以享受比别人更多的财务自由？也许是因为他们明白何时从何种象限开始工作……本书旨在帮你选择一个新项目、新目标及新的财务前景。

——罗伯特·清崎

清崎上完大学，有了一份稳定的工作，这是"穷爸爸"一直以来对他的期望；但他牢记"富爸爸"的话，"只有实现了财务自由，才能拥有真正的自由"。于是他毅然辞去工作，走上了投资和创业之路，在47岁时实现了财务自由。从此，他再也不必朝九晚五地被动工作，再也不必量入为出，他可以自由地做自己爱做的事，因为投资会为他带来源源不断的现金流。

书中归纳出了4个现金流象限：雇员、自由职业者、企业主和投资人，只有具备投资人和企业主的技能，才更容易致富；详细介绍了这些观念和技巧，把投资人细分为7个等级，帮你看清自己的财务状况；更列出了7个完整的步骤，指引你走上财务自由之路。

《富爸爸财富大趋势》

作者：〔美〕罗伯特·清崎 〔美〕莎伦·莱希特

ISBN：978-7-220-10296-7

定价：46.00元

只有那些在财务上适应能力较强、财商较高的人才能生存下来。只有那些对这一切有所准备的人才能获得成功。

如果没有接受过财商教育，可能就需要更多的资金才能致富，也可能需要更多的资金才能保持富有。财商越高，致富需要的资金就越少；财商越低，致富需要的资金就越多。

——罗伯特·清崎

在富爸爸看来，人们应对不可知的未来主要有3种方式：穷人指望子女或者政府帮助自己度过余生；中产阶级把钱存入银行、购房保值、投资退休金计划等，甚至把未来的财务保障押在变幻莫测的股市上；富人则购买能带来现金流的资产，让钱为自己工作，持续创造财富以应对未来的变化。

本书中，清崎讲述了富爸爸对他的财商教育，向你传授掌控风险的8种理财智慧，提高你的财商；教你准确把握经济发展形势，明辨优劣资产，巧妙防范金融风险，从容应对市场变化；升级你的理财技巧，让钱为你工作，获得财务上的真正自由。不管你是想改变入不敷出的财务状况，还是想保护自己的财产，甚至是提高投资层次，都能在本书中找到发人深省的启示和高效实用的建议，一跃成为掌控未来的财务高手！

图书在版编目（CIP）数据

富爸爸为什么A等生为C等生工作/（美）罗伯特·清崎著；黄延峰译.— 成都：四川人民出版社，2017.10
ISBN 978-7-220-10358-2

Ⅰ.①富… Ⅱ.①罗…②黄… Ⅲ.①成功心理–通俗读物 Ⅳ.① B848.4–49

中国版本图书馆CIP数据核字（2017）第230185号

Why "A" Students Work for "C" Students and "B" Students Work for the Government
Copyright © 2013 by Robert T. Kiyosaki
This edition published by arrangement with Rich Dad Operating Company, LLC.
版权合同登记号：图进 21-2017-507

FUBABA WEISHENME A DENGSHENGWEI C DENGSHENGGONGZUO
富爸爸为什么A等生为C等生工作
〔美〕罗伯特·清崎 著 黄延峰 译

责任编辑	李淑云
特约编辑	张 芹
封面设计	朱 红
版式设计	乐阅文化
责任印制	聂 敏
出版发行	四川人民出版社 （成都市槐树街2号）
网　　址	http://www.scpph.com
E-mail	scrmcbs@sina.com
新浪微博	@四川人民出版社
微信公众号	四川人民出版社
发行部业务电话	（028）86259624　86259453
防盗版举报电话	（028）86259624
照　　排	北京乐阅文化有限责任公司
印　　刷	三河市中晟雅豪印务有限公司
成品尺寸	168mm×234mm　1/16
印　　张	22.75
字　　数	336千
版　　次	2017年10月第1版
印　　次	2017年10月第1次印刷
书　　号	ISBN 978-7-220-10358-2
定　　价	49.80元

■版权所有·侵权必究
本书若出现印装质量问题，请与我社发行部联系调换
电话：（028）86259453